Nico Frischbier

Untersuchungen zur einzelbaumverursachten kleinräumigen Variabilität und regenhöhenbasierten Dynamik des Bestandesniederschlages am Beispiel zweier Buchen-Fichten-Mischbestände

TUDpress

Nico Frischbier

Untersuchungen zur einzelbaumverursachten kleinräumigen Variabilität und regenhöhenbasierten Dynamik des Bestandesniederschlages am Beispiel zweier Buchen-Fichten-Mischbestände

TUDpress
2012

Die vorliegende Arbeit wurde an der Fakultät Forst-, Geo- und Hydrowissenschaften der Technischen Universität Dresden als Dissertation eingereicht und am 19.03.2012 erfolgreich verteidigt.

Gutachter:
Prof. Dr. Sven Wagner, Technische Universität Dresden
Prof. Dr. Wolfgang Näther, Technische Universität Bergakademie Freiberg

Bibliografische Information der Deutschen Nationalbibliothek
Die Deutsche Nationalbibliothek verzeichnet diese Publikation in der Deutschen Nationalbibliografie; detaillierte bibliografische Daten sind im Internet über http://dnb.d-nb.de abrufbar.

Bibliographic information published by the Deutsche Nationalbibliothek
The Deutsche Nationalbibliothek lists this publication in the Deutsche Nationalbibliografie; detailed bibliographic data are available in the Internet at
http://dnb.d-nb.de.

ISBN 978-3-942710-79-4

Verlag der Wissenschaften GmbH
Bergstr. 70 | D-01069 Dresden
Tel.: 0351/47 96 97 20 | Fax: 0351/47 96 08 19
http://www.tudpress.de

Gesetzt vom Autor.
Printed in Germany.

TECHNISCHE UNIVERSITÄT DRESDEN

Fakultät Forst-, Geo- und Hydrowissenschaften

Untersuchungen zur einzelbaumverursachten kleinräumigen Variabilität und regenhöhenbasierten Dynamik des Bestandesniederschlages am Beispiel zweier Buchen-Fichten-Mischbestände

Dissertation zur Erlangung des akademischen Grades
Doctor rerum silvaticarum (Dr. rer. silv.)

vorgelegt von
Dipl.-Forstw. Nico Frischbier
geb. am 26.03.1977 in Halle (Saale)

Gutachter:

Herr Prof. Dr. Sven Wagner
Technische Universität Dresden
Fakultät für Forst-, Geo- und Hydrowissenschaften
Institut für Waldbau und Forstschutz / Professur für Waldbau

Herr Prof. Dr. Wolfgang Näther
Technische Universität Bergakademie Freiberg
Fakultät für Mathematik und Informatik
Institut für Stochastik

Ort und Tag der öffentlichen Verteidigung: Tharandt, 19.März 2012

Die vorliegende Arbeit wurde an der Fakultät Forst-, Geo- und Hydrowissenschaften der Technischen Universität Dresden als Dissertation eingereicht und am 19.03.2012 erfolgreich verteidigt.

Gutachter: Prof. Dr. Sven Wagner, Technische Universität Dresden
Prof. Dr. Wolfgang Näther, Technische Universität Bergakademie Freiberg

Die Übereinstimmung dieses Exemplars mit dem Original der Dissertation zum Thema: **„Untersuchungen zur einzelbaumverursachten kleinräumigen Variabilität und regenhöhenbasierten Dynamik des Bestandesniederschlages am Beispiel zweier Buchen-Fichten-Mischbestände“** wird hiermit bestätigt.

....
Ort, Datum Unterschrift (Vorname Name)

Für Kurt und meine Liebsten.

Danke!

Inhaltsverzeichnis

Vorwort

Die Ihnen nun vorliegende Arbeit konnte ohne Zweifel erst durch meinen betreuenden Hochschullehrer Prof. Dr. habil. Sven Wagner zu ihrem jetzigen Inhalt und Umfang heranwachsen. Einerseits überzeugte er – gemeinsam mit Prof. Dr. W. Näther von der Universität in Freiberg und mit Prof. Dr. M. Bredemeier vom Forschungszentrum Waldökosysteme der Universität Göttingen – die Deutsche Forschungsgesellschaft zur Finanzierung mehrerer meiner Messkampagnen im Rahmen des Projektes *„Mosaike von Indikatoren“* (WA 1515/8-1&2), von denen sich ein Teil in dieser Arbeit wiederfindet und die zugleich Initial weiterführender Messungen waren. Andererseits gab er mir den notwendigen Freiraum, um vom abgesteckten Design und Programm für diese Dissertation abweichen zu können, und um so eigenen Ideen, Problemen und Lösungen nachzugehen. Nicht zuletzt gebührt ihm besonderer Dank für die Geduld, die er meinem zögerlichen Manuskriptfortschritt entgegenbrachte, und seine Unermüdlichkeit dabei, mich stets mit positivem Feedback zur Fertigstellung zu (re)animieren.

Den Professoren C. Bernhofer und M. Bredemeier bin ich für besonders intensive Diskussionen zu forstmeteorologischen und -hydrologischen Details zu besonderem Dank verpflichtet. Ebenso intensive Gespräche zu Themen der Statistik und Stochastik wären ohne Prof. Näther und Dr. Konrad Wälder nicht möglich gewesen. Für die freundliche Unterstützung aus Freiberg danke ich herzlichst. Bei Feldaufnahmen und Laborarbeiten im Solling konnte ich mich stets auf die Hilfsbereitschaft aus den Göttinger Insituten für Waldbau und Waldökologie der gemäßigten Zonen und Ökopedologie der gemäßigten Zonen verlassen. Als Tharandter Gegenstück war Jörg Wollmerstedt immer eine verlässliche Quelle nötiger Ausrüstung und guter Ideen. Dafür nochmals vielen Dank. Für die Überlassung meteorologischer Daten bin ich dem Insitut für Hydrologie und Meteorologie der TU-Dresden – dabei speziell meinem Kollegen Uwe Spank – besonders zu Dank verpflichtet.

Ich danke Ulrike Hagemann für ihre große Unterstützung bei den notwendigen Übersetzungen und Torsten Heidecke für seine wertvollen Anmerkungen zum Manuskript. Zum Gelingen dieser Arbeit haben viele weitere Personen einen Beitrag geleistet, in dem sie mir Ansporn, geteiltes Leid, Zerstreuung oder Unterstützung anboten, wann immer ich dessen bedurfte. Dafür bin ich Euch ganz besonders dankbar und auch in Zukunft verbunden: Franka Huth, Torsten Heidecke, Ulrike Hagemann, S. Mohammad Hojjati, Daniel Otto, Björn Hoppe, Marco Hahs, Birgit Leonhard, Stefanie Bandel, Hanna & Susanne Kathe u.v.m.

1 Einleitung und Stand des Wissens

Forstwirtschaftliches Handeln orientiert sich stets an verfügbaren Ressourcen. Waldbauliche Maßnahmen verändern den Rahmen präsenter Ressourcen im Sinne von Eingriff und Wirkung. Dem Akteur wird im Abwägungsprozess der Konsequenzen diverser Behandlungsalternativen der Umgang mit ständig wechselnden Bezugsebenen zugemutet. Er muss sowohl die Landschaftsebene, den Bestand als auch kleinste Flächen innerhalb des Bestandes im Fokus behalten. Waldbauliche Forschung ist dazu angeregt, diese Komplexität des Ökosystems Wald bestmöglich zu charakterisieren, um Entscheidungsfindung zu unterstützen.

Diese Arbeit soll einen Beitrag zum Verständnis der Ressourcenverteilung am Beispiel des Niederschlages liefern. Dabei wird ausgehend von einer möglichst kleinen Einheit (der Messplatz im Bestand), der Verursacher der Ressourcenverteilung identifiziert (der einzelne Baum) und die Möglichkeiten abgewogen, mit denen diese Informationen auf größere Betrachtungsebenen (den Bestand) übertragen werden können.

Die Niederschlagsverteilung unter dem Kronenschirm von mehr oder weniger geschlossenen Waldbeständen wirft auch nach mehr als hundertjähriger Forschung viele Fragen auf. So ist es kaum erstaunlich, dass sich auch in jüngster Zeit Forschungsbeiträge mit dem Bestandesniederschlag befassen (siehe ANDERS und MÜLLER, 2005; BASSETTE und BUSSIERE, 2005; STAELENS et al., 2005; KONISHI et al., 2006; HORNSCHUCH und RIEK, 2007 oder JOCHHEIM et al., 2007) oder solche anregen (ATVDVWK, 2003; TISCHER, 2009).

Aus dem Blickwinkel der Quantität am Waldboden ankommenden Niederschlages im Sinne einer begrenzten Ressource, bestehen auch heute noch erhebliche Wissensdefizite z.B. hinsichtlich räumlicher und zeitlicher Variabilität oder auch zu Baumarten- und Freilandregenmengenrelationen (VAN ELEWIJCK, 1989 a; HORNSCHUCH und RIEK, 2007). Die Keimbettbedingungen (PUKKALA und KOLSTRÖM, 1992; KONISHI et al.; 2006), das Wachstum der Verjüngung und etablierter Pflanzen (BRECHTEL, 1962; VAN ELEWIJCK, 1989 a; HOFFMANN, 1999; BRUNNER et al., 2004; CZAJKOWSKI et al., 2005; JOCHHEIM et al., 2007), die Artenzusammensetzung und der Deckungsgrad der Bodenvegetation (LÜCKE und SCHMIDT, 1997; HORNSCHUCH und RIEK, 2007; TISCHER, 2009) aber auch Humuszersetzung und biotische Prozesse im Boden (HERLITZIUS, 1985; KLOIDT, 1989; ALBERS et al., 2004) werden direkt oder indirekt durch den Niederschlagsinput beeinflusst. So erhält die Beeinflussung des Niederschlages durch die oberste Kronenschicht selbst den Charakter eines Schlüsselprozesses, dessen Bedeutung zur Steuerung o.g. Phänomene und Prozesse durch möglichst sorgfältige Betrachtungen aufgeklärt werden sollte.

Daneben wurden in der letzten Dekade zunehmend Forderungen laut, ein besseres Verständnis über die regulierende Wirkung des Waldes auf den Wasserkreislauf zu entwickeln. So forderte die AD-HOC-ARBEITSGRUPPE „INITIATIVE HOCHWASSER" DER DFG-SENATSKOMISSION (2003) unter Mitwirkung weiterer wissenschaftlicher Gremien aus Sicht der Hochwasserprävention dazu auf, Wissensdefizite in Ursache-Wirkungs-Beziehungen unterschiedlicher Landnutzungsformen als hochwasserbestimmenden Faktorenkomplex aufzudecken und zu schließen. Auf S.4 geht die ATVDVWK im Speziellen auf Forschungsbedarf ein, der mit Sicht auf forstlich und landwirtschaftlich genutzte Flächen besteht: *„Beurteilung der Wirkung des ökologischen Zustandes (insbesondere der Vegetation) der Einzugsgebiete auf die Hochwasserbildung. Hier fehlen insbesondere belastbare Aussagen für die quantitative Bewertung und Bilanzierung dieses Einflusses auf die Abflussbildung, die Abflussreduzierung und die Abflussretention im Einzugsgebiet."* FEGER et al. (2004), von WILPERT (2006) und NORDMANN et al. (2009) haben im Besonderen umrissen, welche neuen Herausforderungen und notwendigen Steuerungen der Waldbewirtschaftung sich aus solchen Forderungen für Wissenschaft und Praxis ergeben können.

Bereits an dieser Stelle wird deutlich, dass der Wald insgesamt und die Kronenschicht im Speziellen eine Wirkung auf die Wassermengenverteilung ausübt, deren Beleuchtung gefordert ist. Sehr wesentlich ist dabei die Fähigkeit des Waldes bzw. der Krone, Niederschlagswasser im Kronendach zurückzuhalten. Der am Waldboden ankommende Niederschlag unterliegt im Durchgang durch die Krone zeitlichen und räumlichen Veränderungen. Beiden Prozessen soll in dieser Arbeit im Kontext des Skalenüberganges *„vom Punkt auf die Fläche"* Aufmerksamkeit zukommen.

1.1 Niederschlag im geschlossenen Wald (flächige Definition)

Forstliche Meteorologie befasst sich als ein Teilgebiet der Hydrologie mit dem Ausschnitt des Wasserkreislaufes, in dem Wasseraustausch zwischen Atmosphäre und Landoberfläche stattfindet (HINKELMANN, 2005 a). Die betrachtete Landoberfläche wird auf bewaldete Flächen eingegrenzt (FLEMMING, 1995). Interaktionen zwischen Wald und Atmosphäre bleiben – bezogen auf den Wasserkreislauf – beschränkt auf den Niederschlagseintrag in und den Austrag von Wasser via Evapotranspiration (HINKELMANN, 2005 a). Niederschlagsinput in das Waldökosystem kann in flüssiger oder fester Form erfolgen (DIN 4049-3, 1994). Fallender flüssiger Niederschlag erlangt als Ressource im Waldökosystem besondere Bedeutung. Regen – nach DIN 4049-3 (1994) beschränkt auf Tropfengrößen über 0,5 mm Durchmesser, in dieser Arbeit jedoch nicht so stringent behandelt und deshalb auch um Sprüh- und Nieselregen erweitert – wird durch die Parameter Intensität und Zeitdauer näher charakterisiert. Das Produkt aus Niederschlagsintensität und -dauer ergibt die Niederschlagshöhe. Die Niederschlagshöhe zeigt die eingetragene Niederschlagsmenge einer bestimmten Fläche (1 mm = 1 L/m²) am speziellen Ort innerhalb einer betrachteten Zeitspanne an (z.B. ein Monat oder ein einzelnes Regenereignis).

Die Aufteilung des Regenwassers im Wald wird in der DIN 4049-3 (1994) erörtert und kann in Gleichungssystemen dargestellt werden (Gleichung 1-1 bis 1-3). **Freilandniederschlag [N]** trifft auf die Kronenschicht des Waldes. Dabei verbleibt ein Teil des Wassers in der Krone (**Interzeption [I]**). Hindurch treten der durch die Krone **durchfallende Niederschlag [Nd]**, der von der Krone **abtropfende Niederschlag [Nt]** und der **Stammabfluss [ST]**. Die Summe der Niederschlagskomponenten, die durch die Kronenschicht zum Boden gelangt, heißt **Bestandesniederschlag [BN]**. Abtropfender Niederschlag und durchfallender Niederschlag bilden eine summarische Regenmenge, die letztendlich tatsächlich im Regensammler unter der Kronenschicht abgelesen werden kann (**Kronendurchlass [KD]**).
In englischsprachigen Arbeiten wird dieser **Umverteilungsprozess** des Niederschlages in die vier Niederschlagskomponenten mit *„redistribution“* oder ***„redistribution process“*** umschrieben (siehe z.B. MARTINEZ-MEZA und WHITFORD, 1996).

$$N = ST + Nd + Nt + I \qquad (1\text{-}1)$$

$$N = ST + KD + I \qquad (KD = Nd + Nt) \qquad (1\text{-}2)$$

$$N = BN + I \qquad (BN = ST + KD) \qquad (1\text{-}3)$$

Niederschlagsbetrachtungen auf anderen bewachsenen Flächen folgen prinzipiell dieser Terminologie (ANDERS und MÜLLER, 2005). Es wird lediglich das wirkende Kronendach der Bäume durch die jeweilige Pflanzendecke der betrachteten Fläche ersetzt (z.B. Gras, krautige Pflanzen oder Straucharten (DE PLOEY, 1984; NAVAR und BRYAN, 1990)).

Freilandniederschlag (eng.: open field- o. gross precipitation): Ist Niederschlag, der über der Vegetation ermittelt wird (DIN 4049-3, 1994). Behelfsweise Messungen auf Freiflächen müssen in unmittelbarer Nähe zur betrachteten Fläche stattfinden und die gleichen topographischen Eigenschaften repräsentieren (XIAO et al., 2000).

Interzeption (eng.: interception): Ist nach der DIN 4049-3 (1994) die vorübergehende Speicherung von fallendem oder abgesetztem Niederschlag an Pflanzenoberflächen. XIAO et al. (2000) konkretisieren Interzeption als *„canopy rainfall interception"* um im Gegensatz zur DIN 4049-3 (1994) auszuschließen, dass hierunter auch Nebelinterzeption erfasst wird. HILLEBRAND (1998) unterscheidet mit gleichem Anlass zwischen vertikaler (Regen) und horizontaler (Nebel) Interzeption.

Der Begriff der Interzeption wird häufig verwendet. So werden beispielsweise auch Depositionen an der Krone i.w.S. interzeptiert (vgl. BASSETTE und BUSSIERE, 2005). Definitionen zur Niederschlagsinterzeption fallen auch deshalb sehr vielgestaltig aus, weil Interzeption sowohl als Prozess wie auch als Term der Niederschlagsgleichung verstanden wird. Wird das Ziel verfolgt, den Betrag des Niederschlages, der dieser Niederschlagskomponente zufällt – zu quantifizieren, so wird meist der bilanzbasierten Definition gefolgt. Besteht dieser Anspruch nicht, wird häufig auf die prozessorientierte Definition zurückgegriffen:

Bilanzdefinition der Interzeption: BALAZS (1983) kommt zu dem Schluss, dass der Interzeptionsbetrag über flächenrepräsentative Messungen nicht quantifiziert werden kann. Die Quantifizierung kann nur indirekt per Niederschlagsbilanz vorgenommen werden. Danach wird die Interzeption durch vergleichende Messungen unter und über dem Vegetationsdach messtechnisch erfasst (HINKELMANN, 2005 a). Sie wird durch die Differenz von Freilandniederschlag und Bestandesniederschlag bestimmt (vgl. Gleichung 1-3).

Prozessorientierte Definition der Interzeption: Prozessorientierte Definitionen sehen den Vorgang der Interzeption im Sinne einer *„Bremse"*, nach deren Aktivierung Folgeprozesse eintreten. Nach XIAO et al. (2000) und GOLDBERG (2002) kann an der Vegetationsoberfläche interzeptiertes Wasser direkt in die Atmosphäre verdunsten, auf den Boden gelangen oder von der Vegetationsoberfläche zurückgehalten werden. Es wird herausgearbeitet, dass zurückgehaltenes Wasser letztendlich ebenfalls verdunstet. Für HINKELMANN (2005 a) ist Interzeption deshalb lediglich ein Sonderfall der Evaporation von Wasser auf Pflanzenoberflächen. Interzeption stellt in Anlehnung an diese Definition keine Größe des Redistributionsprozesses dar. Hier wird Interzeption identisch zu *„Auftreffen"* verwendet. Erst mögliche Folgeprozesse entscheiden, ob auftreffendes Wasser zurückgehalten, weitergeleitet oder verdunstet wird.

Auch HOFFMANN (1999) verweist auf diese Definitionskontroverse und bemängelt: *„...das bisher herrschende methodische Gegeneinander von Vertretern der Verdunstungsmodelle und von Regressionsbastlern"* (S. 100). **Interzeption wird in dieser Arbeit verstanden als derjenige Anteil des fallenden flüssigen Niederschlages, der an der Pflanzenoberfläche zurückgehalten wird, den Waldboden nie erreicht und sofort oder allmählich verdunstet oder auch von der Pflanze über deren Organoberflächen aufgenommen wird.**

Insbesondere prozessorientierten Ansätzen ist die Berücksichtigung der zeitlichen Abfolge des Umverteilungsprozesses gemein. Erst nach der Sättigung der Vegetationsoberflächen mit interzeptierten Wasser steht weiteres Wasser zur Aufteilung in die Komponenten des Bestandesniederschlages bereit (XIAO et al., 2000). Eine Ausnahme stellt hierbei der durchfallende Niederschlag dar (siehe dort). Diese Abstraktion findet sich auch in entsprechenden Modellen (z.B. GASH, 1979; DIJK und BRUIJNZEEL, 2001). Die Wasserrückhaltung im Kronendach ist in ihrem Aufnahmebetrag begrenzt. Um dem gerecht zu werden, werden Kapazitätsbegriffe gebraucht. HUTCHINSON und ROBERTS (1981) sprechen von *„canopy storage capacity"*. Analog verwendet BENECKE (ohne Jahr) die Benetzungskapazität und KÄNDLER (1986) die Speicherkapazität.

Stammabfluss, -ablauf (eng.: stemflow): Ist nach der DIN 4049-3 (1994) Niederschlag, der an Baumstämmen und Pflanzenstängeln abfließend zum Boden gelangt. Stammablauf kann nur durch Regenwasser entstehen, dass nicht zur Auffüllung der Kronenspeicherkapazität notwendig war (KURAJI et al., 2001). Stammabfluss existiert auch bei Gräsern, krautigen Pflanzen und Straucharten (DE PLOEY, 1984; NAVAR und BRYAN, 1990). Laborversuche mit nicht verholzten Pflanzen bei DE PLOEY (1984) beweisen dies ebenso eindrucksvoll wie Beregnungsexperimente an Straucharten und Mais bei VAN ELEWIJCK (1989 b). In lichten Waldbeständen kann bei schräg einfallendem Regen Stammablauf auch durch direktes Anregnen am Stamm eintreten (KURAJI et al., 2001).

Abtropfender Niederschlag (eng.: canopy drip o. drip precipitation): Ist Niederschlag, der im Anschluss an einen unmittelbaren Regentropfenkontakt mit der Pflanzenoberfläche auf den Boden gelangt (DIN 4049-3, 1994). Abtropfender Niederschlag tritt ein, wenn die Speicherkapazität der Krone erschöpft ist oder wenn äußere Einflüsse (der Input weiterer Regentropfen, mechanische Einflüsse z.B. durch Wind usw.) zu Änderungen der Speicherkapazität führen (XIAO et al., 2000; BASSETTE und BUSSIERE, 2005). Das Abtropfen aggregierten Niederschlages aus dem Kronendach führt häufig zur Bildung größerer Tropfendurchmesser (FLEMMING, 1967; DIJK und BRUIJNZEEL, 2001).

Durchfallender Niederschlag (eng.: free throughfall o. throughfall precipitation): Ist Niederschlag, der ohne Interzeption zum Boden gelangt (DIN 4049-3, 1994), indem er durch Blatt- und Astlücken der Krone fällt (VOIGT, 1960; XIAO et al., 2000). Damit ist durchfallender Niederschlag die einzige Niederschlagskomponente, die unabhängig vom Interzeptionsprozess auftreten kann.

Kronendurchlass o. Unterkronenniederschlag [NUK] (eng.: throughfall): Ist die Summe aus durchfallendem und abtropfendem Niederschlag (DIN 4049-3, 1994). In dieser Summe werden interzeptionsbeeinflusste und -unbeeinflusste Niederschlagsmengen zusammengefasst. ANDERS und MÜLLER gliedern 2005 die Bestandesniederschlagskomponenten nach dem Ort ihres Auftretens in Unterkronenniederschläge und Stammablauf. Dem wird auch in dieser Arbeit gefolgt.

Bestandesniederschlag (eng.: net (forest) precipitation): Ist die Summe am Boden ankommender Niederschläge. Er ergibt sich als Summe aus dem Unterkronenniederschlag und dem Stammablauf (DIN 4049-3, 1994; XIAO et al., 2000).

Ein sehr wesentliches Problem der Niederschlagsmessung im Wald besteht darin, dass unmittelbar im Wald lediglich der Stammabfluss und der Unterkronenniederschlag gemessen werden können. Sowohl die Trennung des Unterkronenniederschlages in den durchfallenden und den abtropfenden Niederschlag als auch die Bilanzierung der Interzeptionsverluste wird bisher ausschließlich durch mathematische Umsetzungen zuvor formulierter Hypothesen ermöglicht.

1.1.1 Erfahrungen und Wissenslücken zur Umverteilung des Niederschlages im Wald

Niederschlagsmessungen in Waldbeständen weisen eine lange Tradition auf. Die Zusammenstellung dieser Ergebnisse soll hier nicht im Vordergrund stehen, zumal derartige Auflistungen bereits mehrfach Inhalt wissenschaftlicher Arbeiten waren. Ein sehr umfangreiches und aktuelles Beispiel solcher Sammlungen bietet PECK (2004). Diese Arbeit wird dem interessierten Leser zum vertiefenden Vergleich empfohlen. PECK listet Ergebnisse der letzten 100 Jahre zu Niederschlagsumverteilungen in Reinbeständen diverser Baumarten Mitteleuropas auf. Einen internationalen Überblick zum Stammablaufanteil in Wäldern verschiedenster Ökoregionen und Waldformationen bieten zudem LEVIA und FROST (2003). An dieser Stelle soll es jedoch ausreichen, Vergleichszahlen für Buchen- und Fichtenbestände aus PECK (2004) herauszugreifen, an denen deutlich wird, wie vielfältig Ergebnisse zum Redistributionsprozess ausfallen können. In der Abbildung 1-1 sind Ergebnisse zitierter Arbeiten aus PECK (2004) zusammengefasst. Obwohl in der Abbildung 1-1 278 Einzeluntersuchungen Verwendung fanden, weisen die Anteile der einzelnen Niederschlagskomponenten am Freilandniederschlag erhebliche Streuungen auf. Dies ist erstaunlich, da in den Überblick aggregierte Ergebnisse eingegangen sind. Abgebildet sind nämlich stets flächenrepräsentative Messergebnisse längerer Messperioden.

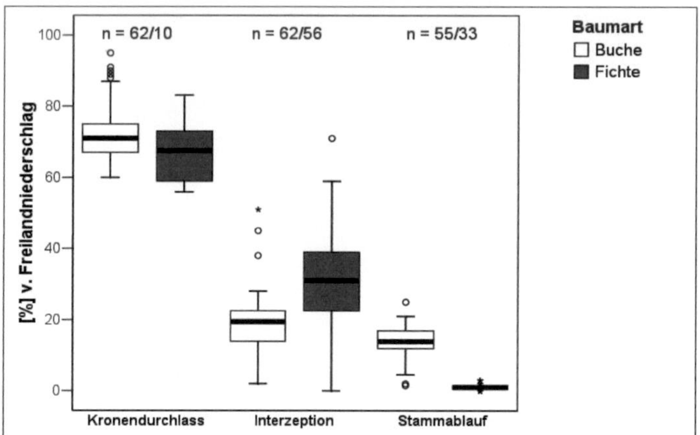

Abbildung 1-1: Boxplots der Verteilung der Niederschlagskomponenten Kronendurchlass, Interzeption und Stammablauf für Buche und Fichte aus Reinbeständen in Prozent des Freilandniederschlages. Werte stammen aus zitierten Arbeiten bei PECK (2004). „n" entspricht der Anzahl dort zitierter Veröffentlichungen.

Auffällige Streuungen weisen die Interzeptionen beider Baumarten auf. Auch der Kronendurchlass beider Baumarten liegt in einer Spanne vor, die ca. 30 % des Freilandniederschlages umfasst. Normiert man diesen Ergebnisüberblick anhand von 1.000 mm Jahresniederschlag, so weichen Kronendurchlass und Interzeption bei Buche im Mittel mitunter mehr als 80 L/m² vom Mittelwert der Studien ab. Für Fichtenbestände entstehen Abweichungen von 91 bzw. 142 L/m².

Auch weitere, nicht in den Überblick von PECK (2004) eingegangene Literaturhinweise machen deutlich, dass das Wissen zur Niederschlagsumverteilung für Buche und Fichte noch mit größeren Datenunsicherheiten behaftet ist. BÜCKING (1987) ermittelt im Buchenbestand 25-30 % Interzeption, 60-70 % Kronendurchlass und 5-10 % Stammablauf. KREUTZER et al. (1986) weist Stammabfluss im Buchenbestand in der Höhe von 25 % des Freilandniederschlages nach, während KOCH und MATZNER (1993), CROCKFORD und RICHARDSON (2000) bzw. STAELENS et al. (2007) 15, 12 bzw. 8 % ermitteln. BALAZS schlägt 1991 für Buche Kronendurchlassanteile in einer Spanne von 60-80 % des Freilandniederschlages vor und bestätigt mit dieser Spannenangabe die auch im Überblick von PECK (2004) vorgefundenen Datenstreuungen. MOSCHEFRI et al. (1993 a) ermitteln ebenfalls in Buchenbeständen etwas niedrigere Kronendurchlassrelationen (58-65 %). STAELENS et al. (2007) berechnen nach einjährigen Messungen unter einer Buchenkrone 67 % Kronendurchlass und 25 % Interzeption.

In Fichtenbeständen ist die zu vernachlässigende Größe des Stammablaufes auffällig. BÜCKING (1987) und HILLEBRAND (1998) berechnen Stammablaufprozente kleiner eins. Beide Autoren ordnen den Anteil des Kronendurchlasses in Fichte bei 60-70 % des Freilandniederschlages ein. Diese Einordnung wird unterstützt durch Angaben von BALAZS (1991). Für interzeptierte Niederschlagsanteile in Fichtenbeständen liefert auch MARKART (2000) eine sehr große Wertespanne (20-50 %).
Insgesamt scheinen sich im Vergleich beider Baumarten erhebliche Unterschiede einzustellen, die sich bereits im Überblick an der unterschiedlichen Neigung beider Baumarten zur Stammablaufgenerierung festmachen lassen. Zudem sind Interzeptionsunterschiede auffällig (höhere Interzeptionen an Fichte als an Buche).

1.1.2 Einflussgrößen der Niederschlagsumverteilung im Wald

Die beachtlichen Datenstreuungen und die vermuteten kausalen Zusammenhänge zwischen Umverteilungsprozess und Vegetation, veranlassten in den 60´er, 70´er und 80´er Jahren des vergangenen Jahrhunderts zu zahlreichen Messreihen und Beregnungsexperimenten in Europa und den USA. Neuere Arbeiten widmen sich dagegen häufiger bis dato weniger beachteten Klimaten und Waldformationen (z.B. semiariden Buschland oder Regenwald). Dabei traten neue Perspektiven und Fragestellungen in den Vordergrund. Dies zeigen Niederschlagsbilanzierungen während eines Taifuns zur Abschätzung der Erosionsgefahr von Waldböden (KURAJI et al., 2001) oder Fragestellungen zu baumartspezifischen Steuerungsmechanismen des Niederschlagsinput in extremen Klimaten (MARTINEZ-MEZA und WHITFORD, 1996). Durch diese Vorarbeiten lassen sich die Einflussgrößen der Niederschlagsumverteilung im Wald heute recht gut umreißen.

Die Aufteilung des Niederschlages im Wald ist nach MARKART (2000) das Ergebnis aus Regenangebot und der Wirkung der jeweiligen Vegetation. CROCKFORD und RICHARDSON (2000) systematisieren die Niederschlagsumverteilung als das Ergebnis biologischer Effekte der Baumarchitektur, Oberflächenbeschaffenheit und Gestalt der Baumorgane und abiotischer Größen wie Wind, Temperatur und Niederschlag. XIAO et al. bemängeln zwar noch im Jahr 2000, dass zur Niederschlagsumverteilung im Wald erheblicher Forschungsbedarf besteht, gleichzeitig ergänzen sie SHUGUANG (1997) zur Trennung des Niederschlages im Wald in Abhängigkeit von 4 Faktoren:

- einige meteorologische Faktoren,
- Regenangebot,
- Vegetation und ihrer Architektur und
- Walddichte und -struktur.

Im Folgenden wird der Einfluss dieser Faktoren auf den Niederschlagsumverteilungsprozess im Wald detaillierter betrachtet und hierzu die Auflistung nach SHUGUANG (1997) und XIAO et al. (2000) als Gliederungsvorschlag verstanden.

1.1.2.1 Der Einfluss meteorologischer Größen auf den Niederschlagsumverteilungsprozess

XIAO et al. (2000) vermuten, dass die auffälligen Datenstreuungen der Interzeption durch Unterschiede der Windgeschwindigkeit und des Dampfdruckes verglichener Messperioden verursacht werden. MOSCHEFRI et al. (1993 b) schildern, wie windbedingte Baumbewegung zu abtropfendem Niederschlag führt, obwohl die Speicherkapazität der Krone noch nicht erreicht ist. Auch BALAZS (1983) meint, dass Windgeschwindigkeiten den Interzeptionsprozess beeinflussen. Wind wirkt zudem verdunstungsfördernd. Als verdunstungsbeeinflussende Faktoren sind nach XIAO et al. (2000) auch Temperatur, relative Luftfeuchte und die Strahlung zu beachten. KLAASEN et al. (1998) sprechen allgemeiner von der Wirkung der Klimaten und Jahreszeiten auf die Verdunstung. XIAO et al. (2000) verweisen auf den Aggregatzustand des Niederschlages. 10 % geringere Kronendurchlässe der Vogelbeere trotz laubfreien Zustandes begründet HILLEBRAND (1998) zum Beispiel mit der Wirkung des Windes auf den festen, langsam fallenden Schnee. Verwirbelter Schnee bleibt mit größerer Wahrscheinlichkeit an Kronenmaterial haften und kann anschließend sogar zu relevanten Oberflächenerweiterungen beitragen. PECK (2004) verallgemeinert, dass Winterwerte des Kronendurchlasses auch im Nadelholz in der Regel geringer ausfallen als im Sommer. Auch PECK (2004) und CAPE et al. (1991) schlussfolgern, dass die Interzeptionshöhe bestimmt wird durch Art und Temperatur des Niederschlages und außerdem durch Windstärke, Einstrahlung, Luftfeuchte als meteorologische Größen der Evaporationssteuerung. Nach dem Modellansatz von SHUGUANG (1997) ist die Determination des Interezeptionsbetrages davon abhängig, inwieweit Kronen bereits befeuchtet waren. SHUGUANG implementiert einen *„canopy dryness index“* und berücksichtigt den Fall, dass bereits befeuchtete Kronen weiterem Regen ausgesetzt werden. HERWITZ (1986) bestätigt abweichenden Wasserrückhalt trockener und befeuchteter Rinde.

Es zeigt sich, dass vergleichende Niederschlagsmessungen im Wald an ähnliche meteorologische Verhältnisse gebunden sein sollten. Insbesondere Messperiodenvergleiche, in denen Niederschläge während verschiedenster Wind- und Verdunstungsregime auftraten, werden unterschiedliche Interzeptionsbeträge aufweisen. Damit verbunden sind Relationsverschiebungen in allen Niederschlagskomponenten. Vergleiche der Sommer- und Winterperioden leiden – bei sonst vergleichbarer immergrüner Vegetation – am unterschiedlichen Aggregatzustand des Niederschlages.

1.1.2.2 Der Einfluss des Regenangebotes auf den Niederschlagsumverteilungsprozess

Ein Einfluss des Regenangebotes ist in zweierlei Hinsicht vorhanden. Einerseits ist entscheidend, inwieweit Messperioden durch ähnliche Niederschlagsregime gekennzeichnet sind. Andererseits kommt der Regenhöhe im speziellen Regenereignis eine besondere Bedeutung zu.

Unter dem Begriff des Niederschlagsregimes wird der charakteristische Jahres- oder Periodengang der Niederschlagshöhe verstanden (DIN 4049-3, 1994). XIAO et al. (2000) sehen in periodengebundenen Schwankungen des Freilandniederschlages eine Hauptursache starker Streuungen in Niederschlagsmessergebnissen. Diesem Mangel unterliegen nach CAPE et al. (1991) und PECK (2004) auch monats- und jahreszeitenorientierte Vergleiche, da Niederschlagshöhe und -häufigkeit je nach Monat bzw. Jahreszeit unterschiedlich ausfallen. CAPE et al. führen ermittelte Unterschiede z.B. darauf zurück, dass im Sommer häufiger Starkregen auftraten. HOFFMANN (1999) bestätigt ähnliche Effekte im Vergleich zweier Messjahre. Obwohl in beiden Jahren ähnlich hohe Niederschlagsmengen registriert wurden, ergaben sich unterschiedliche Interzeptionsverluste, die er auf nicht vergleichbare Niederschlagsintensitäten zurückführt.

Häufig wird der Regenhöhe des einzelnen Regenereignisses ein entscheidender Einfluss zugesprochen (CROCKFORD und RICHARDSON, 2000; MARKART, 2000). So konnte HEUVELDOP 1979 (zitiert in MARKART, 2000) in der Analyse von Einzelregenereignissen 79 % der Schwankungen der Interzeptionsbeträge anhand der Regenhöhe erklären. Im Allgemeinen sind in schwachen Regenereignissen höhere relative Wasserspeicherungen im Kronendach zu erwarten. Da die Kronenspeicherkapazität endlich ist, führen Starkregen nicht zu höheren Interzeptionswerten. Kann das Wasser in der Krone jedoch zwischen zwei weniger starken Regenereignissen verdunsten, wird der Kronenspeicher zweimal gefüllt. Dies resultiert auch in Verschiebungen der Wasseranteile für Kronendurchlass und Stammablauf.

Da bereits der Einfluss der Regenhöhe des einzelnen Niederschlagsereignisses eklatant ist, liegen Datenheterogenitäten in über Zeitperioden zusammengefassten Niederschlagsmessungen im Wald zwangsläufig vor. Dieser Umstand sollte eigentlich in der konsequenten Ablehnung zeitlich stark aggregierter Niederschlagsresultate für wissenschaftliche Untersuchungen münden (vgl. HOFFMANN, 1999).

Die Abhängigkeit des Niederschlagsumverteilungsprozesses vom Einzelniederschlagsereignis wird in zweidimensionalen Diagrammen dargestellt (vgl. z.B. KITTREDGE et al., 1941;

BALAZS, 1983; BENECKE, ohne Jahr). Im Diagramm wird die Abszisse durch den Freilandniederschlag belegt, während auf der Ordinate die jeweilige Niederschlagskomponente abgetragen wird (vgl. Abb.1-2a und b). Häufig wird der Freilandniederschlag durch die Regenhöhe charakterisiert, selten hingegen direkt durch die Niederschlagsintensität und -häufigkeit. KITTREDGE et al. (1941) und KURAJI et al. (2001) schlussfolgern, dass die Verwendung der Gesamtregenmenge je Ereignis zu verlässlicheren Ergebnissen führt. Während in der Verwendung der Niederschlagshöhe eine geringfügige, akzeptable Aggregation von Intensität und Zeitdauer gesehen wird, treten bei der Nutzung gröberer Abszissenwerte (z.B. Wochen- oder Monatswerten) erneut die oben beschriebenen Bedenken in den Vordergrund, die letztendlich den verfolgten Dynamiken entgegenstehen. Abbildung 1-2b zeigt die Niederschlagsdynamik der Abbildung 1-2a relativ zum Freilandniederschlagsbetrag.

Trifft Regen bestimmter Menge auf eine waldfreie Fläche, so unterbleibt der Redistributionsprozess. Die Niederschlagshöhe des Freilandniederschlages findet sich in der Niederschlagshöhe am Waldboden wieder. In Abbildung 1-2a führt dies zur oberen begrenzenden Diagonale mit der Steigung *„eins"*. In der Abbildung 1-2b resultiert daraus eine Konstante bei 100 % (obere Begrenzung der Grafik). Trifft Regen bestimmter Menge auf eine bewaldete Fläche, so wird in schwachen Regenereignissen die Wassermenge vornehmlich zur Deckung der Kronenspeicherkapazität verwendet (GEIGER, 1961). Niederschlagsabgaben an den Waldboden werden verzögert und abgeschwächt (XIAO et al., 2000; GREIFFENHAGEN, 2005). Dies wird im linken Bereich der Abbildung 1-2b deutlich. Werden Niederschlagsmengen erreicht, die die Kronenspeicherkapazität weit überschreiten (in den Abbildungen bei Freilandniederschlägen größer 10 mm), spiegelt sich der Mehreintrag nicht in weiteren Erhöhungen der Interzeption wider. Der Interzeptionsbetrag bleibt konstant bzw. führt zu einem stabilen Prozentwert (Abbildung 1-2b). KLAASEN et al. (1998); CROCKFORD und RICHARDSON (2000) und MARKART (2000) versuchen diese nichtlineare Beziehung mit Sättigungsfunktionen zu beschreiben. GEIGER beschreibt 1961 die ablaufenden Prozesse: *„Bei einem gut geschlossenen und dichten Kronendach bleibt die erste Schar von Wassertropfen zunächst an Blättern, Nadeln und Zweigen hängen,..."* (S. 344). In der summarischen Abbildung 1-2a ist dies durch die Abweichung des Ordinatenwertes von der Diagonalen dargestellt. Der Freilandniederschlag wird um den Kronenspeicherbetrag reduziert. Da dieser einem Festwert zustrebt, nimmt die untere Begrenzung der Interzeptionsfläche in der

Abbildung bei hohen Freilandniederschlagsmengen erneut die Steigung *„eins“* ein. Es kommt zur Parallelverschiebung der Diagonale ohne Waldeinfluss.
Unter der Interzeptionskurve befinden sich die Komponenten des Bestandesniederschlages. Davon sind jedoch nur Stammablauf (als Summe aller Stammablaufmengen der repräsentierten Fläche) und Unterkronenniederschlag unmittelbar messbar. Die Aufteilung des Unterkronenniederschlages in durchfallenden und abtropfenden Niederschlag ist hypothetischer Natur.

Bei höheren Niederschlagsmengen stehen Stammablauf, durchfallender und abtropfender Niederschlag in linearer Beziehung zur Freilandniederschlagsmenge des Einzelereignisses (Abb.1-2a). Dies zeigt sich in der prozentualen Aufteilung der Abbildung 1-2b bei höheren Niederschlagsbeträgen. Lediglich bei geringen Freilandniederschlägen existieren abweichende Dynamiken, die entstehen, da Stammablauf- und abtropfende Prozesse erst mit zunehmender Sättigung der Interzeption einsetzen (CAPE et al., 1991; MATSUBAYASHI et al., 1995; XIAO et al., 2000; GREIFFENHAGEN, 2005). Nach allmählichem Anstieg streben prozentualer Stammablauf und abtropfender Niederschlag in Abbildung 1-2b Asymptoten zu (MARTINEZ-MEZA und WHITFORD, 1996). Die Asymptoten und der feste Prozentwert des durchfallenden Niederschlages sind erste Ableitungen der jeweiligen Steigungsfunktionen aus der Abbildung 1-2a.

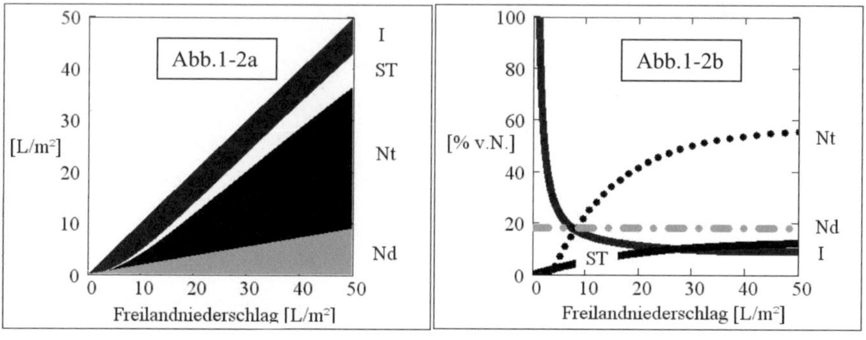

Abbildung 1-2 (a & b): Schemata für die absolute (links) und prozentuale (rechts) Aufteilung des Freilandniederschlages einzelner Regenereignisse in die Komponenten durchfallender Niederschlag (Nd), abtropfender Niederschlag (Nt), Stammablauf (ST) und Interzeption (I).

Im grafischen Überblick sind die Beiträge der Niederschlagskomponenten willkürlich festgesetzt. In entsprechend ausgerichteten Niederschlagsmessungen müssen baumartspezifische Parametrisierungen erfolgen (z.B. BALAZS, 1983; MATSUBAYASHI et al., 1995). Parametrisierungen orientieren sich an vermuteten linearen und nichtlinearen Trends, die in den Abbildungen 1-2 erkennbar sind. Der Freilandniederschlag entspricht hierbei der Prädiktorvariable, mit deren Hilfe Beträge der jeweiligen Niederschlagskomponente im Sinne einer Zielvariablen regressionsanalytisch prognostiziert werden sollen. Diverse Messungen gleichartiger Waldbestände liefern dazu einzelne Befunde zur Niederschlagsumverteilung in vergleichbaren Waldbeständen. Diese Befunde sind häufig wiederholende Messungen innerhalb einzelner Bestände. Sie werden im Diagramm abgetragen. Es entstehen charakteristische Punktwolken, die letztlich der Parametrisierung dienen. Da absolute und relative Niederschlagswerte verwendet werden, existieren verschiedenste mathematische Lösungen (vgl. z.B. BENECKE, ohne Jahr).

In absoluten Betrachtungen (vgl. Abb. 1-2a) werden in Bestandesniederschlags- und Kronendurchlasspunktwolken lineare Funktionen mit und ohne Konstante im Gleichungssystem angepasst. CAPE et al. stellen noch 1991 eine Arbeit vor, in der der Kronendurchlass linear mit Schnittpunkt im Koordinatenursprung mit der Freilandniederschlagshöhe verknüpft wird, während MATSUBAYASHI et al. (1995) und XIAO et al. (2000) zeigen, dass lineare Beziehungen mit Konstante zu besseren Anpassungen führen. BALAZS (1983) bestätigt lineare Beziehungen in Lärche. VOIGT (1960) und XIAO et al. (2000) passen lineare Funktionen in Freilandniederschlag und Stammablauf an. Ähnliche Befunde liefern VAN ELEWIJCK (1989 a), LEVIA und FROST (2003) und VAN ELEWIJCK (1989 b) selbst für Maispflanzen.

Einen interessanten Sachverhalt stellt die Konstante im linearen Gleichungssystem dar. BALAZS (1983) sieht im Schnittpunkt der Linie mit der Abszisse eine Variante der Quantifizierung der Kronenspeicherkapazität. In diesem Sinne sind auch CAPE et al. (1991) zu verstehen, die mit linearen Regressionen in Stammabfluss und Freiflächenniederschlag arbeiten. Dabei erfolgt der Schnittpunkt mit der x-Achse baumartspezifisch zwischen 6 und 33 mm. KITTREDGE et al. finden bereits 1941 ähnliche Kurvenverläufe. Der Schnittpunkt liegt in untersuchter Kiefer jedoch ausnahmslos bei 5 mm Freilandreferenz. KURAJI et al. (2001) konnten an einer Chamaecyparis-Art den Schnittpunkt der Abszisse bei 9,3 mm lokalisieren.
Bei der Quantifizierung der Kronenspeicherkapazität durch die Konstante in linearen Gleichungssystemen wird jedoch der stets zu berücksichtigende durchfallende Niederschlag

vernachlässigt. HOFFMANN begegnet dem 1999, in dem er zwei lineare Beziehungen in die Punktwolke des Bestandesniederschlages legt. Dabei folgt die Funktion bei hohen Niederschlagsmengen der feststehenden Steigung bei eins und freier Anpassung der Konstante im Gleichungssystem. Bei geringen Freilandniederschlagsmengen wird der durchfallende Niederschlag mit variabler Steigung ohne Konstante parametrisiert. Der Schnittpunkt beider Funktionen eröffnet die Berechnung der Kronenspeicherkapazität unabhängig vom durchfallenden Niederschlag.

Nichtlineare Funktionen bleiben in absoluten Niederschlagsbetrachtungen meist auf die Anpassung der Interzeptionsbeträge beschränkt. Mit geeigneten Funktionen wird der allmähliche Anstieg der Interzeption bei anschließendem asymptotischen Verlauf charakterisiert (z.B. KLAASEN et al., 1998). Allerdings bleibt die Güte dieser Funktionen häufig hinter linearen Beziehungen zurück (KITTREDGE et al., 1941; NAVAR und BRYAN, 1990; KLAASEN et al., 1998). Die Punktwolken lassen häufig den erwarteten asymptotischen Charakter vermissen. CHANG (2003) greift dies auf und formuliert die zusätzlich zur Asymptote angepasste Steigung als durchschnittliche Verdunstungsrate während des Regenereignisses. Ähnlich wird in anderen Arbeiten argumentiert. Entsprechende Parametrisierungen münden jedoch in unglaubwürdig geringen Speicherkapazitäten (0,52 mm bei NAVAR und BRYAN (1990), 1,5 mm bei CHANG (2003), kleiner 1 bei KLAASEN et al. (1998)) bei hohen Verdunstungsraten (10-20 % je Liter). Über die Zeitspanne zwischen Regenende und Messbeginn bzw. deren möglichen Verdunstungseinfluss liegen keine Berichte vor.

In relativen Punktwolkenbetrachtungen dominieren nichtlineare Funktionen. HANCHI und RAPP (1997) arbeiten in Stammablaufanteilen mit Potenzfunktionen, während ABOAL et al. (1999) Logarithmusfunktionen anwenden. MARTINEZ-MEZA und WHITFORD (1996) fitten in Stammablaufanteilen und dem relativen Kronendurchlass quadrierte Exponentialfunktionen. Auch in diesen Arbeiten stellen sich formelbedingt mehr oder weniger klare Grenzwerte ein, zu denen die bestandesspezifischen Funktionen konvergieren.

1.1.2.3 Der Einfluss der Vegetation auf den Niederschlagsumverteilungsprozess im Wald

MATSUBAYASHI et al. (1995) betonen, dass durch die Vegetation Intensität, Abgabezeit und Quantität des Bestandesniederschlages bestimmt wird. Konkretisierungen zu einzelnen

Wirkungen der Vegetation finden sich z.B. in KLAASEN et al. (1998); MARKART (2000); BREDEMEIER et al. (2004); PECK (2004); BASSETTE und BUSSIERE (2005). Tatsächlich handelt es sich um bestimmende Faktoren der ablaufenden Prozesse Niederschlagszurückhaltung und -umverteilung.

Die Benetzungs- oder Speicherkapazität (HUTCHINSON und ROBERTS, 1981; BENECKE, ohne Jahr) wird in Physik und Werkstofftechnik auch einfach als *„Netzung“* bezeichnet. Die Netzung wird als Maß zur Beschreibung des Verhaltens von Flüssigkeiten auf festen Unterlagen verstanden. Sie wird durch die Oberflächenspannungen der Flüssigkeit als auch des festen Substrates charakterisiert. Substrate mit zunehmender Oberflächenenergie werden besser benetzt. Der Randwinkel des Flüssigkeitstropfens [Θ] auf der Substratunterlage quantifiziert die Netzung. Cos(Θ) wird aus dem Verhältnis der Oberflächenenergien der kontaktierenden Stoffe ermittelt. Zunehmender Wasserinput führt zur Ausbildung größerer Tropfen und mündet in der Entnetzung überschüssigen Wassers. Verantwortlich hierfür sind Verschiebungen der Kohäsionskräfte im Tropfen und der Adhäsionskräfte gegenüber der Oberfläche (GOLDBERG, 2002). Die Speicherkapazität des Kronendaches ist demnach abhängig von der Netzungsstärke des Substrates (Rinde, Blätter, Nadeln, Knospen, …) und von der absoluten Oberfläche der Baumorgane. Deshalb wird zwischen **spezifischer [sK] und absoluter Speicherkapazität [K]** unterschieden. Die absolute Speicherkapazität berechnet sich aus der spezifischen Speicherkapazität und der jeweils relevanten Oberfläche [A] (BENECKE, ohne Jahr; DIJK und BRUIJNZEEL, 2001; BRUNNER et al., 2004) (siehe Gleichung 1-4).

$$K = sK * A \quad [L/m^2] \tag{1-4}$$

Größenordnungen zur absoluten Speicherkapazität bieten Internetrecherchen aus den Gebieten Architektur und Abwasserwirtschaft. Für befestigte Dächer werden 0,3-0,75 L/m² und im unbefestigten Gelände 3 L/m² angegeben. BENECKE (1984) leitet für Buche etwa spezifische Speicherkapazitäten von etwa 0,4 Liter je Quadratmeter Blattfläche her.

Die Netzungsstärke ist zusätzlich von der Oberflächenneigung abhängig (BASSETTE und BUSSIERE, 2005). Die Relation der Adhäsions- und Kohäsionskräfte wird außerdem durch die Viskosität des Tropfens beeinflusst. Die Viskosität – u.a. charakterisiert durch intermolekulare Van-der-Waals-Kräfte – unterliegt temperaturbedingten Änderungen, die sich in geringfügigen Änderungen der spezifischen Speicherkapazität wieder finden (LEVIA und HERWITZ, 2000).

MARKART (2000) schlussfolgert, dass Speicherkapazitäten sowohl von den Oberflächenverhältnissen in der Krone als auch von den Oberflächenspannungsunterschieden einzelner Baumorgane abhängig sind. Ähnlich argumentiert PECK (2004) und verweist auf den artspezifischen Charakter beider Faktorenkomplexe. So ist am Beispiel der Baumarten Fichte und Buche weder von ähnlichen Flächenverhältnissen innerhalb der Krone (vgl. z.B. BARTELINK, 1998; KÜßNER, 1999; HAGEMEIER, 2002; JOCHHEIM et al., 2007) noch von ähnlichen physikalischen Oberflächenverhalten bei Nadel vs. Blatt bzw. Rinde Fichte vs. Buchenrinde auszugehen. KLAASEN et al. (1998) sprechen allgemeiner von der Hydrophobizität artspezifischer Baumorgane, die durch Rauhigkeit, wachsige Cuticula oder Behaarung auffallen kann (XIAO et al., 2000). Zudem wird auch der Elastizität und Anordnung der Baumorgane ein Einfluss zugesprochen (PECK, 2004). XIAO et al. (2000) rücken in diesem Sinne Blatt- und Astwinkel ins Blickfeld.

Auf differenzierte Oberflächenrelationen im Kronendach gehen z.B. KLAASEN et al. (1998), ELEND (2000), DIJK und BRUIJNZEEL (2001), BREDEMEIER et al. (2004) und HINKELMANN (2005 b) ein. Unterschiedliche Flächenindices zeigen an, dass es sich wiederum eher um einen Faktorenkomplex handelt. Der LAI (*„leaf area index"*) ist definiert als die kumulative einseitige Fläche (lebender) Blätter pro Flächeneinheit (nach WATSON, 1947 oder auch nach MOTTUS et al., 2006). Analog wird die Nadeloberfläche pro Flächeneinheit als NAI (*„needle area index"*) bezeichnet (vgl. HAGEMEIER, 2002). Da Fichtennadeln keine ober- und unterseitige Trennung zulassen, wird der NAI als allseitige oder projizierte Oberfläche je Flächeneinheit angegeben. Äquivalent dazu kann auch der WAI (*„woody area index"*) angegeben werden (HAGEMEIER, 2002). L- bzw. NAI und WAI bilden den summarischen Pflanzenflächenindex (PAI *„plant area index"*).

Da viele Baumarten im Jahresgang Assimilatmasse verlieren und erneuern, gehen damit eklatante Veränderungen der Flächenindices einher. Der Niederschlagsumverteilungsprozess diverser sommergrüner Baumarten ist entsprechend variabel. In Sommermessungen kann lediglich die Speicherkapazität des Pflanzenflächenindex ermittelt werden, auch wenn gelegentlich der Terminus Blattspeicherkapazität Verwendung findet (ELEND, 2000). Nur in vergleichenden Winter- und Sommermessungen sommergrüner Arten ist durch Differenzenbildung der Einfluss des L- bzw. NAI vom WAI abgrenzbar (praktiziert von PETERS (2004) für Hainbuche und Stieleiche). Bei immergrünen Baumarten ist stets der PAI maßgebend. Detailliertere Einblicke bleiben auf Sonderereignisse begrenzt (z.B. SCHWARZE (2006) zur Interzeptionswirkung entnadelter Fichten nach Borkenkäferkalamität im Bayerischen Wald).

Absolute Pflanzenflächen- oder Kronenspeicherkapazitäten werden von HILLEBRAND (1998) für Fichte im Bereich von 0,6 bis 4,0 L/m² angegeben. ELEND bietet 2000 für Fichte 4,7 L/m² an. PETERS (2004) berechnet für *Picea abies* 1,5 L/m² und für *Picea sitchensis* 1,7 L/m². Für Buche ermittelt BENECKE (1984) 2,6 L/m² und wird ergänzt durch ELEND (2000) mit Spannenangaben von 2,4-3,8 L/m². Zeitgleiche PAI-Messungen resultieren bei BENECKE (1984) in spezifischen Speicherkapazitäten für Fichte bzw. Buche von 0,85 und 0,42 L/m². Die Wertespannen und die ausstehende Trennung einzelner Flächenindexwirkungen hinterlassen nach wie vor ein sehr unbefriedigendes Bild.

Da abtropfender Niederschlag an vorangegangenes Auftreffen, Aggregieren und Abfallen von Tropfen an der Kronenoberfläche gebunden ist, gelten die präsentierten Faktoren der Netzung unmittelbar auch für diese Komponenten des Bestandesniederschlages. Im Gegensatz hierzu ist durchfallender Niederschlag an die Abwesenheit jeglicher Flächenindices – Baumorgane – auf Bestandesabschnitten gebunden (XIAO et al., 2000). In beiden Fällen besteht eine starke Bindung zur Kronenarchitektur der Baumart. Kausalanalytische Beiträge, wie der von BALAZS (1983), konnten dem Anspruch, eine ausreichende Klärung dieser Bindungen zu liefern, bisher nicht gerecht werden.

Um vieles stärker äußert sich die Architekturbindung in der Generierung des Stammablaufes. KURAJI et al. sehen noch 2001 Forschungsbedarf zum Entstehungsprozess des Stammablaufes. BARKMAN (1992) verallgemeinert unterschiedliche Neigungen verschiedener Baumarten zur Stammablaufbildung anhand spezifischer Kronenarchitekturen. Danach leiten *„centrifugal crowns“* – Kronen mit herabhängenden Ästen – Niederschläge in die Peripherie ab. *„Centripedal crowns“* – Kronen von Baumarten mit stehenden Ästen – besitzen die größte Ableitung in Stammnähe. Letztere besitzen meist glatte Rinde, an der Wasser gut abgeleitet werden kann (siehe auch FLEMMING, 1995; HILLEBRAND, 1998; CROCKFORD und RICHARDSON, 2000).
Ein entsprechendes Rindenexperiment hat STEINBUCK im Jahr 2002 präsentiert. Das Experiment bestätigt baumartspezifische Fähigkeiten, appliziertes Wasser auf der Rindenoberfläche abzuleiten. STEINBUCK (2002) wiederholt ein Experiment, das für *Fagus*

grandifolia Ehrh., Tsuga canadensis (L.) Carr. und *Pinus resinosa Soland.* ähnlich erfolgreich verlief (KLAASEN et al., 1998). Identische Schlussfolgerungen werden in DE PLOEY (1984), CROIZIER und BOERNER (1986), NAVAR und BRYAN (1990) und XIAO et al. (2000) deutlich.

Einen detaillierten Einblick in die Wirkung der Kronenarchitektur bietet HERWITZ (1987). HERWITZ führt ein Beregnungsexperiment durch, das zeigt, dass je steiler Äste stehen, desto besser Wasser an ihnen abgeleitet werden kann. Konträr äußern sich FORD und DEANS (1978), bei denen Astwinkel und -länge von Sitkafichten nicht signifikant mit dem Stammablauf korrelierten. Dem gegenüber zeigt CHANG (2003) höchste Stammablaufmengen bei sehr steilem Astwinkel. Auch DE PLOEY (1984) und LEVIA und FROST (2003) beweisen, dass mit zunehmender Aststeilheit mehr Stammablauf generiert wird. Sie geben aber zu bedenken, dass nur Astwinkel des natürlichen Bereiches geprüft wurden und mit extremer Aststeilheit die Flächenwirksamkeit in der Horizontalprojektion verloren geht (vgl. auch NAVAR, 1993). Nach MARTINEZ-MEZA und WHITFORD (1996) treten bei einzelnen Straucharten maximale Stammablaufmengen bereits bei 45°, 65° und 75° ein. VAN ELEWIJCK (1989 a) findet bei Grasarten Maxima bei Halmstellungen von 50-60° zur Horizontalen. In DE PLOEY (1982) ergeben sich zur Senkrechten auffällig rasch abfallende Stammwassermengen. Sie vermutet, dass bei nahezu horizontaler Aststellung vorrangig Gravitation wirkt, während bei sehr steilen Astwinkeln ein sehr geringer Niederschlagseintrag stattfindet.

Die Kanalisation des Regenwassers zum Stammmantel ist damit offensichtlich entscheidend beeinflusst von der Aststellung und von der Dimension und Güte des *„Wassertrichters“*. Letzteres ist auch den Hinweisen zur Relevanz der Anzahl ableitender Äste zu entnehmen. So verfolgen DE PLOEY (1984) oder auch MARTINEZ-MEZA und WHITFORD (1996) mathematische Modelle, in die diese Anzahl direkt einfließt. NAVAR und BRYAN (1990) sowie NAVAR (1993) rücken den WAI in den Vordergrund ihrer Beiträge. Stark abstrahiert erscheint die Stammablaufmenge einer Baumart auf einer definierten Bestandesfläche aus einer Vielzahl unvollkommener Wassertrichter zu stammen, wobei die Trichter durch Beziehungen des Astwinkels, der Astlänge und des WAI charakterisiert werden können. Leider ist dieser mathematisch physikalische Hintergrund bisher unzureichend beleuchtet (NAVAR, 1993).

1.1.2.4 Der Einfluss von Walddichte und -struktur auf den Niederschlagsumverteilungsprozess im Wald

Einflüsse der Walddichte und -struktur auf den Redistributionsprozess beruhen auf Variationen des Flächenindex und der Kronenarchitektur.

Im dicht geschlossenen mehrschichtigen Bestand ist gewöhnlich der Pflanzenflächenindex gegenüber einschichtigen Beständen der Oberstandsbaumart erhöht, wodurch die absolute Speicherkapazität des Kronendaches zunimmt. Die Wahrscheinlichkeit absolut freier Bestandespartien nimmt ab. Dadurch kann durchfallender Niederschlag weniger häufig auftreten. Der Niederschlagsumverteilungsprozess der zweiten oder auch dritten Baumschicht wird durch die Prozesse innerhalb der obersten Baumschicht überprägt. In Anlehnung an die schematisierten Dynamiken der Abbildungen 1-2a und b ist die Niederschlagsumverteilung unterhalb der ersten Kronenschicht nur noch indirekt vom Freilandniederschlagsbetrag abhängig. Der Niederschlagsinput in darunter befindlichen Kronenschichten entspricht dem Unterkronenniederschlag der ersten reduzierend wirkenden Schicht. Differenzierte Betrachtungen einzelner Schichten erfordern dementsprechend den Austausch der Abszissenvariable. Analoge Besonderheiten stellen sich für die Dynamik des Niederschlagsereignisses hinsichtlich Tröpfchengröße, Intensität und Zeitdauer ein.

Im einschichtigen Reinbestand führen unterschiedliche Stammzahlhaltungen zu mindestens kurzfristigen Modifikationen des Pflanzenflächenindexes und zu Konsequenzen für den Bestandesniederschlag. BRECHTEL belegt dies schon 1962 anhand verschiedener Auflichtungsgrade in Kiefernbeständen. GASH et al. (1995) setzen in ihrem Niederschlagsmodell in diesem Sinne Kronendeckungsgrade in die Berechnung ein. Auch JOHNSON (1990) und CAPE et al. (1991) stellen signifikante Beziehungen zwischen Kronendurchlass und Kronenschlussgrad fest.

Einen Vergleich der Niederschlagsumverteilung zwischen unterschiedlichen Bestandesaltern unternimmt BALAZS (1983). In Varianzanalysen kann er 21 % der Datenstreuung anhand der Altersgruppe der Bestände erklären.

Von kombinierten Einflüssen des Bestandesalters und der Bestandesdichte auf die Stammablaufmenge ist ebenfalls auszugehen (BALAZS, 1983). KITTREDGE et al. (1941) und ABOAL et al. (1999) zeigen, dass die Stammablaufmenge bei Brusthöhendurchmesserzunahme rasch ansteigt. WU et al. (1985) vermuten einen vergleichbaren Effekt der Bestandeshöhe. MARTINEZ-MEZA und WHITFORD (1996) zeigen an drei Straucharten, dass Zusammenhänge zwischen Stammabflussmenge, Kronenschirmfläche und Kronenvolumen bestehen. NAVAR und BRYAN bestätigen 1990 den Einfluss der Kronenschirmfläche. LOUSTAU et al. (1992 a) und MATSUBAYASHI et al. (1995) stellen im Gegensatz dazu fest, dass es keinen Zusammenhang zwischen Brusthöhendurchmesser, Baumhöhe, Kronenschirmfläche und dem Stammablauf gibt.

Insgesamt erscheint die Quantifizierung des Stammablaufes besonders schwierig. Dies liegt nicht zuletzt daran, dass der Stammablauf einer Bestandesfläche aus der Summe individuell wirkender Bestandesglieder entsteht (vgl. z.B. HANCHI und RAPP, 1997). Welche Auswirkungen die Stammzahlhaltung einer speziellen Baumart auf die Stammablaufneigung einzelner Bäume hat und in welcher Beziehung hierbei die Individualleistung zur Massenleistung auf Bestandesebene steht, lässt sich kaum entkoppeln. Dies betrifft sowohl Brusthöhendurchmesser-, Höhen-, Kronenprojektionsflächen- als auch Astwinkelverteilungen. Thematisch ähnliche Arbeiten fokussieren deshalb auf die Faktorensuche für Individualleistungen (z.B. KITTREDGE et al. (1941), FORD und DEANS (1978), STEINBUCK (2002), PECK (2004)) und schlussfolgern auf größere Flächen (z.B. BALAZS (1983), ABOAL et al. (1999)).

Im einschichtigen Mischbestand treten die eben aufgeführten Aspekte noch deutlicher hervor. Dabei kommt es im Mischbestand zu einer Matrix potentieller kausaler Zusammenhänge zwischen Stammzahlhaltung, Nachbarschaftsbeziehung und niederschlagsumverteilungsrelevanten Faktoren, deren Variantenfülle durch die Baumartenanzahl auf der jeweiligen Fläche potenziert wird. Versuchsreihen selbst in einfach gegliederten Mischbeständen sind dementsprechend selten publiziert worden. Mathematische Annäherungen an die Niederschlagssituation im Mischbestand orientieren sich gelegentlich am Mischungsgrad. Der baumartspezifischen anteiligen Berechnung der Niederschlagskomponenten analog zum angegebenen Bestockungsanteil steht jedoch der Einfluss der Mischungsform gegenüber. So reagieren Kronenmorphologien artspezifisch sensibel auf intra- und interspezifische Konkurrenzsituationen (GUERICKE, 2001). Die flächige Relevanz dieser Konkurrenzen verschiebt sich im Rahmen möglicher Mischungsformen jedoch erheblich (vgl. KRISSL und MÜLLER, 1990 oder BRADSHAW, 1992). Selbst wenn ausreichend Niederschlagsbefunde in Mischbeständen diverser Baumartenkombinationen vorhanden wären, kann die hinreichende Abdeckung des Variantenspektrums aus Mischungsgrad und -form bei sonst konstanten

Faktoren (Niederschlagsregime, Baumalter, Morphologie) kaum erreicht werden. An dieser Stelle sind flächenrepräsentative Niederschlagsmessungen an ihre Grenzen gelangt.

Dieser Umstand mag zwar für großflächige Kalkulationen unerheblich sein, erhält jedoch Format im kleinflächigen Management der Verjüngung und im Rahmen diverser kleinststandörtlicher Prozesse, wie der Humuszersetzung bei KLOIDT (1989) oder ALBERS et al. (2004), Erosionsinitiale bei DE PLOEY (1984), DIJK und BRUIJNZEEL (2001) sowie LEVIA und FROST (2003) und bei der Wasserkonkurrenz im Bestandesgefüge in VAN ELEWIJCK (1989 b), MARTINEZ-MEZA und WHITFORD (1996), AUGUSTO et al. (2002) oder IRRGANG und EISENHAUER (2004)).

GEIGER bietet schon 1961 einen Lösungsweg für dieses methodische Problem an, dem in dieser Arbeit gefolgt wird: *„Will man die Verteilung des Regens im Walde studieren, so geht man am besten vom einzelnen Baume aus.“* (S.342).

1.2 Die kleinräumige Niederschlagsumverteilung am expliziten Messplatz innerhalb des speziellen Waldbestandes

1.2.1 Stichprobennahmen für flächige und messplatzorientierte Niederschlagsmessungen

Niederschlagsmessungen werden im Allgemeinen mit Flächenmessmethoden auf Messplätzen definierter Größe realisiert. Großskaligere Informationen liefern dagegen Satelliten- und Radarmessungen (HINKELMANN, 2005 a). Niederschlagssammler (Totalisatoren) und -schreiber dokumentieren den gefallenen Niederschlag einer definierten Auffangfläche. Neben Totalisatoren sind selbstentleerende Systeme im Einsatz (Niederschlagswippen und -kippwaagen). Hierbei sind Kopplungen zu registrierenden Einheiten (Zählwerk oder Schwimmschreiber) unumgänglich (GOLDBERG, 2002). Einen internationalen Überblick zu nichtregistrierenden Regenmessern gibt CHANG (2003). Materialien (PVC, Stahl, Aluminium, Kupfer, Fiberglas), Aufbewahrungstiefen des Niederschlagswassers und die Auffangflächen unterscheiden sich immens. Länderstandards der Auffangflächen variieren von 7 bis 400 cm².

Im Kontrast zu Messungen auf Messplätzen sind vollflächige Niederschlagsmessungen selten realisiert. Eine der wenigen Ausnahmen stellt das Dachprojekt im Solling dar. Mit hochtransparentem Polycarbonat sind mehrmalig 300 m² Bestandesfläche komplett überdacht (BREDEMEIER et al., 1998 und 1999). Der Bestandesniederschlag wird über Rinnen in

Auffangbehälter geleitet, registriert und zur Quantifizierung der Niederschlagsdepositionen analysiert (LAMERSDORF et al., 1999).
Die Vielgestaltigkeit angewendeter Messmethoden und Sammlerarten ergibt sich aus unterschiedlichen Fragestellungen und Ansprüchen. In großflächigen und flächenrepräsentativen Messungen wird ein verlässlicher Durchschnittswert angestrebt, mit dem der untersuchte Bestand gut repräsentiert werden kann. Punktuelle Niederschlagsmessungen eröffnen im Gegensatz hierzu detaillierte Einblicke in den räumlich heterogenen Bestand. Erst durch punktuelle Messungen wird die Erklärung der Datenstreuung aus flächenrepräsentativen Messungen des bis dato homogen verstandenen Bestandes optional.

Im Gegensatz zu Messansätzen, die die räumliche Variabilität der Niederschlagsverteilung berücksichtigen, beschäftigten sich in der zweiten Hälfte des vergangenen Jahrhunderts viele Arbeiten mit dem Umgang und der Vermeidung dieser Variabilität durch entsprechende Messdesigns, Totalisatorenanzahlen, Datenaggregationen und großflächigere Messgefäße. Einen guten Überblick liefern GEIGER (1961) und BENECKE (1984). Daraus resultierten Vorschläge, punktuelle Messungen durch Auffangwannen und -rinnen abzulösen, dem z.B. JOCHHEIM et al. (2007) nachgegangen sind, oder Intensivierungen der Stichprobenanzahl vorzunehmen, um räumliche Variabilität repräsentativ zu erfassen. Dem folgt BALAZS (1983) mit zufällig verteilten 16 bis 25 Sammlern pro Bestand. BRECHTEL folgert 1962 aus Voruntersuchungen auf notwendige Stichprobenzahlen zur ausreichenden Berücksichtigung der vorgefundenen Datenstreuung. Es ergibt sich ein Bedarf von 1.091 bzw. 1.206 Totalisatoren auf 0,81 bzw. 0,9 ha Untersuchungsfläche bei Messabständen von 2,75 m.

Gemäß der treffenden Anmerkung von DUROCHER (1990): *„... the forest canopy is acting like a filter composed of a structure which can significantly modify the spatial distribution of the incident rainfall reaching the soil surface.“* (S.215) setzen andere Autoren bewusst auf Messungen räumlicher Heterogenität. Totalisatoren werden zufällig im Bestand verteilt (DUROCHER, 1990; LOUSTAU et al., 1992 b) und kausale Zusammenhänge zur jeweils wirkenden Bestandesstruktur verbalisiert, jedoch selten geprüft (außer z.B. HORNSCHUCH und RIEK, 2007). Andere Arbeiten fokussieren hingegen unmittelbar auf das bedeutendste Strukturelement im Bestand – den wirkenden Einzelbaum. Auf einfachen Transekten von Baum zu Baum wurden Stichproben in direkter Umgebung der Bäume genommen (z.B. KITTREDGE et al., 1941; GOMEZ et al., 2002; BREDEMEIER et al., 2004). Auswertungen erfolgen auf Basis der Distanz des Messpunktes zum verursachenden Baum (KITTREDGE et al., 1941; JOCHHEIM et al., 2007) oder in Relation zum Kronenradius des Baumes (DUROCHER, 1990). GOMEZ et al. (2002) arbeiten dabei mit 36 Totalisatoren je Bezugsbaum, während JOCHHEIM et al. (2007) 15 und LOUSTAU et al. (1992 b) 52 Stück im Umfeld einzelner Bäume aufstellen. BREDEMEIER et al. konnten dabei 2004 zeigen, dass sich Transektmessungen auch in Mischbeständen zur Klärung baumartspezifischer Wirkungen eignen.

Eine Sonderstellung bezüglich der Messmethoden nimmt der Stammablauf ein. Stammablaufmessungen sind stets an den Einzelbaum gebunden. Insofern sind Stammablaufmessungen immer messplatzorientiert. Flächenaussagen erfordern Probennahmen an allen stammablaufrelevanten Bäumen der Fläche (vgl. BALAZS, 1983) oder Kalkulationen auf Basis ausreichender Unterstichproben (vgl. ABOAL et al., 1999).
Zur Stammablaufmessung existieren mehrere Konzepte. Allen gemein ist das Prinzip, ablaufendes Wasser am Stamm zu kanalisieren und vor Bodeneintritt aufzufangen. Zur Kanalisation eignen sich Spiral- oder Halfterformen aus Kunststoffen (BALAZS, 1983; KELLMAN und ROULET, 1990) z.B. Polyethylen, die am Baum durch Nagelverbindungen oder Kleber angebracht werden. Kleinere Lücken werden mit Silikon, Lacken, Klebstoff oder Harzen verschlossen (BALAZS, 1983; KELLMAN und ROULET, 1990; MARTINEZ-MEZA und WHITFORD, 1996; LEVIA und FROST, 2003). Mehrere Autoren tragen auch äußere Rindenschichten ab, um die Kanalisation zu unterstützen (z.B. KITTREDGE et al., 1941; STEINBUCK, 2002). Der Stammabfluss einzelner Bäume kann während starker Regenereignisse mehrere hundert Liter betragen (KELLMAN und ROULET, 1990; ABOAL et al., 1999). Auffangbehälter müssen entsprechend dimensioniert sein. Zunehmend kommen Zählautomatiken (Kippwagen, Durchflusszähler) (DUROCHER, 1990; KURAJI et al., 2001), Datalogger und digitale Wasserstandsschreiber zum Einsatz (DUROCHER, 1990; KELLMAN und ROULET, 1990; LEVIA und FROST, 2003).

Die Notwendigkeit von Stammablaufmessungen sollte aus Effizienzgründen stets hinterfragt werden. Sowohl Stichprobenanzahlen als auch das generelle Stammablaufpotential der Baumart sind zu beachten. BRECHTEL (1962) entschließt sich an Kiefer keinen Stammablauf zu ermitteln. Aus Publikationen ist BRECHTEL bekannt, dass Kiefer nur etwa 1 % des Freilandniederschlages in Stammablauf umverteilt. Unter dem Gesichtspunkt des erwarteten Fehlerrahmens notwendiger Kalkulationen erscheint BRECHTEL die Aufnahme abträglich und wird unterlassen. CROIZIER und BOERNER (1986), KURAJI et al. (2001) und JOCHHEIM et al.

(2007) wählen Stichprobenumfänge von 3, 4 bzw. 5 Bäumen einer Art. Größere Stichprobenumfänge liegen schon 1941 bei KITTREDGE et al. vor, die Bezugsbäume wechseln und in unechten Vergleichen die Stichprobengröße 12 erreichen. DUROCHER (1990) beprobt den Stammablauf von 26 Bäumen mit Loggerunterstützung, während KELLMAN und ROULET (1990) im gering dimensionierten Bestand an 23 Bäumen und Lianen messen. NAVAR und BRYAN (1990) bewältigen 26 Büsche verschiedenster Arten und ergänzen die Aufnahmen unter natürlichen Bedingungen durch Beregnungsexperimente.

1.2.2 Die kleinräumige Variabilität der Niederschlagsumverteilung auf Messplatzebene im geschlossenen Wald

Wurden in der Abbildung 1-1 Durchschnittswerte verschiedener Niederschlagskomponenten auf Bestandesebene präsentiert und im Anschluss deren Datenstreuungen diskutiert, so ist zu vermuten, dass die Heterogenität des Niederschlagsumverteilungsprozesses innerhalb von Beständen noch weitaus größer ausfällt.

FORD und DEANS (1978) sehen räumliche Variabilität im Niederschlagsumverteilungsprozess in der Ast- und Kronenstruktur der einzelnen Bestandesmitglieder begründet. Sie konkretisieren:

- Variabilität der Kronenspeicherkapazität, die durch räumliche Differenzierungen des Pflanzenflächenindexes in der Krone des Einzelbaumes entstehen.
- Variabilität des Kronendurchlasses, als Konsequenz unvollständiger Kronenüberlappungen im Außenbereich konkurrierender Kronen. Vollständige Überlappungen erfolgen je nach Baumart eher selten oder nie.
- Variabilität möglicher Ableitvorgänge. Aststellung und Kronenmorphologie können zu horizontalen Wasserbewegungen in der Krone führen, die an speziellen Messorten am Waldboden durch vermehrtes Abregnen oder stärkeren Wasserentzug spürbar sind.

Nach FORD und DEANS (1978) sind auf Messplatzebene nicht nur die Niederschlagskomponenten Stammablauf, Kronenspeicherkapazität, durchfallender und abtropfender Niederschlag präsent. Als weitere bisher unberücksichtigte Größe des Niederschlagsumverteilungsprozesses treten abgeleitete Niederschläge auf. Unter **lateralem Fluss [F]** (eng: lateral flow) sind kleinräumige Wasserdefizite oder -überschüsse zu verstehen. In flächigen Betrachtungen geht der laterale Fluss in den Stammablauf oder den Unterkronenniederschlag ein und ist damit als eigenständiger Niederschlagsterm neutral. MARTINEZ-MEZA und WHITFORD (1996) und auch

KURAJI et al. (2001) meinen, dass die zum Teil erheblichen Stammablaufmengen prädestinierter Baumarten auf laterale Zuflüsse angewiesen sind. Auch SCHUME et al. (2004) vermuten, dass die Stammablaufmengen der Buche nur entstehen können, wenn innerhalb eines definierten Einzugsgebietes in der Baumkrone Wasser bereitgestellt wird. DE PLOEY (1984) verweist in einem engen räumlichen Bezug auf Beobachtungen, in denen kanalisiertes zum Stamm strebendes Wasser an scharfen Astbeugen abtropfte. Auch dieses Phänomen lässt sich durch laterale Flüsse erklären. Ähnliche Beobachtungen machen KITTREDGE et al. (1941); VOIGT (1960) und ELEND (2000), während KELLMAN und ROULET (1990) und GOMEZ et al. (2002) über Abtropfstellen (sog. *„drip lines“*) innerhalb des Bestandes und am Kronenrand von Einzelbäumen berichten.

1.2.2.1 Die kleinräumige Variabilität des Unterkronenniederschlages

FORD und DEANS (1978) sprechen die bereits herausgearbeitete Relevanz der Kronenmorphologie im Allgemeinen und der Flächenindexe im Speziellen für den Redistributionsprozess auf Messplatzebene an. Da gemeinsam mit dem lateralen Fluss insgesamt fünf Niederschlagskomponenten in kausalen Beziehungen zueinander stehen, ist es nahezu unmöglich, die tatsächliche Wirkung der Baumkrone auf die einzelnen Komponenten zu bestimmen. Einzelne Kausalketten sind bis heute lediglich verbal beschrieben (z.B. bei BARKMAN, 1992). Erschwerend wirkt der Umstand, dass sich im Niederschlagssammler lediglich die Summe aus durchfallendem und abtropfendem Niederschlag und positiver oder negativer lateraler Flüsse finden lässt. Mehreren interagierenden Unbekannten steht somit am Messplatz nur ein einziger Messwert gegenüber.

MOSCHEFRI et al. (1993 a und b) zeigen im distanzorientierten Ansatz am Einzelbaum, dass der Unterkronenniederschlag unter Buchen in Richtung Kronenrand zunimmt. Vergleichbare Tendenzen werden in der Transektbeprobung von BREDEMEIER et al. (2004) deutlich. Während LOUSTAU et al. (1992 a) diesen Trend in Kiefernwäldern Südfrankreichs nicht bestätigen konnte, findet JOHNSON (1990) an Sitkafichte ebenfalls räumliche Muster. Der gefundene lineare Zusammenhang ergibt auch in Sitkafichte geringe Unterkronenniederschläge im Kronenzentrum von ca. 25 % des Freilandwertes, die von dort bis zum Kronenrand ansteigen. Am Kronenrand werden allerdings Unterkronenniederschläge über 100 % des Freilandreferenzwertes erreicht, was auf zusätzlichen Input aus lateralem Fluss – z.B. aus dem

Kronenzentrum – hinweist. Im Gegensatz dazu extrahieren FORD und DEANS (1978) ebenfalls in Sitkafichte mit Varianzanalysen Abnahmen des Unterkronenniederschlages vom Innenbereich der Krone nach Außen. Es werden Unterkronenniederschläge von 40 bzw. 20 % des Freilandreferenzwertes erreicht. FORD und DEANS beproben junge Sitkafichte in dichten Beständen, die durch intensive Kronenüberlappungen benachbarter Bäume gekennzeichnet sind. KITTREDGE et al. plotten bereits 1941 Punktwolken des Unterkroneniederschlages in Abhängigkeit zum Totalisatorenort unter Kiefer. Ausgehend von Messpunkten der Stammzone über den inneren Kronenbereich, die Kronenperipherie bis zu kronenversetzten Messorten nimmt der Unterkronenniederschlag stetig zunehmend höhere Werte ein. Außerhalb der Krone werden wieder Beträge erreicht, die über dem Freilandwert liegen. Auch KLAASEN et al. (1998) bemerken, dass an besonderen Messplätzen überhöhte Unterkronenniederschläge registriert werden können. CHANG (2003) formuliert treffend: *„Drips from certain points in a stand can cause more throughfall than the total rainfall in the open."* (S.138). HOFFMANN (1999) schreibt diese Beobachtung vollumfänglich dem Kronenmantelabfluss bei intensiven Niederschlägen zu.

DUROCHER (1990) bereitet Niederschlagsresultate eines Roteichen-Esskastanien-Mischbestandes grafisch auf. Er stellt individuelle Unterkronenniederschläge dem Freilandwert in einer dreidimensionalen Bestandeskarte gegenüber. Erstaunlich häufig treten drastische räumliche Unterschiede auf. Unterkronenniederschläge scheinen an kroneninneren Messplätzen sehr gering, in weiter Distanz zum Baum jedoch sehr hoch auszufallen. GOMEZ et al. (2002) betrachten den Redistributionsprozess unter solitären Olivenbäumen. Sie nutzen ein sternförmiges Design und Semivariogrammanalysen und bestätigen damit, dass Regensammler in direkter Nachbarschaft sehr ähnliche Werte liefern und schlussfolgern leider nur, dass ein Effekt benachbarter Messpositionen unterhalb der Baumkrone vorliegt, ohne dabei den Einzelbaum als Verursacher dieses Effektes zu diskutieren.

1.2.2.2 Die kleinräumige Variabilität des durchfallenden Niederschlages

Durchfallender Niederschlag ist auch in kleinräumigen Betrachtungen an die Abwesenheit jeglicher Überschirmung gebunden. Dies wird durch die Ausführungen von GOMEZ et al. (2002) bestätigt, in denen mit Krigingverfahren räumlich hoch aufgelöste Niederschlagsverteilungen unterhalb einzelner Baumkronen vorgestellt werden. Es wird deutlich, dass kleinstflächige Bereiche existieren, in denen kein Wasserrückhalt stattfindet. Vorrangig handelt es sich dabei um Flächen außerhalb der Kronenprojektionsfläche. JOHNSON (1990) kommt zu vergleichbaren Ergebnissen. Er nutzt fotografische Methoden zur Schätzung der Kronendachdichte. Für Sitkafichten ergibt sich in dichten Kronen etwa 30 % geringerer Kronendurchlass. Allerdings bleibt hierbei – ebenso wie in der ähnlich gelagerten Arbeit von HORNSCHUCH und RIEK (2007) – wiederum ungeklärt, welcher Anteil des Unterkronenniederschlages tatsächlich auf den durchfallenden Niederschlag entfällt. XIAO et al. (2000) ermitteln den durchfallenden Niederschlagsbetrag über visuelle Ansprachen der Lücken im Kronendach. Sie postulieren eine lineare Beziehung mit einem Lückenkoeffizienten [l] (Gleichung 1-5).

$$Nd = l * N \tag{1-5}$$

Zur Kausalanalyse kleinflächiger Lückendynamiken und Unterkronenniederschläge fand bereits die Methode der hemisphärischen Fotografie Verwendung (OLSSON et al., 1982; ELEND, 2000; HORNSCHUCH und RIEK, 2007). Der Parameter *„Clearness“* im Bildanalysealgorithmus beschreibt den freien prozentualen Himmelsanteil in einem 20°-Öffnungswinkel über dem Fotopunkt. Der *„sky obscuration factor“* quantifiziert bei OLSSON et al. (1982) den Anteil des Himmels im Bildausschnitt, der von Vegetation verdeckt wird. Er gilt je nach Wahl eines Zenith-Winkels zwischen 0 und 30°. ELEND (2000) prüft, ob *„Clearness“* und Unterkronenniederschlag korrelieren. Leider unterbleibt die Trennung durchfallender und abtropfender Niederschlagsanteile. Signifikante Korrelationen zwischen *„Clearness“* und Unterkronenniederschlag konnte ELEND vermutlich auch deshalb nicht finden. Unter demselben Mangel leiden die Ansätze von OLSSON et al. (1982) – trotz guter Korrelation – und die von KONISHI et al. (2006) und HORNSCHUCH und RIEK (2007). Diese Autoren resümieren, dass die Anteile freien Himmels im Kronendach nur unzureichend zur Quantifizierung des Unterkronenniederschlages beitragen. Im Gegensatz zu ELEND (2000) oder KONISHI et al. (2006) plädieren LOUSTAU et al. (1992 a) für eine zumindest gedanklich strikte Trennung des abtropfenden und durchfallenden Niederschlages. Da Unterkronenniederschläge schwacher Regenereignisse vorrangig durch durchfallende Niederschläge gespeist werden, empfehlen sie Korrelationsanalysen auf schwache Ereignisse zu beschränken. In einer Folgearbeit (LOUSTAU et al., 1992 b) wird ein entsprechendes Modell erfolgreich an Niederschlagsereignissen mit weniger als 1,5 L/m² Niederschlag überprüft.

1.2.2.3 Anisotrope Niederschlagsverteilungen

Gelegentlich wird in Beiträgen zu einzelbaumbasierter Unterkronenniederschlagsverteilung geprüft, ob es – bezogen auf den Baumstandpunkt – eine bevorzugte Himmelsrichtung der Niederschlagskonzentration gibt. LOUSTAU et al. (1992 a) konnten in Kiefer keinen Einfluss der Himmelsrichtung nachweisen. Signifikanzprüfungen führten bei JOHNSON (1990) für Sitkafichte ebenfalls zur Hypothesenablehnung.

1.2.2.4 Die kleinräumige Variabilität des lateralen Flusses speziell zur Generierung des Stammablaufes

Da bisher keine Methode zur Quantifizierung räumlich expliziter Anteile des lateralen Flusses existiert, wird für den speziellen Fall der Stammablaufgenerierung aus lateralem Fluss häufig umgekehrt geprüft, ob lateraler Fluss notwendig war, um die Menge vorgefunden Stammablaufes zu erzeugen. HERWITZ befasst sich 1986 intensiv mit der horizontalen räumlichen Dimension der Stammablaufbildung innerhalb einzelner Baumkronen. Er entwickelt ein baumdimensions- und regenhöhensensitives Verhältnis, mit dem beschrieben wird, ob die Stammablaufmenge [ST] des Einzelbaumes aus einem Einzugsgebiet entstanden ist, dass größer als die Grundfläche [G] des Baumstammes ist (*„funnelling ratio“*, Gleichung 1-6) [F.R.].

$$F.R. = ST/(G*N) \qquad [\,] = [L]/[m^2 * L/m^2] \qquad (1\text{-}6)$$

Ist F.R. genau eins, so entspricht die Stammablaufmenge der Freilandniederschlagsmenge eines hypothetischen Sammlers mit der Öffnungsfläche der Baumgrundfläche. Größere Verhältniswerte deuten größere horizontale Stammabflusseinzugsgebiete in der Krone an. F.R. entspricht dem Faktor notwendiger Flächenerweiterungen im Geltungsbereich der Annahme, dass sämtliche Niederschläge ausschließlich dem Stammablauf zugeführt werden. HERWITZ (1986) prägt für die resultierende ideale Fläche den Begriff der *„contributing area“* (Gleichung 1-7) [C.A.].

Variante 1: $C.A. = G * F.R. \ [m^2]$ Variante 2: $C.A. = ST/N \ [L]/[L/m^2]$ (1-7)

HERWITZ (1986) ermittelt im tropischen Regenwald *„funnelling ratios"* zwischen 7 und 112. LEVIA und HERWITZ (2000) berechnen für die Ferkelnuss *(Carya glabra Mill.)* in Amerika Tageswerte von 10 bis 50, während GOMEZ et al. (2002) an solitären Olivenbäumen Werte von 0 bis 60 finden. Für Rotbuche sind F.R. und C.A. noch nicht bekannt.
Obwohl intra- und interspezifische Unterschiede der Stammablaufgenerierung in diesen Arbeiten vorliegen, wird die prinzipielle Bedeutung des Stammablaufeinzugsgebietes deutlich. Die Mehrzahl dokumentierter Stammablaufmengen an Einzelbäumen wird erst durch immense lateral transportierte Wassermengen in der Krone plausibel. Dass die tatsächlich beregnete Grundfläche einer Pflanze kaum ausreichen kann, um Abflussmengen in der zuvor beobachteten Höhe ohne Fremdzufluss zu ermöglichen, wird auch von DE PLOEY (1984) angenommen. Im Modell von DE PLOEY zur Abflussmengenquantifizierung an Horstgräsern wird dieser Umstand ebenso berücksichtigt, wie in der Übertragung des Modells auf Birke. Entsprechende Formelherleitungen finden sich in DE PLOEY (1982). VAN ELEWIJCK (1989 a) orientiert sich an DE PLOEY (1982 und 1984) und testet Stammabflussmengen an Mais mit verschiedenen Blattwinkelstellungen. VAN ELEWIJCK entscheidet, lediglich den stengelnahen Abschnitt des Maisblattes zu berücksichtigen, da das herabhängende Blattende kaum stammabflussrelevant sein kann. Das potentielle Einzugsgebiet von Maispflanzen wird demnach durch die Richtungsänderung im Blattwinkel bestimmt. Diesem Ansatz folgt VAN ELEWIJCK auch in weiteren Experimenten, die dieselben Hypothesen prüfen sollen (1989 b).
Es bleibt zu vermuten, dass auch bei stammablaufrelevanten Baumarten der notwendige laterale Wassertransport im Kroneninneren stattfindet. Die bereits behandelte Bedeutung der Aststellung stellt hierfür ebenso ein Indiz dar, wie die Befunde zu besonders geringen Unterkronenniederschlägen in Stammnähe von Buchen (vgl. MOSCHEFRI et al., 1993 a und b). Die tatsächliche horizontale Dimension der Stammablaufgenerierung ist bisher jedoch kaum erschlossen. Auch hierbei stellt die Niederschlagsaufteilung in mehrere gleichzeitig vorhandene Komponenten ein immenses Hindernis dar.

Neben Beiträgen der horizontalen Stammabflussbildung existieren wenige Arbeiten, in denen die vertikale Kronendimension im Vordergrund steht. HUTCHINSON und ROBERTS (1981) nehmen an einer 9 m hohen Douglasie in mehreren Höhen Stammablaufmessungen vor. Dabei zeigt sich, dass der untere Kronenbereich nur marginal zur Stammablaufbildung beiträgt. Erhebliche Ablaufmengen entstehen im oberen und mittleren Kronenabschnitt. HUTCHINSON und ROBERTS verweisen jedoch darauf, dass die Astwinkel innerhalb der Krone nicht konstant bleiben. Äste im oberen Kronenbereich waren steiler. Auch in Vertikalbetrachtung ist demnach der Effekt des Astwinkels ebenfalls bedeutend. Auch NAVAR (1993) konnte zeigen, dass in semiariden Büschen überwiegende Anteile des Wassers aus dominanten Ästen der Lichtkrone stammen.

1.3 Zielstellung der Arbeit

Obwohl im Unterkronenniederschlag durchfallender-, abtropfender Niederschlag und lateraler Fluss gemeinsam auftreten, weisen einzelbaumorientierte Aufnahmen darauf hin, dass mit der Distanz zum messplatzdominierenden Baum erhebliche Variationen des Unterkronenniederschlages verbunden sind. Besonders der Einfluss des lateralen Flusses ist bisher jedoch weitestgehend unerforscht. Beschreibungen weisen darauf hin, dass am Außenrand der Krone verschiedener Fichtenarten Niederschlagsüberschüsse durch zusätzlichen Input aus lateralem Fluss entstehen. Woher dieses Wasser innerhalb der Einzelkrone stammt, konnte jedoch nicht geklärt werden. Wasserentzug findet auch zur Generierung des Stammablaufes bei Buche statt. Bisherige Ansätze zur Quantifizierung dieses Wassereinzugsgebietes im Kronenraum des einzelnen Baumes sind unzureichend und lediglich verbalisiert. Da aus dem summarischen Unterkronenniederschlag der Anteil positiver oder negativer lateraler Flüsse nicht extrahiert werden konnte, sind analog hierzu auch keine verlässlichen räumlichen Dynamiken des durchfallenden oder abtropfenden Niederschlages bekannt. Insgesamt erscheint die Komplexität des Redistributionsprozesses hinsichtlich der Niederschlagskomponenten, artspezifischen räumlichen Mustern, Niederschlagsregimen und Regenhöhen ungeklärt. Mit abweichenden räumlichen Mustern in der unbelaubten Jahresphase ist außerdem speziell bei der Buche zu rechnen.

Zielstellung dieser Arbeit ist es daher, niederschlagsmengenabhänige und räumliche Dynamiken des Unterkronenniederschlages und des Stammablaufes im Bestand zu erfassen, im gleichen Modell zu vereinen und dadurch letztlich das Verständnis für diese Dynamiken zu verbessern. Diese Zielstellung wird beispielhaft an den Baumarten Buche und Fichte verfolgt. Hierbei beschränkt sich die Arbeit auf Untersuchungen in gleichwertiger einschichtiger Mischung beider Baumarten. Der Laubabwurf der Buche erfordert separates Vorgehen in belaubter und unbelaubter Jahresphase. Die gleichzeitige Probennahme an zwei Baumarten auf gleicher Fläche soll darüber hinaus aufzeigen, dass speziell für Analysen zur räumlichen Heterogenität auch Mischbestände geeignet sind.

Insgesamt soll die Arbeit ein Beispiel methodischer Verknüpfungen unterschiedlicher Betrachtungsebenen bieten. Ausgehend vom Messplatz im Mischbestand, wird der Schritt vom Punkt auf die Fläche praktiziert. Isolierte flächige Prognosen aus Einzelbaummodellen können anschließend zu Beständen aggregiert werden und letztlich Mischbestands- und Strukturforschungen unterstützen (FRISCHBIER und ZEIBIG, 2008; WAGNER, 2008). Durch die gleichzeitige Berücksichtigung des Faktors Regenmenge wird der Weg zur Bearbeitung weiterer Fragestellungen bereitet:

- Welche Auswirkungen hat der Freilandniederschlagsbetrag auf räumlich explizite Aufteilungen des Niederschlages in seine Komponenten?
- Ergeben sich hierdurch baumartspezifische Strategien z.B. für extreme Niederschlagsregime?
- Werden hierdurch Verjüngungseignungen expliziter Bestandespartien transparent?

Baumartspezifische Parametrisierungen räumlicher Modelle und kausaler Beziehungen zwischen den jeweiligen Niederschlagskomponenten und einzelnen Baummerkmalen sollen dabei einen tieferen Einblick in die aktive Steuerung der Ressource Wasser durch das Baumindividuum selbst (Ressourcenverfügbarkeit) und in die Strategien zur Nutzung dieser Ressource (Ressourcenaufnahme) ermöglichen.

Zur Erreichung dieser Ziele erscheint es unumgänglich, durchfallenden und abtropfenden Niederschlag, sowie lateralen Fluss aus dem Unterkronenniederschlag zu separieren bzw. Separationsmöglichkeiten zu überprüfen. Damit verbunden ist die Notwendigkeit, lateralen Fluss von Niederschlagswasser innerhalb von Baumkronen nachzuweisen und zu quantifizieren. Analog hierzu muss die Schätzung und Ableitung räumlich expliziter Kronenspeicherkapazitäten vorgenommen werden.

Da räumliche Variabilitäten der Niederschlagsterme in kausalen Beziehungen zur Kronenmorphologie der wirkenden Baumart stehen, ist die Untersuchung dieser Relationen ebenfalls Ziel dieser Arbeit. Im Zentrum soll der Einzelbaum stehen. Die Modellierung einzelbaumbasierter räumlicher Dynamiken der Niederschlagskomponenten verspricht im Besonderen dazu beizutragen, den Redistributionsprozess besser zu verstehen. Dieses Verständnis soll durch Zusammenhangsanalysen zwischen Kronendachlücken und durchfallendem Niederschlag bzw. Flächenindices und Kronenspeicherkapazität, lateralem Fluss und abtropfendem Niederschlag gesteigert werden. Um Beziehungen zwischen Blatt- bzw. Nadelflächenindices und der Kronenspeicherkapazität am Einzelbaum prüfen zu können, müssen einzelbaumbasierte Streuschätzungen, -fallmodelle und ergänzende Streuanalysen beispielsweise zu den Oberflächenverhältnissen in der Baumkrone bedient werden.

Die vollständige räumliche Analyse des Umverteilungsprozesses von Freilandniederschlägen erfordert die zusätzliche Quantifizierung lokaler Stammablaufmengen. Obwohl Stammablauf keinen räumlichen Effekt im Sinne einer Verteilung um den Einzelbaum darstellt, soll die Prognose der Stammablaufmenge ebenfalls im Fokus der Arbeit stehen. Die Stammablaufprognose bedarf detaillierter Prüfungen möglicher Einflussfaktoren der Baumdimension.

2 Methoden

2.1 Die Versuchsflächen

2.1.1 Unterteilung in Vor- und Hauptversuche

Dem eigentlichen Messprogramm wurden im Jahr 2005 Voruntersuchungen auf einer Versuchsfläche im Solling (vgl. 2.1.3) vorgelagert. Dabei galt es, vor Anlage der Hauptversuche auf der Versuchsfläche in Tharandt, Versuchsumsetzungen zu prüfen und mit ersten Datensätzen die Möglichkeiten und Beschränkungen statistischer Analysen abzuwägen. Obwohl häufig auf die Darstellung detaillierter Ergebnisse der Vorversuche verzichtet wird, sind auf den Ergebnissen der Vorversuche beruhende Modifikationen im Versuchsprogramm der Hauptversuche vorgenommen worden. In den betreffenden Kapiteln des Methodenabschnittes wird explizit auf diese Fälle verwiesen. Daneben konnten die Vorversuche in Einzelfällen Wiederholungen des Hauptversuches an einem anderen Standort darstellen. Besonders die folgenden Aspekte wurden im Rahmen von Vorversuchen näher beleuchtet:

- Stabilität und Eignung der Versuchsaufbauten für den Unterkronenniederschlag, den Stammablauf und den Streufang,
- realisierbare Stichprobenumfänge (Zeitbedarf für Auslesen und Leeren der Totalisatoren, Anlage und Dimensionierung von Stammablaufkonstruktionen, Zeitaufwand für Streufraktionierungen),
- Stichprobendesign und -umfänge zur statistischen Analyse und Modellierung (erwartbare Datenstreuungen in einzelnen Verteilungen, Umfang, Wiederholungen, Prüfgrößen, Stichprobenziehungen, zeitliche Datenaggregationen für Niederschlag und Streu).

2.1.2 Auswahlkriterien für die Versuchsflächen

Beide Flächenauswahlen erfolgten mit Hilfe einiger zuvor formulierter Restriktionen anhand verfügbarer forstlicher Inventurdaten und durch Hilfestellungen Ortskundiger. Die Komplexität und Vielfalt potenziell möglicher Mischbestände erforderte Eingrenzungen hinsichtlich relevanter vertikaler Waldstrukturen (vgl. Kap. 1.1.2.4) und Baumartenkombinationen. Deshalb wurde die Flächenauswahl auf einschichtige Mischbestände aus Buche und

Fichte begrenzt. Hierbei wurde auf gleichwertige Mischungen beider Baumarten auf typischen Standorten Wert gelegt, in denen bisher keine forstlichen Eingriffe zur absoluten Dominanz einer Baumart geführt haben. Forstliche Eingriffe sollten generell möglichst weit zurück gelegen haben, um den Status quo inter- und intraspezifischer Konkurrenz berücksichtigen zu können. Die Auswahl älterer Bestände (> 100 Jahre) eröffnete die Möglichkeit, sich auf Einzelbäume starker Dimension konzentrieren zu können und zugleich auf Versuchsflächen mit von der Arbeitsbelastung vertretbaren Stammzahlen arbeiten zu können. Innerhalb des Mischbestandes waren vielfältige Mischungsformen und Kronenschlussgrade erwünscht. Notwendige Referenzmessungen auf Freiflächen in unmittelbarer Nähe zum Bestand grenzten die Auswahl zusätzlich ein.

2.1.3 Die Versuchsfläche „*Solling*“

Die Vorversuche fanden im Jahr 2005 in einem Buchen-Fichten-Mischbestand (Abb. 2-1) im östlichen Teil des Solling (51°43′N, 9°38′O), einem geschlossenen Waldgebiet im Weserbergland, im Süden Niedersachsens statt. Die Versuchsfläche liegt in der Teilfläche 1083a[1] der Revierförsterei Knobben im Forstamt Winnefeld. Sie weist geringe Hangneigung auf und ist nordexponiert. Innerhalb des Wuchsgebietes *„Südniedersächsisches Bergland“* liegt der Bestand im Übergangsbereich der Wuchsbezirke *„Hoch Solling“* und *„Unterer Solling“* in 380-410 m ü.NN im ausgeprägten Bergklima (6,5°C Jahresmitteltemperatur) mit Niederschlagssummen von 1.000 mm/a (OTTO, 1989 und 1991; BREDEMEIER et al., 2004). Pleistozäne Lößdecken über Buntsandstein der Triasformation führten zur Ausbildung frischer bis nachhaltig frischer Standorte der Ebene mit mäßig versorgten basenärmeren, lehmigen Braunerden geringer Mächtigkeit (BIBER, 1996).

Weitere Bestandesabschnitte gleichen Charakters umgeben die Versuchsfläche. Die Kennzahlen der Tabelle 2-1 basieren auf dem Forsteinrichtungswerk, eigenen Messungen und Kalkulationen mit BWIN (NAGEL et al., 2002) anhand dieser Messungen in der 1,0 ha umfassenden Probefläche.

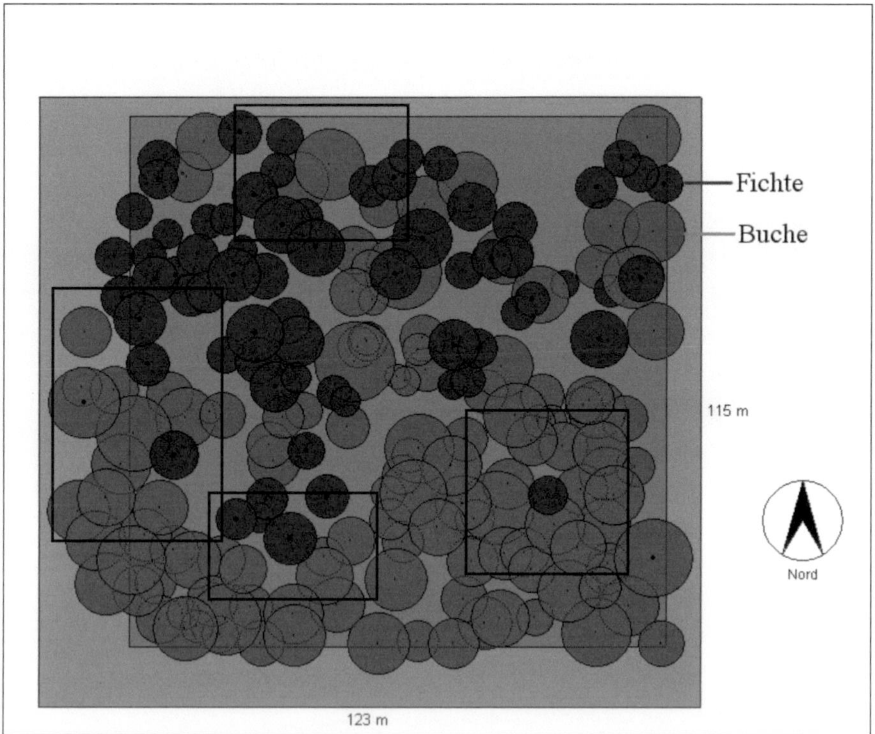

Abbildung 2-1: Kronenkarte der Versuchsfläche „Solling" mit Abgrenzung interessanter Teilflächen.

2.1.4 Die Versuchsfläche „*Tharandt*"

Für den Hauptversuch wurde ein gleichwertiger Buchen-Fichten-Mischbestand in akzeptabler Entfernung zum Fachrichtungsstandort in Tharandt/Sachsen ausgewählt. Der räumliche Bezug war notwendig, um Niederschlagsmessungen auf der Fläche möglichst zeitnah durchführen zu können. Der Mischbestand befindet sich im Norden des Tharandter Waldes am Forstort „*Buchhübel*" (50°59'N, 13°30'O). Er ist Hauptbestand der Teilfläche 544a[3] des Reviers Hetzdorf im Forstbezirk Bärenfels. Die Versuchsfläche liegt im schwach geneigten Gelände nordwestexponiert in der Glashütter Makroklimaform der unteren feuchten Berglagen (360 m ü.NN, 800 mm/a, 7,2°C). Quarzporphyrgrundgestein und Lößlehmüberla-

gerungen resultierten in der Ausbildung einer Pseudogley-Braunerde mäßig frischer Wasserhaushaltsstufe und mittlerer Trophie (Uf-M2).
Im Norden schließen sich wechselfeuchte Bestandespartien an, auf denen Schwarzerle stockt. Im Nordosten begrenzt ein starkes Fichtenstangenholz den Bestand, während die Versuchsfläche in Richtung Süden und Westen durch buchendominiertes mittleres und starkes Baumholz geschützt wird. Die Kennzahlen der Tabelle 2-2 entstammen dem Forsteinrichtungsdatenblatt, eigenen Messungen und Kalkulationen auf Basis von BWIN anhand dieser Messungen in der eigentlichen Fläche von 0,74 ha. Eine Birke und eine Roteiche auf der Versuchsfläche flossen in diesen Überblick nicht ein (vgl. Abb.2-2).

Der Blick in die Abbildungen und Tabellen 2-1 und 2-2 bestätigt jeweils die gelungene Auswahl von Beständen, in denen beide Baumarten mit hohen Baumanzahlen präsent sind. Vorgefundene BHD- und H/D-Verhältnisse verdeutlichen die Wahl einer gleichwertigen einschichtigen Mischung beider Baumarten in *„Tharandt"*. Die Versuchsfläche *„Solling"* weist im Vergleich zur Buche stärker dimensionierte Fichten auf. Dieser Eindruck wird durch die Oberhöhen (Fichte 35 m, Buche 30 m) bestätigt. Sehr gute Wasserversorgung förderte in diesem Bestand das vorwüchsige Wachstum der Fichte, während die Buche bei relativ niedrigen Jahresmitteltemperaturen und nur mittlerer Nährstoffversorgung zurückbleibt.
H/D-Werte und Kronenprozente der Bäume beider Flächen verweisen auf ausreichende Einzelbaumstabilität. Die Kronenkarten der Versuchsflächen bestätigten die Vielgestaltigkeit vorgefundener Mischungsformen und -grade auf engstem Raum. Zusätzlich sind jeweils Lücken in Trupp-, Grupp- bzw. Horstgröße erkennbar.

Tab.2-1: Kennwerte der Versuchsfläche „Solling" aus aktuellen Forsteinrichtungsdaten, eigenen Messungen auf der eigentlichen Versuchsfläche und Kalkulationen mit BWIN auf Basis eigener Messungen.

	FE (Stand 2005) Tflä.1083a[1]				eig. Messungen auf 1,0 ha				BWIN – Kalkulation auf Basis eigener Messungen								
	Alter	**Bon.**		**B°**	**n**	**BHD**			**n**	**D_G**	**G**	**Flä.-anteil**	**B°**	**H/D**		**K%**	
		relativ	DGZ			$\overline{X}$	Max	Min						$\overline{X}$	s	$\overline{X}$	s
	[a]		[Fm]			[cm]			[/ha]	[cm]	[m²/ha]	[ha]				[%]	
RBU	140	II,1	6	0,7	118	37,7	65,6	16,9	118	39,4	14,4	0,4	1,0	0,70	0,15	63,47	12,84
GFI	133 (+/- 10)	I,4	11		66	63,1	91,5	33,2	66	64,4	21,5	0,6		0,56	0,08	55,65	7,99

Tab.2-2: Kennwerte der Versuchsfläche „Tharandt" aus aktuellen Forsteinrichtungsdaten, eigenen Messungen auf der eigentlichen Versuchsfläche und Kalkulationen mit BWIN auf Basis eigener Messungen.

	FE (Stand 2006) Tflä.544a[3]				eig. Messungen auf 0,74 ha				BWIN – Kalkulation auf Basis eigener Messungen								
	Alter	**Bon.**		**B°**	**n**	**BHD**			**n**	**D_G**	**G**	**Flä.-anteil**	**B°**	**H/D**		**K%**	
		relativ	DGZ			$\overline{X}$	Max	Min						$\overline{X}$	s	$\overline{X}$	s
	[a]		[Fm]			[cm]			[/ha]	[cm]	[m²/ha]	[ha]				[%]	
RBU	111	0,7	8	1,1	103	44,2	75,4	21,2	139	45,7	22,8	0,6	1,0	0,89	0,19	66,55	9,88
GFI	111	II,7	8		65	42,6	64,8	22,3	88	43,6	13,0	0,4		0,80	0,16	43,14	6,06

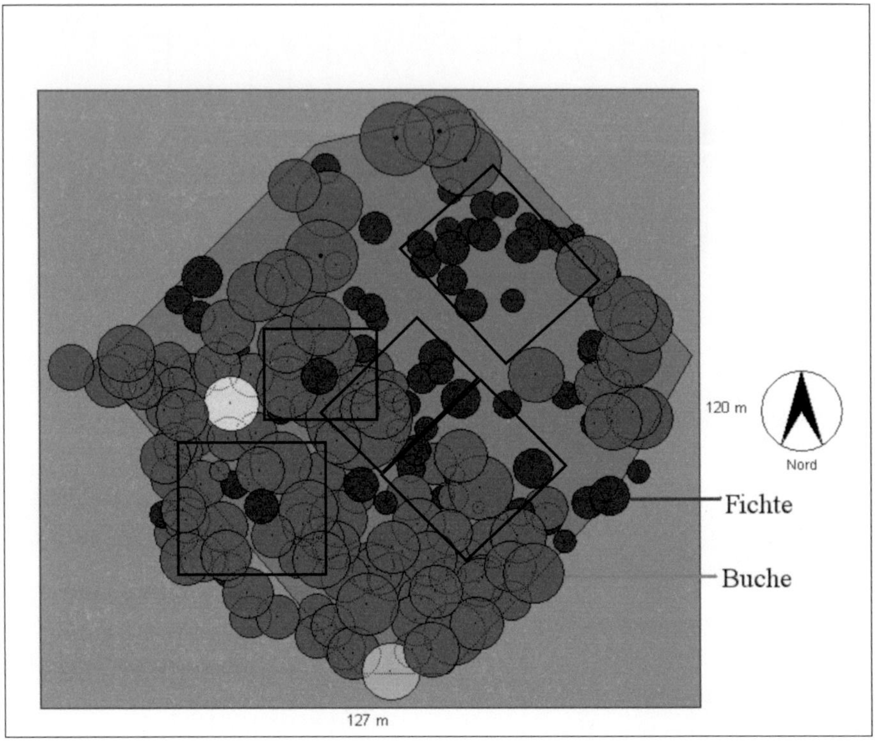

Abbildung 2-2: Kronenkarte der Versuchsfläche „*Tharandt*“ mit Abgrenzung interessanter Teilflächen.

2.1.5 grundsätzliches Stichprobendesign

In den Versuchsflächen wurden 4 bzw. 5 ca. 0,1 ha große Teilflächen ausgewählt. Die Auswahl orientierte sich am vielfältigen Angebot vorgefundener Mischungsformen beider Baumarten, berücksichtigt Lücken unterschiedlicher Größe und reinbestandesartige Bestandespartien. Sie ist in den Abbildungen 2-1 und 2-2 durch Umrahmungen der Flächenabschnitte kenntlich gemacht.

In den Teilflächen beider Versuchsflächen wurden Baum-Baum-Transekte (vgl. KITTREDGE et al., 1941; GOMEZ et al., 2002; BREDEMEIER et al., 2004) so installiert, dass Verbindungen zwischen diesen Transekten entstanden. Die Bildung von Transektketten und strahlenförmigen Transekten ermöglichte wiederholende Messungen unter einzelnen Bäumen, deckt

Himmelsrichtungsvarianten ab und blieb dennoch nicht beschränkt auf Konkurrenzsituationen zwischen einzelnen Bäumen.

In den Transektketten und -strahlen der Teilflächen stand eine Vielzahl möglicher Messplätze zur Verfügung, auf denen tatsächliche Punktmessungen erfolgen konnten. Abbildung 2-3 veranschaulicht das angewendete Verfahren. In der Versuchsfläche *„Solling"* wurden insgesamt 22 Transekte installiert, während die Fläche *„Tharandt"* 33 Transekte beinhaltet.

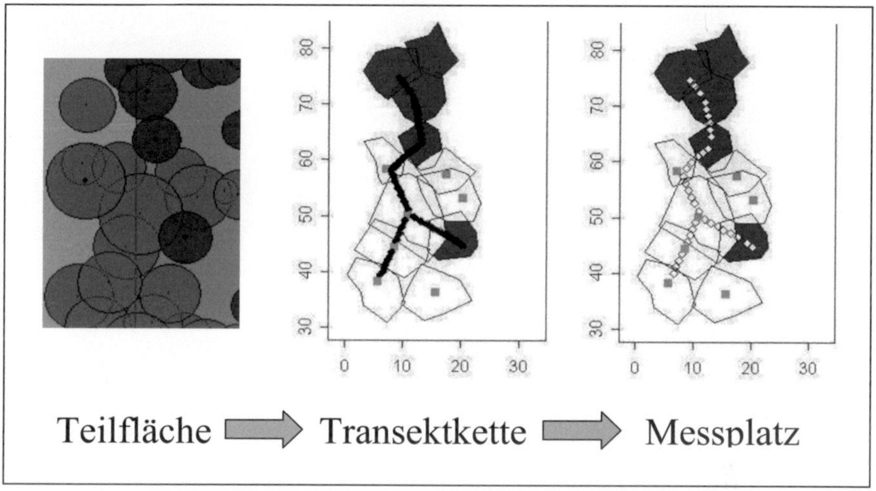

Abbildung 2-3: Schema der Messplatzfindung am Beispiel einer Teilfläche der Versuchsfläche *„Solling"*.

Die Messplatzwahl fand im Rahmen der Transektvorgabe prinzipiell zufällig statt. Messplätze konnten im Transekt verschieden weit voneinander entfernt sein. Nach den Erfahrungen des Vorversuches wurde auf der Versuchsfläche *„Tharandt"* eine stratifizierte Zufallsauswahl vorgenommen, um etwa gleichgroße Stichprobenbelegungen einzelner Messplatzpositionen zu erreichen. Hierdurch konnten einige Beschränkungen statistischer Tests vermieden werden.

Die Messplätze wurden hinsichtlich folgender potenzieller Einflussfaktoren klassifiziert:

- Schirmsituation über dem Messplatz (Buche, Fichte, Lücke, Buche und Fichte gemischt),
- Distanz des Messplatzes zum ihn dominierenden Baum (erfordert die direkte Zuordnung des Messplatzes zu einem speziellen Baum, vgl. Schirmsituation) [Dist],

- Himmelsrichtung des Messplatzes in Bezug zum ihn dominierenden Baum (wie zuvor).

Durch Kronenablotungen direkt auf den Baum-Baum-Transekten wurde die Berechnung relativer Distanzen [relDist] des Messplatzes in Relation zum Kronenradius [Kr] des ihn dominierenden Baumes in Fällen eindeutigen Baumbezuges möglich. Die Messplätze der Fläche *„Solling"* wurden entsprechend ihres Ursprunges dem inneren, mittleren oder äußeren Kronendrittel zugeordnet, während in der Fläche *„Tharandt"* in Anlehnung an DUROCHER (1990) und GOMEZ et al. (2002) intervallskalierte relative Distanzen und zehn ordinale Distanzklassen belegt wurden (Gleichung 2-1).

$$relDist_{Dist} = Dist / Kr \quad bzw. Zehntelstufen \qquad (2\text{-}1)$$

2.2 Die Messprogramme

2.2.1 Niederschlag

Für Unterkronen- und Freilandniederschlagsmessungen wurden Hellmann-Totalisatoren aus Plastik mit 7,98 cm Öffnungsdurchmesser bzw. 50 cm² Auffangfläche verwendet. Die 24 cm tiefen Sammler konnten Regenmengenäquivalente von bis zu 60 L/m² aufnehmen. Die Totalisatoren wurden 1 m über dem Waldboden aufgestellt (vgl. HILLEBRAND, 1998; GOLDBERG, 2002). Dies erfolgte mit Hilfe einfacher PVC-Rohre (5 cm Ø, 1,10 cm Länge), die senkrecht in den Boden gerammt, als Halterungen fungierten. Die konische Sammlerform wurde in die obere Rohröffnung eingelassen. Da dadurch die Regenwassersäule im lichtundurchlässigen PVC-Rohr eingebettet war, wurden Verdunstungsverluste im Sammelgefäß weitestgehend vermieden. Zusätzliche Beimengungen z.B. von Vaselin-Öl, wie sie von BRECHTEL (1962) empfohlen und von BALAZS (1983) praktiziert werden, um Verdunstungsfehler zu verringern, konnten daher entfallen.

Zum Ablesen der aufgefangenen Regenmengen wurde die am Sammler angebrachte Skala ganzer Liter/m² genutzt. Zwischenstufenansprachen wurden angestrebt. Regenmengen kleiner als fünf Liter/m² wurden stets im Reagenzglas ausgelitert, wodurch 0,2 L/m²-genaue Mengenansprachen möglich waren. Die Sammlerentleerung erfolgte manuell jeweils unmittelbar nach dem Ablesen aufgefangener Regenmengen.

2.2.1.1 Freilandniederschlag

Die Ermittlung der Freilandniederschlagsbeträge fand analog und zeitgleich zur Quantifizierung des Bestandesniederschlages statt. Dazu wurden je vier Totalisatoren im 3 x 3 m-Quadratverband um einen fünften zentralen Sammler aufgestellt. Die Freilandreferenzmessung konnte im Solling in 100 m Entfernung zur Versuchsfläche über einer Laubholzkultur installiert werden. In etwa 150 m Distanz zur Fläche *„Tharandt"* fungierte eine Waldwiese als Stellplatz der dortigen Referenzmessung. In beiden Fällen wurde den Empfehlungen der World Meteorological Organisation entsprochen und ein Abstand zu Hindernissen eingehalten, der die doppelte Hindernishöhe misst (siehe hierzu auch GOLDBERG, 2002). Aufnahmeturnus und Messzeiträume entsprachen dem des Messprogramms für den Unterkronenniederschlag (vgl. Kapitel 2.2.1.2).

2.2.1.2 Unterkronenniederschlag

Aufnahmeturnus:

Die Unterkronen- und Freilandniederschlagsmessungen auf der Versuchsfläche *„Solling"* erfolgten wöchentlich. In Ausnahmen, z.B. in regenfreien Wochen, fanden Aufnahmen lediglich 14-tägig statt. Einzelne starke Regenereignisse führten zu individuell kürzeren Messintervallen.

Zielstellung der Niederschlagsmessung auf der Fläche *„Tharandt"* war es, ereignisgetrennte Quantifizierungen vorzunehmen. Dies erforderte zuvor die Definition einzelner abtrennbarer Regenereignisse und entsprechend rasche Aufnahmen auf der Fläche selbst. In Anlehnung an die Arbeiten von HAMILTON und ROWE (1949), HANCHI und RAPP (1997), KLAASEN et al. (1998), LEVIA (2000) und XIAO et al. (2000) wurde ein Regenereignis deshalb als Periode mit Niederschlag definiert, der eine wenigstens vierstündige Trockenphase folgt. Hierin wurde ein Konsens gesehen, zwischen den Beobachtungen von GEIGER (1961), wonach abtropfender Niederschlag noch bis zu zwei Stunden nach dem Regen auftreten kann, und allmählich zunehmenden Verdunstungsfehlern bei längerer Verweilzeit des Wassers im Sammler. Kam es innerhalb der vierstündigen Trockenphase erneut zu Niederschlägen, galt das Regenereignis als fortlaufend. In allen anderen Fällen fanden die Niederschlagsmessungen unmittelbar nach dieser Zeitspanne statt. Niederschläge am Abend und in der Nacht wurden am nächsten

Morgen ermittelt. Eckdaten des zeitlichen Verlaufes wie Datum, der Zeitpunkt des Regenendes und der Messbeginn wurden dokumentiert.

Zeitraum der Messungen:

Auf beiden Versuchsflächen fanden Niederschlagsmessungen unter dem Aspekt phänologischer Unterschiede der laubtragenden Buche statt. Hierbei wurde durch visuelle Kontrolle des Belaubungszustandes die Trennung in Niederschläge während vollständig belaubter und vollständig unbelaubter Phasen vollzogen. Nach ersten Tests im Vorversuch wurde die Niederschlagsmessung außerdem in Frostperioden eingestellt, um das drohende Aufreißen der Plastiktotalisatoren durch Eisbildung zu verhindern. Die Niederschlagsmessungen dieser Arbeit bleiben dementsprechend ausschließlich auf Regenmessungen beschränkt. Schneefälle wurden nicht berücksichtigt.
Aufnahmen in der belaubten Phase erfolgten auf der Fläche *„Solling“* vom 01.06. bis 30.09.2005 und auf der Fläche *„Tharandt“* vom 15.05. bis 01.09.2006. Ab dem 17.06.2006 wurde das Messdesign der Versuchsfläche *„Tharandt“* zudem um eine weitere Teilfläche ergänzt. Messungen nach dem Laubfall fanden auf der Fläche *„Solling“* vom 16.11. bis zum Jahresende 2005 statt. In *„Tharandt“* begannen die Aufnahmen am 20.11.2006 und endeten am 15.04.2007. Anhaltende milde Perioden im Winter 2006/2007 erlaubten dabei frost- und schneefreie Messungen bis Mitte Dezember, vom 03. bis 19. Januar 2007, vom 24.02. bis 18.03. und durchgehend ab dem 29.März bis zum Ende des Messzeitraumes am 15.April.

Stichprobendesign:

Auf den Baum-Baum-Transekten der vier Teilflächen der Versuchsfläche *„Solling“* wurden insgesamt 130 Totalisatoren zur Quantifizierung des Unterkronenniederschlages aufgestellt. Tabelle 2-3 verdeutlicht die Stichprobenhäufigkeit der Zufallsauswahl hinsichtlich möglicher Überschirmungssituationen und Kronendrittelbelegungen durch die Messplätze. Okulare Ansprachen der Kronensäule über allen Probepunkten mit Hilfe des Kronenspiegels ergaben, dass die Summe der ausgewählten Messplätze unmittelbar durch Kronen von 12 verschiedenen Fichten und 19 Buchen beeinflusst wurden. Im Messdesign zum Unterkronenniederschlag waren somit mehr als 15 % der Individuen der Versuchsfläche vertreten.

Tabelle 2-3: Klassenbelegung der Messplätze für den Unterkronenniederschlag auf der Fläche *„Solling"*.

Schirmsituation	Kronendrittel			Summe
	inneres	mittleres	äußeres	[130]
Buche	24	24	23	71
Fichte	14	11	14	39
Lücke				10
B-F-gemischt				10

Auf der Versuchsfläche *„Tharandt"* wurden in fünf Teilflächen 175 Niederschlagssammler positioniert. Es erfolgte eine stratifizierte Zufallsauswahl. Die zufrieden stellende Belegung der Schirmklassen und relativen Distanzen war Ergebnis dieser Zufallsstichprobe (vgl. Tab.2-4).

Auch für die Messplätze dieser Fläche fanden okulare Ansprachen direkt Einfluss nehmender Bäume statt. Mit insgesamt 36 Bäumen (17 Buchen und 19 Fichten) waren über 20 % der Individuen der Versuchsfläche im Stichprobendesign für den Unterkronenniederschlag repräsentiert. Die zusätzliche Belegung von vier Himmelrichtungsklassen (0° - 90°, 91° - 180°, 181° - 270°, ≥ 271°) fiel ebenfalls sehr gleichmäßig aus (Anlage 2-1).

Ein Blick in die Realdistanzen buchen- und fichtendominierter Messplätze in der Tabelle 2-4 soll zeigen, welchen Effekt die Einteilung relativer Distanzen hatte. Ist beabsichtigt, einzelbaumbasierte räumliche Variabilität im Unterkronenniederschlag zu erschließen, so wird man bei der Verwendung absoluter Distanzen mit dem Vergleich unterschiedlicher Baum- und Kronendimensionen konfrontiert. Ein schwach dimensionierter Baum mit kleiner Kronenprojektionsfläche ist vermutlich durch einen weniger weit streichenden Niederschlagseinfluss charakterisiert als ein starker Baum. Da in dieser Arbeit generell von einem Einfluss der Krone auf den Niederschlagsumverteilungsprozess ausgegangen wurde, war es notwendig, absolute Distanzen anhand der Krone zu relativieren. Die Berechnung relativer Distanzen stellt in diesem Sinne die Grundlage der Vergleichbarkeit verschieden dimensionierter Bäume dar. Andererseits wird die Prüfung eines Baumeinflusses über den Kronenrand hinaus entsprechend der Grundannahme redundant.

Designveränderungen:

Während das Messdesign der Fläche *„Solling"* konstant gehalten werden konnte, kam es auf der Fläche *„Tharandt"* zu Designveränderungen. Vom 18. zum 19.Januar 2007 wurde auch die Versuchsfläche *„Tharandt"* vom Orkan *„Kyrill"* betroffen. *Kyrill* fegte mit Windböen bis zu 202 Stundenkilometern über Deutschland hinweg und erreichte Windstärke 12 (FRIEDRICH und KATZSCH, 2007). Waren bundesweit erhebliche Schadholzanfälle zu beklagen (ANONYMUS, 2007; CLASEN et al., 2008) und sind im Forstbezirk Bärenfels Schadschwerpunkte im Tharandter Wald lokalisiert worden (FORSTBEZIRK BÄRENFELS, 2007), so kam es auf der Versuchsfläche glücklicherweise nur zu wenigen Kronenbrüchen und -würfen, die Einfluss auf das Design des Niederschlagsversuches in der unbelaubten Messphase hatten. Die wiederholende Ansprache aller Messplätze führte im Nachgang des Orkans dennoch zur ersatzlosen Aufgabe von insgesamt 13 Messplätzen mit Fichtenüberschirmung. In Tabelle 2-4 ist diese Veränderung durch geklammerte Stichprobenbelegungen kenntlich gemacht. Diese aktualisierte Belegung galt konsequent für das gesamte Messdesign und nachfolgende Auswertungen zur unbelaubten Messphase.

Tabelle 2-4: Klassenbelegung, mittlere absolute Distanz und Standardabweichung der Messplätze für den Unterkronenniederschlag auf der Fläche *„Tharandt"*. Klassenbelegung nach Designveränderung für die unbelaubte Messphase in Klammern.

Schirm-situation	relative Distanzklasse										Summe
	I	II	III	IV	V	VI	VII	VIII	IX	X	
	≤0,1	0,11 - 0,20	0,21 - 0,30	0,31 - 0,40	0,41 - 0,50	0,51 - 0,60	0,61 - 0,70	0,71 - 0,80	0,81 - 0,90	≥0,91	[175] (162)
Buche	5	10	9	6	8	8	8	9	8	5	76
Fichte	6	8(6)	8(7)	8(7)	6(5)	9(7)	6(5)	7(5)	6	11(8)	75(62)
Lücke											15
B-F-gemischt											9
Buche	0,33	0,66	0,90	1,57	1,55	2,42	4,05	3,41	3,90	4,82	$\overline{X}$ [m]
	0,12	0,26	0,32	0,34	0,63	0,93	1,84	0,82	1,78	1,32	s [m]
Fichte	0,25	0,52	0,65	1,12	1,38	1,95	1,82	2,73	2,41	3,42	$\overline{X}$ [m]
	0,03	0,21	0,28	0,45	0,61	0,57	0,48	0,55	0,85	0,92	s [m]

„$\overline{X}$ [m]" gibt den Durchschnitt der Realdistanz zum Baumstamm an, „s [m]" die Standardabweichung.

2.2.1.3 Stammablauf

Bestimmungen der Stammablaufmengen wurden lediglich an Buchen der Versuchsfläche *„Tharandt"* vorgenommen. Erste Stammablaufkonstruktionen auf der Versuchsfläche *„Solling"* dienten ausschließlich zur Abschätzung des Zeitaufwandes für den Versuchsaufbau, zur Übung und Verbesserung desselben.
Aus dem Literaturüberblick war die geringe Neigung der Fichte zur Stammablaufgenerierung bekannt (PECK, 2004). In Anlehnung an die Beurteilungen der Messeffizienzen und statistischen Fehlerrahmen von BRECHTEL (1962) wurde daher bewusst auf die Stammablaufmessung an Fichte verzichtet.

Konstruktion:

In Reichhöhe wurden an den zuvor gesäuberten Stammmänteln Wasserrinnen in Halfterform mit Polyurethanschaum modelliert. Die feuchtigkeits-, temperatur- und alterungsbeständige Schaummasse wurde ohne Widerlager in mehreren Lagen nach Aushärtungspausen aufgebracht. Im angetrockneten Zustand konnte die Schaumlage per Hand angepresst und verformt werden. Dieser Vorgang wurde wiederholt, bis 10-15 cm abstehende schräge Wasserrinnen die vollständige Wasseraufnahme und -ableitung garantieren konnten. Über in die Konstruktion eingelassene Trichter, die mit 1,5 Zoll Wasserschläuchen verbunden waren, erfolgte die Ableitung des Stammablaufes. Zwei besonders starke Buchen erhielten statt des Wasserschlauches Ablaufvorrichtungen aus Dachrinnenfallrohr (Ø 8 cm), um ausreichenden Wasserablauf zu gewährleisten. Die Gleitflächen der Halfter und die Kontaktzonen des Schaums zum Stammmantel wurden durch mehrmaliges Auftragen starker Schichten außenbereichsgeeigneten schnell härtenden Weißlackes abgedichtet. Undichte Stellen waren dabei durch Lackaustritt leicht zu erkennen und zu beheben. Obwohl der alterungsbeständige, verrottungs- und ungezieferfeste Polyurethanschaum formstabil blieb, wurde im Versuchszeitraum zur Sicherheit noch mehrmals Weißlack aufgetragen, um die Beständigkeit der Konstruktion zu garantieren.

Am Stamm abgelaufenes und im Halfter abgeleitetes Regenwasser wurde in Behältern gesammelt. 25 L-Regeneimer und 200 bzw. 300 L-Regentonnen kamen dabei je nach geschätztem Bedarf am jeweiligen Probebaum zum Einsatz. Nach ersten Aufnahmen erfolgte an zwei Stämmen die Installation zweiter Regentonnen durch Überlauf an den eigentlichen

Tonnen, wodurch in beiden Fällen Aufnahmekapazitäten von 500 L am Einzelstamm erreicht werden konnten.

Zeitraum der Messungen und deren Durchführung:

Stammablaufmessungen erfolgten zeitgleich und regenereignisgetrennt bei Freiland- und Unterkronenniederschlagsermittlungen. Die Trennung phänologischer Phasen wurde ebenfalls eingehalten. Im Gegensatz zur Unterkronenniederschlagsmessung im unbelaubten Zustand wurde die Stammablaufquantifizierung jedoch während milder Perioden im Januar, Februar und März wegen der Frostgefahr und des hohen Transportaufwandes zur Fässerverbringung nicht durchgeführt. Stammablaufmessungen im unbelaubten Zustand der Buche beschränkten sich deshalb auf den Zeitraum vom 20.11. bis 13.12.2006 und vom 29.03. bis 15.04.2007. Aufgenommene Wassermengen im Regeneimer wurden ausgelitert. In Regentonnen wurde durch Messungen über Kreuz der Wasserstand ermittelt. Der mittlere Wasserstand ging in die Berechnung jeweiliger Tonnen- bzw. Wasservolumina ein. Die Raummaße der Tonnen mit den Innenformen gerader Kegelstümpfe waren bekannt.

Stichprobendesign:

Nach vorangegangenen Stammablaufaufbauten im Jahr 2005 im Vorversuch wurde der realisierbare Stichprobenumfang im Hauptversuch auf 10 Baumindividuen festgelegt. Die Auswahl geeigneter Buchen erfolgte anhand einzelner vorevaluierter Einflussfaktoren auf die Stammablaufmenge (vgl. 1.1.2.4). Danach waren BHD, Kronenprojektionsfläche u.a. bereits gute Weiser der Fähigkeit zur Stammablaufgenerierung am Einzelbaum in früheren Arbeiten gewesen (z.B. in NAVAR und BRYAN, 1990; MARTINEZ-MEZA und WHITFORD, 1996; ABOAL et al., 1999). Unabhängig vom Transektdesign und jeglichen Stichprobenbindungen an ausgewählte Teilflächen wurden auf der Versuchsfläche 20 *„Stammablaufanwärter"* zufällig ausgewählt und durch folgende Parameter charakterisiert:

- Soziologische Stellung nach Kraft,
- Brusthöhendurchmesser [BHD],
- Kronenprojektionsfläche [KS],
- Astwinkel starker Primäräste [AW],
- Mantelfläche der Schattenkrone [A_{MS}].

Die Beschreibung der Messungen dieser Baumparameter erfolgt im Kapitel 2.2.3. An dieser Zufallsstichprobe konnte die Wertespanne einzelner Baummerkmale der Buchen im Bestand eingeschätzt werden (Tab.2-5). Es folgten Einteilungen in drei gleich große Klassenintervalle und z.T. in Klassen nach dem ⅓-Perzentil. Hierdurch entstand eine Matrix potenzieller stammablaufrelevanter Baummerkmale, die durch die Auswahl endgültiger 10 Bäume aus dem Kollektiv der vorausgewählten zwanzig ausgefüllt wurde. Dazu war es notwendig, Kronenprojektionsflächen- und Astwinkelextreme fest zu belegen. Die Wahl verbleibender Bäume fand durch eine geschichtete Zufallsauswahl statt. Tabelle 2-5 gibt einen Überblick über die Häufigkeitsbelegung einzelner Klassen.

Tabelle 2-5: Kennzahlen potenzieller Stammablaufmessbäume, Klassenbildung und abschließende tatsächliche Klassenbelegung in der Versuchsfläche *„Tharandt"*.

Stammablauf-einflussgröße	**Stammablaufanwärter [n = 20]**					**tatsächliche Klassenbelegung [n = 10]**		
	Wertespanne		**Klassengrenzen**					
	Min	**Max**	**A**	**B**	**C**	**A**	**B**	**C**
soz.Klasse	1	3	1	2	3	3	3	4
BHD [cm]	21,2	60,3	$\leq$ 30	30,1 - 48,6	$\geq$ 48,7	4	3	3
K.fläche [m²]	19,6	122,9	$\leq$ 48,3	48,4 - 93,5	$\geq$ 93,6	4	3	3
Astwinkel [°]	5	55	$\leq$ 20	21 - 45	$\geq$ 46	4	3	3
A_{MS} [m²]	44,9	291,8	$\leq$ 99	100 - 200	$\geq$ 201	3	4	3

2.2.1.4 begleitende Messungen zum Hauptversuch

Die Niederschlagsaufnahmen der Jahre 2006 und 2007 auf der Versuchsfläche *„Tharandt"* wurden durch weitere meteorologische Daten ergänzt. In ca. 500 m Entfernung zur Versuchsfläche befindet sich die Intensivmessfläche *„Buchhübel"* unter Leitung der Professur für Meteorologie der TU-Dresden. Im Rahmen eines DFG-finanzierten Projektes wurde auf dieser Messfläche unter anderem ein Klimamessturm errichtet, auf dessen Daten auch in dieser Arbeit zugegriffen werden konnte. Genutzt wurden taggetrennte Loggeraufzeichnungen im Zehn-Minuten-Intervall zum Freilandniederschlag und zur Windgeschwindigkeit in mehreren Messhöhen über dem Bestand.

Aufgrund der größeren Distanz zur Versuchsfläche und der abweichenden Exposition wurde von der vollständigen Übernahme der Niederschlagsdaten als Freilandreferenz jedoch Abstand genommen. Die Aufnahmen der Klimastation wurden allerdings in Beurteilungen eigener Datenqualitäten und in entsprechenden Datenauswahlen für anschließende Auswertungen berücksichtigt.

Die Messturmdaten einer weiter entfernt gelegenen Klimastation im Tharandter Wald („*ökologisches Messfeld*") wurden zusätzlich zur Auswertung herangezogen. Diese Station lieferte ebenfalls Loggeraufzeichnungen zur Windgeschwindigkeit. Besonders für die Messungen im unbelaubten Zustand war dieser zusätzliche Datenzugriff notwendig geworden, um Messausfälle an der Station „*Buchhübel*" kompensieren zu können. Die Substitutionsfähigkeit beider Messreihen wurde im Vorfeld durch Korrelationsanalysen bestätigt.

2.2.2 Nadel- und Laubstreu

2.2.2.1 Nadel- und Laubstreufall

Streusammler:

Herabfallende Streu wurde an expliziten Messplätzen mit Streusammlern aufgefangen. Der eigentliche Sammler war dazu durch Schraubverbindung mit einem Haltestab verbunden (vgl. ZEIBIG und WÄLDER, 2002; WAGNER et al., 2004 a; WÄLDER, 2005). Dieser Aluminiumstab wurde zur Gewährleistung festen Standes und vergleichbarer Aufstellhöhen (1 m über dem Waldboden) in den Boden getrieben. Am fixierten Stab wurde der trichterförmige Netzsammler angebracht. Der kreisförmige Trichter (Ø 0,515 m) ermöglichte flächige Streusammlungen auf 0,2 m^2. Die Aufstellhöhe der Sammler schloss nachträgliche Streueinträge in den Sammler durch Verwirbelungen bereits am Waldboden angelangter Streu (vgl. ZURMANSKI, 1972; WILKE et al., 1993) weitestgehend aus. Die Trichterform vermied zugleich den ungewollten Auswurf aufgefangener Streu. Hierzu wurden die Netztrichter mit hineingelegten Steinen beschwert.

Stichprobendesign und Aufnahmezeit:

Auf der Versuchsfläche *„Solling"* wurden alle 130 Messplätze des Niederschlagsdesigns zusätzlich mit Streusammlern versehen. Die Abbildung 2-4 zeigt das detaillierte Versuchsdesign der Fläche für den Unterkronenniederschlag und den Streufall.
Die Sammlung beschränkte sich auf den Zeitraum des herbstlichen Streufalles vom 01.09. bis 30.11.2005. In dieser Zeitspanne konnte der vollständige Laubfall bei der Buche okular bestätigt werden. Es bedurfte zweier Sammlerleerungen, da die Aufnahmekapazität der Trichternetze beschränkt war.

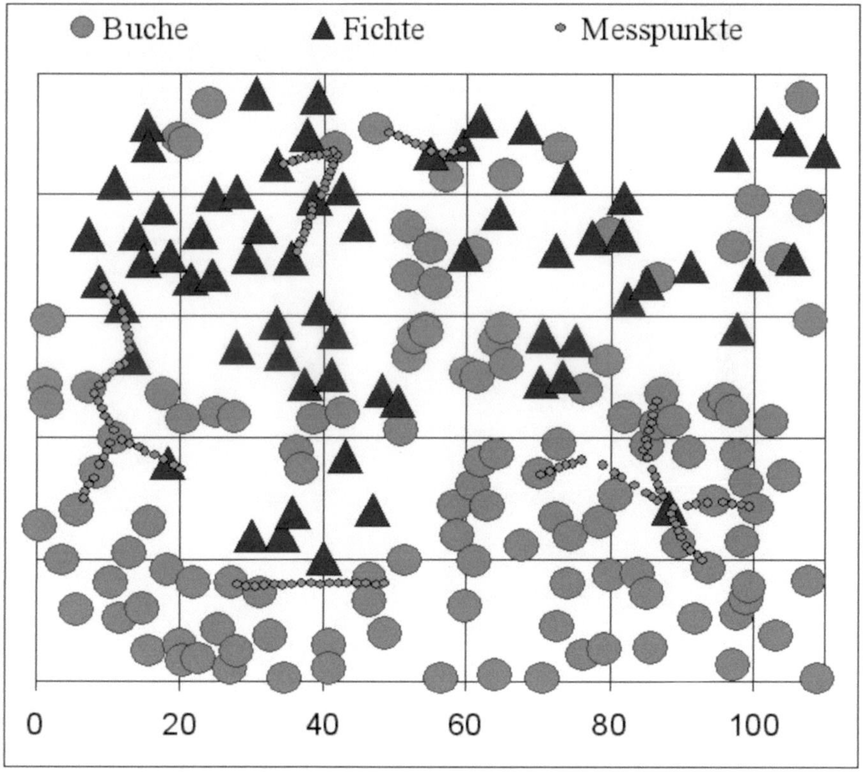

Abbildung 2-4: Stichprobendesign der Fläche *„Solling"* für Unterkronenniederschlag und Streufall.

Die Erfahrungen dieser Aufnahme und anschließender Auswertungen führten zu Modifikationen der Stichprobennahme und der Laufzeit des Streuversuches *„Tharandt"*. Der Stichprobenumfang konnte auf 100 Sammler reduziert werden. Hierbei kamen neben den zufrieden stellenden Resultaten der vorangegangenen Streuaufnahme auch Überlegungen zur Substitution hoher Stichprobenzahlen durch Vorwissen zum Tragen. Die Zuteilung der Niederschlagsmessplätze für zusätzliche Streuaufnahmen fand wiederum in Zufallsauswahl statt. Die Belegung der Fläche *„Tharandt"* mit Niederschlags- und Streumessplätzen verdeutlicht die Abbildung 2-5.

Die zeitliche Beschränkung auf den herbstlichen Streufall im Jahr 2005 im Vorversuch schloss Aussagen zum jährlichen Nadelfall der Fichte weitestgehend aus. Die Streumessung auf der Fläche *„Tharandt"* wurde daraufhin auf ein ganzes Jahr ausgedehnt (19.06.2006 bis 18.06.2007) und erforderte insgesamt drei Leerungen der Streufänger (am 25.10., 01.12.2006 und 18.06.2007).

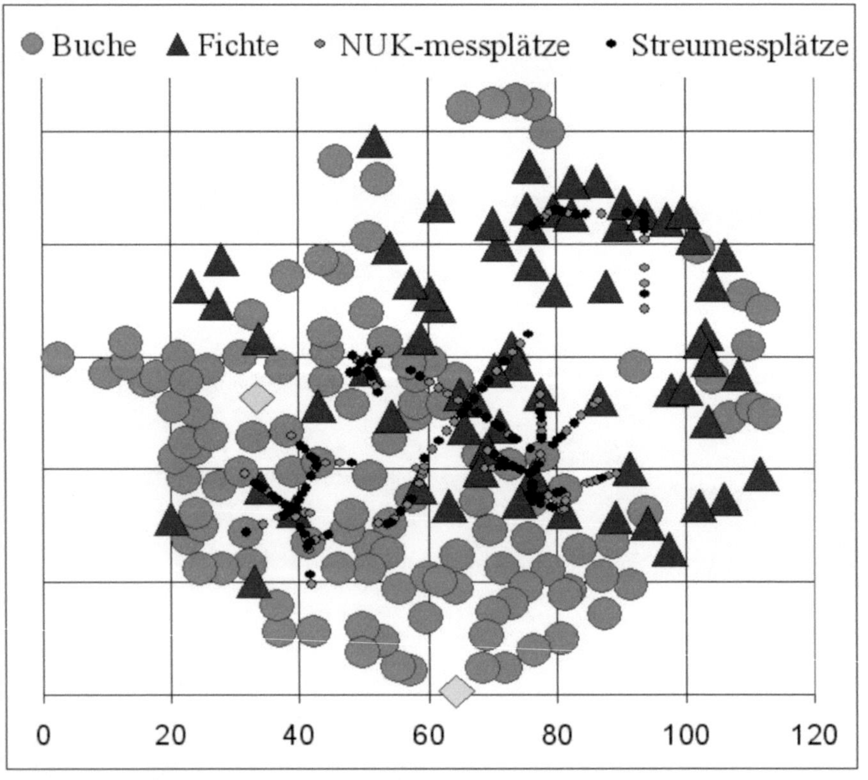

Abbildung 2-5: Stichprobendesign der Fläche *„Tharandt"* für Unterkronenniederschlag (grau und schwarz) und Streufall (schwarz).

Aufbereitung der Streuproben:

Die entnommene Streu wurde jeweils 5 Tage bei 60°C getrocknet (MEIWES et al., 1984; FUJINUMA et al., 2005). Buchenlaub und Fichtennadeln wurden von anderen Streufraktionen (v.a. Reisig, Knospenschuppen, Blütenständen, Diasporen und Zapfen) händisch getrennt und vollständig aussortiert. Das Wiegen von Laub bzw. Nadeln erfolgte auf $^1/_{100}$ g genau im Anschluss nach einer erneuten kurzfristigen Trocknung (ALBERS et al., 2004; JOCHHEIM et al., 2007).

2.2.2.2 weitere Erhebungen an Fichtennadeln und Buchenblättern

Die Schätzung der Blatt- und Nadelanzahlen erfolgte über die Berechnung spezifischer Blatt- bzw. Nadelgewichte an zufälligen Unterstichproben. In der Aufnahme *„Solling"* wurden aus 10 Streusammlern alle Buchenblätter und maximal 1.000 Fichtennadeln entnommen, gezählt und jeweils als Kollektiv erneut gewogen. Im Versuch *„Tharandt"* wurden 15 Streusammler ausgewählt. Je 250 Blätter und 500 Nadeln wurden aus dem summarischen Sammlerinhalt beider Herbstleerungen abgezählt und gewogen.
Auch für die spezifische Blattfläche der Buche wurde ein Durchschnittswert ermittelt. Hierzu musste auf beiden Flächen eine zusätzliche Stichprobennahme frisch gefallener Streu erfolgen, da die Methode zur Flächenbestimmung getrocknete Proben ausschloss. Auf der Versuchsfläche *„Solling"* wurden 10 mal 50 Buchenblätter zufällig entnommen. Aus der Versuchsfläche *„Tharandt"* flossen 15 x 100 Blätter in die Blattflächenmessung ein.
Die summarische, einseitige Blattfläche von je 50 bzw. 100 Blättern wurde mit dem LI3000A der Firma LICOR im Labor bestimmt (vgl. HAGEMEIER, 2002; WIDLOWSKI et al., 2003; RHOADS et al., 2004) und durch die jeweilige Blattanzahl dividiert. Angaben erfolgten in $^1/_{100}$ cm^2.

Die Gegenüberstellung spezifischer Werte mündete in der variablen Präsentation der Ratiowerte je Blatt bzw. Nadel, Fläche und Masse (vgl. z.B. *„dry weight ratio method"* in MARISCAL et al., 2000, XIAO et al., 2000 oder ROLOFF et al., 2010) nach den Gleichungen 2-2 bis 2-5.
Die Bestimmung relativ stabiler Massen- und Flächendurchschnittswerte erforderte summarische Erhebungen. Dennoch bietet auch die summarische Aufnahme von Teilkol-

lektiven Möglichkeiten zur Berechnung gängiger Streuungsmaße der Verteilung, die im Rahmen der Arbeit genutzt wurden (VOß, 2004).

$sLM = Masse / Anzahl$ ...spezifische Blattmasse [g/Blatt] (2-2)

$sNM = Masse / Anzahl$ ...spezifische Nadelmasse [g/Nadel] (2-3)

$sLA = Fläche / Anzahl$ ...spezifische Blattfläche [cm²/Blatt] (2-4)

$sLMA = Fläche / Masse$ ...spezifische Blattmassenfläche [cm²/g] (2-5)

Bestimmungen der Flächen von Fichtennadeln mussten unterbleiben. Die Quantifizierung tatsächlicher Nadelmassen einzelner Fichtennadeln wäre mit hohen Messfehlern verbunden gewesen oder hätte vielfach aufwendigerer Labortechnik bedurft (vgl. KÜßNER, 1999).

Die Schätzung der Gesamtnadelmasse bzw. -anzahl einzelner Fichten basierend auf dem beobachteten Jahresnadelfall 2006/2007 der Versuchsfläche *„Tharandt“* erforderte einen Einblick in die realen Nadeljahrgänge bei der Fichte. Zur Ermittlung der Anzahl durchschnittlich vorhandener Nadeljahrgänge wurden Stichproben im Versuchsflächenumfeld durchgeführt, die durch die Folgen des Orkans *„Kyrill“* ermöglicht wurden. An 10 geworfenen oder gebrochenen älteren Fichten erfolgten am Terminaltrieb Auszählungen benadelter Jahrestriebe. Im vermuteten Jahresspannenbereich bis maximal zum 10. Jahrgang waren Jahrestriebe auch bei der Fichte gut durch Triebbasisnarben und unterschiedliche Triebfärbungen anzusprechen.

2.2.3 Messungen und Berechnungen zu Baum- und Kronenparametern

Die Bäume beider Versuchsflächen wurden ausgehend von Festpunkten durch Polarkoordinaten eingemessen. BHD-Bestimmungen entstammen aus Messungen mit dem Umfangmessband. Kronenradien wurden stets mit Hilfe des Kronenspiegels ermittelt. Ablotungen erfolgten dabei zur Erstellung von BHD-Kronenradien-Allometrien zweimal am Einzelbaum in entgegengesetzter Richtung zufällig an 37 Fichten und 53 Buchen der Versuchsfläche *„Tharandt“*. Geprüft wurden funktionale lineare (z.B. bei CANHAM et al., 1994; PACALA et al., 1996; HILLEBRAND, 1998), exponentielle (WOLLMERSTÄDT et al., 1992; FERRARI und SUGITA, 1996; WIDLOWSKI et al., 2003) und logarithmische (GUERICKE, 2001; BOLTE et al., 2003) Zusammenhänge zwischen Brusthöhendurchmesser und Kronenradius.

An Bäumen der Versuchsfläche *„Tharandt"* mit Stammablaufkonstruktionen wurden die Baumhöhe [H], die Höhe des Kronenansatzes [H_{KAns}] und die der maximalen Kronenausdehnung [H_{KMax}] gemessen. Im Fall der Ablotung potentieller Stammablaufmessbäume wurden acht Kronenradien im flexiblen Winkelsystem gewonnen (HILLEBRAND, 1998; GUERICKE, 2001; FRECH et al., 2003). Zur Berechnung der Kronenprojektionsfläche wurde das Teilkreismodell nach RÖHLE (1983) verwendet. Die summarische Fläche aller Kreissegmente wurde im Anschluss zur Berechnung des mittleren Kronenradius [Kr_{Mittel}] kreisrunder Kronen herangezogen (HAGEMEIER, 2002; FRECH et al., 2003). Der mittlere Kronenradius ging in die Formel zur Quantifizierung der Kronenmantelfläche der Schattenkrone [A_{MS}] ein. Die Berechnung folgte der Annahme, dass die Schattenkronenform einem umgekehrten Kreiskegel ähnelt (Gleichung 2-6). Die Kreiskegelhöhe ergibt sich aus der Höhendifferenz maximaler Kronenausdehnung und Kronenansatz.

$$A_{MS} = \Pi * Kr_{Mittel} * \sqrt{(H_{KMax} - H_{KAns})^2 + Kr_{Mittel}^{\;2}} \qquad (2\text{-}6)$$

Astwinkel wurden visuell am stehenden Baum an mehreren besonders starken Ästen erster Ordnung (vgl. SCHÜTT et al., 1992) angesprochen. Senkrecht am Stamm abstehende Äste hätten somit Astwinkel von 90° zur Folge (eingeschlossener Astwinkel).

2.3 Analysen und Modellierungen

2.3.1 allgemeine Statistik

Allgemeine Statistiken wurden mit dem Programm SPSS erzeugt. Trotz räumlicher Nähe im Sinne praktizierter Versuche und Aufnahmen im selben Waldbestand wurde für statistische Analysen stets von Unabhängigkeit der Messdaten ausgegangen. Dies ergab sich zum einen für Analysen innerhalb von Baummerkmalen aus dem Fokus auf den speziellen Einzelbaum und die Vielfalt hierzu gemessener Baumindividuen, zum anderen innerhalb von Streu- und Niederschlagsaufnahmen aus der Unabhängigkeit einzelner Messplätze zueinander. Diese kleinsträumige Unabhängigkeit der Messplatzaufnahmen spiegelt sich z.B. in der vielschichtigen Variation diverser Einzelbäume, unterschiedlicher Positionen unter Baumkronen und variabler Himmelsrichtungen in Relation zum Stammfuß relevanter Bäume wider.

Zum Umfang angewendeter deskriptiver und explorativer Statistik gehörten Berechnungen statistischer Maßzahlen wie Mittelwerte, Streuungen und Varianz und deren Darstellung z.B. in Histogrammen und Boxplots, außerdem Korrelations-, Regressions- und Varianzanalysen sowie Verteilungsvergleiche. Generell wurde von einer Irrtumswahrscheinlichkeit von $\alpha = 5\%$ ausgegangen. Die Annahme, dass die Stichproben aus normalverteilten Grundgesamtheiten stammen, wurde mit dem Kolmogorov-Smirnov-Test [KST] überprüft. Bei Stichprobengrößen kleiner 50 wurde zusätzlich auch der Shapiro-Wilk-Test [SWT] angewendet. Er liefert in geringeren Stichprobenumfängen verlässlichere Ergebnisse und sollte daher zumindest den Kolmogorov-Smirnov-Test ergänzen (BROSIUS, 2006).
Die Prüfung auf homogene Varianzen in der Grundgesamtheit erfolgte mit dem Levene-Test [LT]. Bei Ablehnung der Varianzhomogenität aber bestätigter Normalverteilung wurde in Fällen des Post-Hoc-Mehrfachvergleiches zusätzlich der Brown-Forsythe-Test auf Gleichheit der Gruppenmittelwerte angewendet. Der Brown-Forsythe-Test [BFT] gilt, wenn nicht von gleichen Varianzen in den Gruppen ausgegangen werden kann, als robust (BROSIUS, 2004). Für Post-Hoc-Mehrfachverleiche wurden der Tukey-HSD-Test und der Games-Howell-Test [GHT] genutzt. Der GHT liefert bei abgelehnter Varianzhomogenität verlässlichere Testergebnisse.

Nichtparametrische Vergleiche zweier unabhängiger Stichproben wurden mit dem Mann-Whithney-U-Test [MWU] durchgeführt. Angegeben wurde stets die exakte Signifikanz. K-unabhängige Stichproben wurden mit dem Kruskal-Wallis-Test [KWT] geprüft. Beide nichtparametrische Tests erlauben die Bearbeitung ordinaler Daten, selbst wenn keine Normalverteilung gegeben ist und Ausreißer auftreten (BÜHL und ZÖFEL, 1996). Ihre Eignung auch für höhere Skalenniveaus ist außerdem unbestritten.

Spezielle Kollinearitäts-, Regressions- und Varianzprozeduren kamen darüber hinaus im Rahmen statistischer Analysen im Unterkronen- und Stammablaufniederschlag zur Anwendung und werden jeweils in den entsprechenden Methodenkapiteln gesondert beschrieben.

Innerhalb ähnlicher Modelle und Schätzfunktionen, die sich in der Anzahl verwendeter Modell- und Schätzparameter unterschieden oder unterschiedliche Güte erreichten, wurden neben dem Bestimmtheitsmaß auch Strafterme berechnet, um die jeweils erlangte Modellgüte im Kontext notwendiger und zugleich ausreichender Modellkomplexität beurteilen zu können (u.a. thematisiert bei STAELENS et al., 2004; bei CANHAM und URIATE, 2006 und bei HUTH, 2009).

Dabei eigneten sich Akaike's- und der Bayes'sche-Strafterm (AKAIKE, 1973; SCHWARZ, 1978) besonders gut zur Beurteilung der Güte ähnlicher Modelle anhand der Varianz der Störvariablen und der Anzahl geschätzter Parameter im Kontext der Stichprobengröße. Es galt stets, AIC bzw. BIC (engl.: information criterion) zu minimieren bzw. möglichst klein zu halten, um laut KUHA (2004) das wahre Modell zu ermitteln (BIC) bzw. eine möglichst gute Vorhersage zu treffen, sofern die Existenz eines wahren Modells ausgeschlossen ist (AIC). Die Berechnung der Strafterme erfolgte nach den Gleichungen 2-7 und 2-8 und unter Annahme normalverteilter Fehler.

$$AIC = -2 * \log s^2 + 2 * m \qquad (2\text{-}7)$$

$$BIC = -2 * \log s^2 + \log n * m \qquad (2\text{-}8)$$

m...Anzahl der Modellparameter n...Anzahl beobachteter und verwendeter Stichprobenwerte s^2...empirisch gemessene Varianz der Störvariable (als Proxy wird hier stets die Varianz der Residuen verwendet)

Zur Einordnung, der im Messprogramm aufgetretenen Streuungen und kritischen Würdigung eigener Stichprobenanzahlen im Kontext der Messwertestreuungen wurden gelegentlich Mindeststichprobenumfänge hergeleitet. Der Mindeststichprobenumfang wurde dazu anhand vorgefundener Streuungen der Messwerte um den Mittelwert nach der Methode in SACHS (1999) geschätzt. Hierbei kamen in Anlehnung an die Arbeit von PIETZARKA (2005) Irrtumswahrscheinlichkeiten von 0,05, 0,10 Wahrscheinlichkeit für den Fehler 2. Art und Korrekturfaktoren zur Anwendung. Vorgaben zu Korrekturfaktoren waren bei SACHS für Stichprobengrößen von 10 bzw. 3 vorhanden. Für abweichende Stichprobenumfänge erfolgten Interpolationen. Errechnet wurden notwendige Stichprobenumfänge für 10, 5 und 1%-ige zulässige Fehler.

2.3.2 Statistische Analysen an Datensätzen zum Niederschlag

Aus der Gesamtheit aufgenommener Niederschlagsdatensätze kamen einzelne Aufnahmen in statistischen Analysen zur Anwendung. Per Zufallsauswahl und per Auswahl solcher Niederschlagsaufzeichnungen, die bei möglichst kontrollierten, idealen Bedingungen entstanden waren, wurden dabei zuvorderst Verteilungsvergleiche praktiziert. Durch Varianz- und Regressionsanalysen wurde anschließend der allgemeinen Dynamik der Niederschlagsverteilung nachgegangen. Dabei wurde prinzipiell innerhalb beider Analysemethoden überprüft, welchen Einfluss unterschiedlichste Freilandniederschlagsmengen und Messplatzpositionen unterhalb verschiedener Messplatzüberschirmungssituationen auf die Höhe des Bestandesniederschlages bzw. seiner einzelnen Komponenten haben.

2.3.2.1 Datenauswahlen und -kontrollen in Niederschlagsdatensätzen

Die separaten Niederschlagsaufnahmen der Versuchsfläche *„Solling"* wurden keinen Datenkontrollen unterzogen. In statistische Analysen flossen sämtliche wiederholende Einzelaufnahmen ein. Die wiederholenden Niederschlagsaufnahmen der Fläche *„Tharandt"* wurden hinsichtlich mehrerer Restriktionen selektiert. In statistische Analysen sollten nur Niederschlagsaufnahmen einfließen, bei denen sichergestellt war, dass:

- es sich bei der einzelnen Aufnahme tatsächlich um ein separates Regenereignis gehandelt hat,
- möglichst wenig Windeinfluss während der Regenereignisse bestand,
- die Freilandreferenzmessung wenig fehlerbehaftet war,
- die Freilandreferenz auf die nahe Versuchsfläche übertragen werden konnte.

abtrennbare Regenereignisse vs. summarische Regenmessungen:

Zur Klärung dieses Kriteriums wurden die Loggeraufzeichnungen der Klimastation *„Buchhübel"* herangezogen. Es bedurfte lediglich der Gegenüberstellung eigener Zeitdokumentationen zum Regenereignis und zum Zeitpunkt der Niederschlagsaufnahme vor Ort im Vergleich zu den zeitlich hoch aufgelösten Angaben der Messstation. Konnten in den Loggerangaben während eines vermuteten abtrennbaren Regenereignisses Trockenphasen nachgewiesen werden, die mehr als 4 Stunden anhielten, galt die eigene Niederschlagsaufnahme als summarische Messung und wurde aus statistischen Analysen ausgeschlossen.

möglichst wenig Windeinfluss während Regenereignissen:

Da für die Messstation *„Buchhübel“* neben den Niederschlagsdaten auch Windgeschwindigkeitsaufzeichnungen in gleicher zeitlicher Auflösung vorlagen, konnten beide Datensätze unkompliziert und leicht verschnitten werden.
Die Überprüfung des Windeinflusses innerhalb einzelner Regenereignisse fand anschließend anhand relativer Akzeptanzschranken statt. Ausschlaggebend hierfür war das 95 %-Perzentil der gesamten Windgeschwindigkeitsverteilung während Regens im belaubten Messzeitraum. Traten Windgeschwindigkeiten über diesem kritischen Wert in mehr als drei Zeitintervallen ($\sum$ >30 min) innerhalb eines Regenereignisses auf, wurde die Niederschlagsaufnahme von statistischen Analysen ausgeschlossen. Regenereignisse, die unter dieser Schwelle blieben, in denen jedoch mehr als ⅓ der Gesamtregenmenge aus Zeitintervallen mit Windgeschwindigkeiten über dem Perzentilwert stammten, wurden ebenfalls selektiert.

möglichst fehlerfreie Freilandreferenzmessungen:

Die Einhaltung dieser Bedingung erfolgte durch Beurteilungen der Datenstreuung innerhalb der fünf für die Freilandreferenzmessung aufgestellten Niederschlagssammler. Hierzu wurden Variationskoeffizienten berechnet und Akzeptanzschranken anhand der Voruntersuchungen der Fläche *„Solling“* festgelegt. Freilandreferenzmessungen mit Variationskoeffizienten über dieser kritischen Marke wurden zu weiteren statistischen Analysen nicht zugelassen.

Übertragbarkeit der Freilandreferenz auf die Versuchsfläche:

Die Prüfung der räumlichen Übertragbarkeit der Freilandreferenz auf die Versuchsfläche fand anhand dreier Messplätze der Versuchsfläche *„Tharandt“* statt, die in ausgesprochen großen Lücken positioniert wurden. Aus dem arithmetischen Mittel der Freilandmessung und dem jeweils synchron erhobenen Niederschlagsbeträgen dieser drei Messplätze wurden relative Residuen berechnet. Übertragbarkeit war nur anzunehmen, wenn die relativen Residuen gering ausfielen. Da insbesondere bei sehr geringen Niederschlagsbeträgen Messungenauigkeiten stark zunehmen können, wurden variable Akzeptanzschranken für Klassen unterschiedlicher Freilandniederschläge gebildet (vgl. Tabelle 2-6). Nur, wenn der überwiegende Teil gebildeter Boxplots (nämlich das 25 bis 75 % - Perzentil) diesen kritischen Wert über- bzw. unterschritt, wurde der zugehörige Datensatz aus Analysen ausgeschlossen.

Tabelle 2-6: Zulässige relative Residuen der Lückenmessungen bei unterschiedlichen Freilandniederschlagsmengen.

N-Klasse [L/m²]	relative Residuen [+/- %]
< 5	15
5,1 – 10	12,5
10,1 – 15	10
15,1 – 20	7,5
> 20,1	2,5

Aus dem Pool der Niederschlagsaufnahmen, die diesen Kriterien gerecht wurden, kamen per Zufallsauswahl einzelne Datensätze unterschiedlichster Freilandniederschlagsbeträge in statistischen Analysen zur Anwendung. Davon abweichend kamen in Regressions- und Varianzanalysen, die den Effekt des Freilandniederschlagsbetrages als Prüfgröße beinhalteten, alle Datensätze zur Anwendung, die der Datenkontrolle Stand gehalten hatten.

2.3.2.2 Varianzanalysen in Datensätzen des Unterkronenniederschlages

Zur Beschreibung und Quantifizierung relevanter Einflüsse auf die Ausprägung des Unterkronenniederschlages eigneten sich varianzanalytische Methoden. Das Prinzip der Quadratsummenzerlegung in die Treatmentquadratsummen und den verbleibenden Fehler eröffnet die Möglichkeit zur Berechnung des Varianzanteils im gesamten Datensatz, der sich auf betrachtete Kategorien (ordinale und nominale Faktoren) und Kovariaten (intervallskalierte Größen) zurückführen lässt. Daneben werden Parameterschätzungen vorgenommen, die die Formulierung von linearen Gleichungssystemen zulassen und somit auch erste Prognosen erlauben.

Angewendet wurden sowohl die einfache univariate Varianzanalyse als auch die Varianzanalyse mit Messwiederholungen. In der komplexeren Varianzanalyse mit Messwiederholungen können Datensätze analysiert werden, die durch wiederholende Aufnahmen am gleichen Subjekt realisiert wurden (vgl. allgemein BÜHL und ZÖFEL (1996) und speziell z.B. zu wiederkehrenden Zuwachsmessungen an der gleichen Pflanze WAGNER (1999)). Hierfür werden die Innersubjekteffekte in der Statistikroutine durch Kontraste ersetzt. Zwischensubjekteffekte werden in beiden Verfahren gleichartig bestimmt.

Da die Methode der Messwiederholung in der Verletzung der Unabhängigkeitsvoraussetzung zu analysierender Daten mündet, schließt sich die Nutzung der einfachen Varianzanalyse in solchen Fällen prinzipiell aus. Dennoch fällt der Verzicht auf die univariate Varianzanalyse meist schwer, da nur sie die Bewertung des jeweiligen Gesamtmodells anbietet und zu einer eineindeutigen Parameterschätzung für den gesamten Datensatz führt. Die Varianzanalyse mit Messwiederholungen bietet diese Möglichkeiten beispielsweise aufgrund der unbewerteten Aufzählung mehrerer alternativer Kontrastlösungen nicht. In die Analyse der Beziehungen zwischen Unterkronenniederschlag und relevanten Faktoren bzw. Kovariaten flossen deshalb beide Methoden ein. Ausschlaggebend hierfür waren nicht zuletzt auch Zweifel an der methodischen und statistischen Bewertung der wiederholenden Aufnahme von Niederschlägen am expliziten Messplatz. Eine unmittelbare Beeinflussung der Unterkronenniederschlagsbeträge zweier aufeinander folgender aber separater Niederschlagsereignisse war schließlich kaum anzunehmen (im Gegensatz zur Zuwachsanlagerung an eine durch ihre vorherige Zuwachsleistung geprägte Pflanze im Beispiel von WAGNER, 1999). Als Konsens dieses statistischen Problems soll die gewählte gemeinsame Ergebnispräsentation und -interpretation beider Varianten der Varianzanalyse verstanden werden.
Beide varianzanalytischen Methoden setzen Normalverteilung und Varianzgleichheit der Fehlerkomponenten voraus. Die Gleichheit der Fehlervarianzen wurde erneut mit dem Levene-Test geprüft. Für Varianzanalysen mit Messwiederholungen wurde die Annahme multivariater Normalverteilung durch den Mauchly-Test auf Sphärizität kontrolliert und der Box-M-Test auf Homogenität der Kovarianzmatrizen als weiteres Indiz genutzt (SPSS PROGRAMMHILFE).
Auch für den Fall verletzter Voraussetzungen existieren bereits Hinweise und Ratschläge: *„Generell gilt, dass die Voraussetzungen der Varianzanalyse mit wachsendem Umfang der untersuchten Stichproben an Bedeutung verlieren [...] Heterogene Varianzen beeinflussen den F-Test* (Anm. d. V.: der zentrale Test der Varianzanalyse) *nur unerheblich, wenn die untersuchten Stichproben gleichgroß sind. Bei ungleichgroßen Stichproben und heterogenen Varianzen ist die Gültigkeit des F-Tests vor allem bei kleineren Stichprobenumfängen erheblich gefährdet.“* (BORTZ, 2005, S. 286f), denen an dieser Stelle gern gefolgt wird. BORTZ macht in weiteren Ausführungen deutlich, dass die Varianzanalyse bei ähnlich großen Stichproben über 10 relativ robust ist. Allerdings erübrigt diese pauschale Absolution nicht die kritische Auseinandersetzung mit den erzeugten Residuen und der Streubreite der Vorhersage. Beide müssen unabhängig zum Vorhersagewert bzw. dessen mittlerem Niveau ausfallen (BROSIUS, 2006).

Überprüft wurden die Einflussnahmen der Schirmsituation, der relativen Distanz des Messplatzes (Kovariate) bzw. der zehn relativen Distanzklassen (feste Faktoren) und des Freilandniederschlages (Kovariate bzw. Messwiederholung) auf den Unterkronenniederschlag verschiedener Datensätze der Versuchsfläche *„Tharandt"*, die der Datenkontrolle Stand gehalten haben. Unplausible Wechselwirkungen der Faktoren wurden unterbunden. Der Vergleich der Unterkronenniederschläge in Lücken zu den drei Varianten des Kronendachschirmes erfolgte an per Zufall ausgewählten Messpunkten, um die geforderten gleich großen Stichproben zu erzeugen.
Neben dem korrigierten Bestimmtheitsmaß des Gesamtmodells wurden die Signifikanz und das partielle Eta-Quadrat [Eta²] angefordert. Eta² beschreibt den Anteil der Gesamtvarianz, der auf den jeweiligen Faktor entfällt. Angegeben wurden stets die Signifikanz und der Eta²-Wert der Huynh-Feldt-Korrektur. Mit dieser Berechnung werden Freiheitsgrade im Signifikanztest korrigiert, wenn der Mauchly-Test auf Sphärizität die Verletzung der Normalverteilungsannahme anzeigt (Epsilon-Adjustierung der Freiheitsgrade, vgl. GEISER, 2003). Auch hierin kann also eine weitergehende Sensibilität hinsichtlich der Datenqualität verstanden werden. Mathematische Modellformulierungen wurden anhand angeforderter Parameterschätzer erstellt.

2.3.2.3 Regressionsanalysen in Datensätzen des Unterkronenniederschlages am einzelnen Messplatz

Ereignisgetrennte Niederschlagsaufnahmen der Versuchsfläche *„Tharandt"* wurden zusätzlich regressionsanalytisch untersucht. Regressionsanalysen fanden auf Messplatzebene in den Punktwolken wiederholender Aufnahmen der Freilandniederschläge und entsprechender Unterkronenniederschläge statt. Ziel dieser Regressionsanalysen war es, auf Messplatzebene die Punktwolke aus Freiland- und Unterkronenniederschlag zu benutzen, um den räumlich individuellen Niederschlagsumverteilungsprozess in seine einzelnen Komponenten zu zerlegen. Hierzu wurden folgende Annahmen getroffen:

- An Messplätzen, die nicht explizit vom Stammkörper eines Baumes belegt sind, kann Stammablauf nicht auftreten.
- An Messplätzen, die explizit vom Stammkörper eines Baumes belegt sind, kann Unterkronenniederschlag nicht auftreten.

- Zum Unterkronenniederschlag zählen dabei durchfallender und abtropfender Niederschlag und der laterale Fluss.

Die Niederschlagsbilanzgleichung aus Kapitel 1.1 wurde entsprechend modifiziert (Gleichung 2-9).

$$N = (ST|oder|Nd + Nt + F) + K \qquad (2\text{-}9)$$

Analog zur Aufteilung des Niederschlages auf Bestandesebene wurden die folgenden weiteren Annahmen formuliert:

- Durchfallender Niederschlag tritt auch bei unterschiedlichen Freilandniederschlagsbeträgen stets in gleich bleibender Relation zum Freilandniederschlag auf.
- Alle anderen Niederschlagsterme können erst generiert werden, nachdem die absolute Speicherkapazität der Krone über dem Messplatz ausgefüllt ist.
- Lateraler Fluss und abtropfender Niederschlag treten nach der Sättigung der Speicherkapazität ebenfalls in gleich bleibender Relation zum Freilandniederschlag auf.

Diese Annahmen wurden in Gleichungssystemen umgesetzt und Kurvenanpassungen an allen Messplatzpunktwolken vorgenommen. Da in den Punktwolken lediglich der Unterkronenniederschlag als Summe durchfallender und abtropfender Niederschläge und eventueller lateraler Flüsse abgebildet wird, wurde diese im Abschnitt 1.1.2.2 beschriebene Beziehung in einem ersten Schritt durch eine nichtlineare Gleichung charakterisiert (vgl. Gleichung 2-10).
Gleichung 2-10 erforderte die messplatzspezifische Parametrisierung von [a] und [b]. Bis zu Freilandniederschlägen von 1/a besitzt die Funktion Exponentialcharakter. Bei Niederschlagsbeträgen gleich 1/a hat die Funktion die Steigung b. Für Freilandniederschlagswerte größer 1/a konvergiert die Steigung gegen b (exakt nach Gleichung 2-11). Zur Vereinfachung wurde die Steigung b in der Spanne N gleich 1/a bis zum Maximalwert linearisiert [b_{lin}].

$$NUK_N = b * N * (1 - e^{(-a*N)}) \qquad (2\text{-}10)$$

$$NUK'_N = b - e^{(-a*N)} * (b - a * b * N) \qquad (2\text{-}11)$$

Die Gleichung 2-10 beschreibt die allmähliche Speisung der Kronenspeicherkapazität und gleichzeitige Abgabe weiterer Niederschlagsmengen an die Komponenten des Unterkronenniederschlages bei variabler Freilandniederschlagsmenge recht gut. Nach der Sättigung des Kronenspeichers (bei N = 1/a) setzt das angenommene lineare Verhalten der einzelnen Komponenten des Unterkronenniederschlages ein. Die absolute Speicherkapazität ließ sich somit aus der Differenz des Freilandniederschlages und des Unterkronenniederschlages am Punkt 1/a berechnen (Gleichung 2-12).

$$K = N - NUK_N \qquad , wenn\ N = 1/a \tag{2-12}$$

Die Niederschlagsterme durchfallender und abtropfender Niederschlag sowie lateraler Fluss stehen ebenso in Relation zum Freilandniederschlagsbetrag. Ihre Beträge können im speziellen Niederschlagsereignis berechnet werden, oder durch Gleichungssysteme dem variablen Freilandniederschlag gegenüber gestellt werden. Hierbei waren drei Fälle zu unterscheiden (vgl. Abbildung 2-6 und nachfolgende Gleichungen 2-13 bis 2-15):

1. kein lateraler Fluss: Entsprach die Niederschlagsmenge im Niederschlagssammler eines expliziten Messplatzes jeweils dem Freilandniederschlag abzüglich der Kronenspeicherkapazität, so trat am speziellen Messplatz keinerlei lateraler Fluss auf (Fall 1 der Abbildung 2-6). In der regressionsanalytischen Prüfung nach Gleichung 2-10 entsprach dieser Befund dem Steigungsparameter b gleich 1. In diesen Fällen vereinfachte sich die Niederschlagsbilanzgleichung (Gleichung 2-9), indem der Flussterm entfallen konnte.

2. lateraler Fluss führt zu Wasserentzug: War die Unterkronenniederschlagsmenge im Sammler geringer als der jeweilige Freilandniederschlag abzüglich der Kronenspeicherkapazität, fand am Messpunkt lateraler Wasserentzug statt (Fall 2 in Abbildung 2-6). Der Flussterm ergab sich aus der Differenz des Freilandniederschlages, des Unterkronenniederschlages und der Kronenspeicherkapazität (Gleichung 2-14 Mitte). Steigungsparameter kleiner eins galten als Indiz dieses Wasserverlustes am Messplatz.

3. lateraler Fluss führt zu Wassereintrag: Wurden im Niederschlagssammler Wassermengen angezeigt, die größer waren als der Freilandniederschlag abzüglich der Kronenspeicherkapazität, so leistete lateraler Fluss zusätzliche Beiträge zum Unterkronenniederschlag am Messplatz (Fall 3 in der Abbildung 2-6). Anpassungen des Steigungsparameters b größer eins wiesen auf diesen Beitrag hin. Da die Summe aus abtropfendem und durchfallendem Niederschlag höchstens so groß sein kann, wie die Differenz aus Freilandniederschlag und Kronenspeicherkapazität vorgibt, stellte der laterale Fluss die Abweichungen von diesem Maximalwert dar (vgl. Gleichung 2-14 rechts).

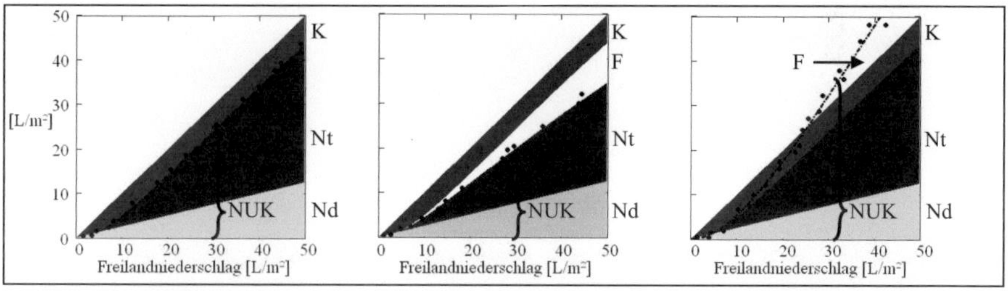

Abbildung 2-6: Schema unterschiedlicher Fälle der Aufteilung des Freilandniederschlages in Unterkronenniederschlag, durchfallenden und abtropfenden Niederschlag, lateralen Fluss und Kronenspeicherkapazität in Relation zu möglichen Punktwolken der Beziehung Freilandniederschlag und Sammlerniederschlag am Messplatz. Fall 1: kein lateraler Fluss, Fall 2: lateraler Fluss führt zu Wasserentzug, Fall 3: lateraler Fluss führt zu Wasserzufuhr.

Fall 1: NUK = N – K	**Fall 2: NUK < (N – K)**	**Fall 3: NUK > (N – K)**	
bzw. b = 1	**b < 1**	**b > 1**	
$NUK = Nd + Nt$	$NUK = Nd + Nt$	$NUK = Nd + Nt + F$	(2-13)
$F = 0$	$F = N - K - NUK$	$F = N - K - NUK$	(2-14)
neutral	*positiv; Wasserentzug*	*negativ; Wasserzufuhr*	
$Nt = NUK - Nd$	$Nt = NUK - Nd$	$Nt = N - K - Nd$	(2-15)

Die Relation durchfallenden Niederschlages zum Niederschlagsfreilandwert wurde im Punktwolkenanteil geringer Freilandniederschläge (< 7,5 L/m²) mit linearen Funktionen ohne Konstante aproximiert (vgl. Gleichung 2-16). Die Obergrenze von 7,5 L/m² wurde hierzu gutachterlich festgelegt und basiert auf der Annahme, dass bei Niederschlagsereignissen kleiner 7,5 L/m² an allen Messplätzen fast ausschließlich durchfallender Niederschlag und die allmähliche Sättigung des Kronenspeichers stattfanden, während die Entstehung von lateralem Fluss und abtropfendem Niederschlag innerhalb dieser schwachen Niederschlagsereignisse vernachlässigt werden können (vgl. HOFFMANN, 1999).

$$Nd_N = c * NUK_N \qquad , wenn\ N < 7{,}5L/m^2 \tag{2-16}$$

Aufteilungen des Freilandniederschlages bei Regenereignissen größer 1/a in die fehlenden Niederschlagsterme resultieren aus einheitlichen Steigungen in der Grafik bzw. aus den linearen Beziehungen laut der Annahmen. Die Steigung im abtropfenden Niederschlag [d] ergab sich im Fall 1 und 3 aus der Differenz der Steigung des durchfallenden Niederschlages [c] zur Steigung der Ideallinie – also 1, die vom Anteil der Kronenspeicherkapazität nur parallel verschoben wird (vgl. Gleichung 2-17). Negative laterale Flüsse am Messplatz führten zu geringeren Steigungen der Gleichung des abtropfenden Niederschlages (b-c, vgl. Gleichung 2-17). Analog hierzu blieb für die Steigung in der Gleichung des lateralen Flusses [e] jeweils die Differenz vom Ideal gleich eins zur Unterkronenniederschlagssteigung [b] (Gleichung 2-18).

$$Nt_N = d * (N - 1/a)$$
$$wobei\ \ d = 1\text{-}c \qquad\qquad d = b\text{-}c \qquad\qquad d = 1\text{-}c \tag{2-17}$$

$$F_N = e * (N - 1/a)$$
$$wobei\ \ e = 1\text{-}b = 0 \qquad\qquad e = 1\text{-}b \qquad\qquad e = 1\text{-}b \tag{2-18}$$

Daneben erfolgte die Parametrisierung der linearen Beziehung zwischen Unterkronenniederschlag und Freilandniederschlag bei Freilandniederschlägen größer 10 L/m² (Gleichung 2-19). Analog zur erhofften Anpassung reiner durchfallender Niederschläge im Bereich kleiner Niederschlagsereignisse wurde hierbei auf Regenereignisdokumentationen und mathematische Beschreibungen abgezielt, bei denen die Kronenspeicherkapazität möglichst gesättigt war (vgl. HOFFMANN, 1999). Allerdings wird bei diesem Ansatz die messplatzspezifische Erreichung der Kronenspeicherkapazität vernachlässigt. Insofern stellt dieser Ansatz eine Vereinfachung zur komplexen Lösung nach Gleichung 2-10ff dar.

$$NUK_N = f * N + Konst. \qquad , wenn\ N > 10L/m^2 \qquad (2\text{-}19)$$

2.3.2.4 Verallgemeinerung der Ergebnisse der Regressionsanalysen auf Messplatzebene in einzelbaumbasierten räumlichen Modellen

Im Anschluss an die Zerlegung der Niederschlagsdynamik auf Messplatzebene wurde die relative Distanz als intervallskalierte Größe benutzt und ihre Brauchbarkeit zur Vorhersage für einzelne Unterkronenniederschlagskomponenten geprüft. Diese Prüfung beschränkte sich auf signifikante lineare Zusammenhänge der relativen Distanz zur:

- Niederschlagsmenge zur vollständigen Sättigung der absoluten Kronenspeicherkapazität (1/a),
- Kronenspeicherkapazität K (nach Gleichung 2-12),
- Relation des durchfallenden Niederschlages am Freilandniederschlag (Parameter c),
- Relation des abtropfenden Niederschlages am Freilandniederschlag (Parameter d),
- Relation des lateralen Flusses am Freilandniederschlag (Parameter e).

Die Höhe des Bestimmtheitsmaßes war dabei im Vergleich zur Feststellung des Signifikanzniveaus von untergeordneter Bedeutung. Konnte für einen Parameter keine signifikante Beziehung zur relativen Distanz bestätigt werden, floss der arithmetische Mittelwert in die Modellbildung ein. Die auf diesem Weg realisierten Modelle bilden einerseits die Zerlegung des Freilandniederschlages in die Niederschlagskomponenten im Bestand i.S.d. angepassten Parameter und andererseits die distanzabhängige Dynamik des Redistributionsprozesses gleichermaßen ab ($NUK_{N,relDist}$ laut Gleichung 2-20).

Tatsächlich ließ sich die Güte dieser zweifach variablen Modelle nur am Realdatensatz des Unterkronenniederschlages prüfen. Für Buche und Fichte wurden die Modelle separat erstellt und mit den Messdatensätzen verglichen. Zusätzlich wurde die Prognosefähigkeit dieser Modelle im Verhältnis zu den erzeugten Varianzanalysemodellen bewertet und diskutiert.

$$\begin{aligned} NUK_{N,relDist} = {} & Nd_{N,relDist} \\ & + Nt_{N,relDist} \quad , wenn\ N > 1/a \\ & - F_{N,relDist} \quad , wenn\ N > 1/a \end{aligned} \qquad (2\text{-}20)$$

2.3.2.5 Integration absoluter Distanzen und Kronenradien in einzelbaumbasierte räumliche Modelle des Unterkronenniederschlages

Sowohl die varianzanalytischen Betrachtungen im Unterkronenniederschlag als auch die regressionsanalytischen Ableitungen einzelbaumbasierter räumlicher Modelle basieren auf relativierten Distanzen nach der Gleichung 2-1. Erkenntnisse und Modelle, die auf der relativen Distanz beruhen, können anhand vorgefundener Allometrien zwischen Brusthöhendurchmesser und Kronenradius für verschieden dimensionierte Bäume individualisiert und hinsichtlich absoluter Distanzen aufgelöst und letztlich räumlich konkretisiert werden.

Über Integralbildungen konnten distanzbasierte Einzelbaumwirkungen außerdem mit Hilfe dieser Kronenradienallometrien summarisch bilanziert werden, sofern die Distanzwirkung des Einzelbaumes auf den Niederschlagsumverteilungsprozess durch eine Funktion beschrieben werden konnte. Durch solche Integrale wurden insbesondere für verschieden dimensionierte Bäume beider Baumarten absolute Kronenspeicherkapazitäten aufsummiert und Wassermengen des lateralen Flusses bei unterschiedlichen Freilandniederschlagsmengen bilanziert.

Parallel hierzu wurden räumliche Effekte auch über Kreisringflächen geschätzt. Da diese Methode Effektdynamiken innerhalb des definierten Kreisringes nicht berücksichtigt und auf stabile Angaben zur Effektstärke innerhalb des Kreisringes angewiesen ist (z.B. auf Mittelwerte mit vernachlässigbar geringer Streuung), wurde diese Methode jedoch nur in Ausnahmefällen verwendet.

2.3.2.6 Regressionsanalysen zur Schätzung der Stammablaufmengen

Die Menge erfasster Stammablaufdaten aus unterschiedlichsten Freilandniederschlagsereignissen und von unterschiedlichen Stammablaufprobebäumen wurde in Regressionsanalysen verwendet, um relevante Einflussfaktoren für die Generierung des Stammablaufes zu identifizieren.
Doch bevor der Einfluss baumbeschreibender Merkmale auf die Generierung von Stammablaufmengen mit Regressionsanalysen geprüft werden konnte, fanden im Set aufgenommener Baummerkmale Kollinearitätsprüfungen nach den von BROSIUS (2006) vorgeschlagenen Prinzipien und Bewertungen statistischer Maßzahlen statt. Besonderer Wert wurde dabei auf

die Toleranz und den Varianz-Inflation-Factor gelegt. Konnte Kollinearität zwischen einzelnen Baummerkmalen aufgespürt werden, so sind diese Merkmale durcheinander ersetzbar. Sie wurden daher letztlich nie gemeinsam oder sogar kombiniert in Regressionsanalysen zur Prognose von Stammablaufmengen verwendet.

In einem ersten Schritt erfolgte die Parametrisierung der Gleichungen 2-21 und 2-22 zur Relevanz der Freilandniederschlagsmenge für die Stammablaufmenge. Die Residuen dieser Schätzungen wurden genutzt, um in weiteren Regressionsanalysen der Bedeutung diverser baumbeschreibender Merkmale auf die Generierung der Stammablaufmengen nachzugehen. Zur Anwendung kamen hierbei lineare Funktionen, Polynome n-ten Grades und speziell hinsichtlich des Einflusses der Astwinkelstellung für die Stammablaufentstehung eine zirkulare Funktion (vgl. BATSCHELET, 1981).

Diese zirkulare Funktion beschreibt im hier benutzten Fall die Oszillation eines y-Wertes (die Residuen aus der vorherigen Schätzfunktion) in Abhängigkeit vom Astwinkel [AW] in der Periode [T]. Die Periodenlänge ergibt sich dabei aus 360/w, wozu der Parameter [w] geschätzt werden muss. Während [M] den Mittelwert der Funktion wiedergibt, zeigt [Amp] die Amplitude der Oszillation an. Im Winkel [Φ] erreicht die Funktion erstmals ihren höchsten Wert innerhalb der gesamten Wertespanne von AW. Die Oszillation selbst erfolgt gleich bleibend (vgl. Abbildung 2-7 und Gleichung 2-23). Funktionen, die flachen und spitzen Abschnitten in der Oszillation gerecht werden können, werden bei BATSCHELET (1981) zwar beschrieben, in dieser Arbeit jedoch nicht benutzt.

$$ST_N = g * N^h \tag{2-21}$$

$$ST_N = i + j * N \tag{2-22}$$

$$y_{AW} = M + Amp * \cos w(AW - \phi) \tag{2-23}$$

Bestätigte Beziehungen der Stammablaufmenge sowohl zum Freilandniederschlag als auch zu speziellen Baummerkmalen wurden letztlich in kombinierten Gleichungen erneut auf den Datensatz angewendet. Die daraus hervorgegangenen Kombinationsmöglichkeiten verschiedener Einflussfaktoren zur funktionalen Beschreibung resultierender Stammablaufmengen wurden am Bestimmtheitsmaß und den Straftermen nach Akaike und Bayes hinsichtlich der Höhe der Modellgüte, der Anzahl notwendiger Parameter und nach Plausibilitäten eingegrenzt.

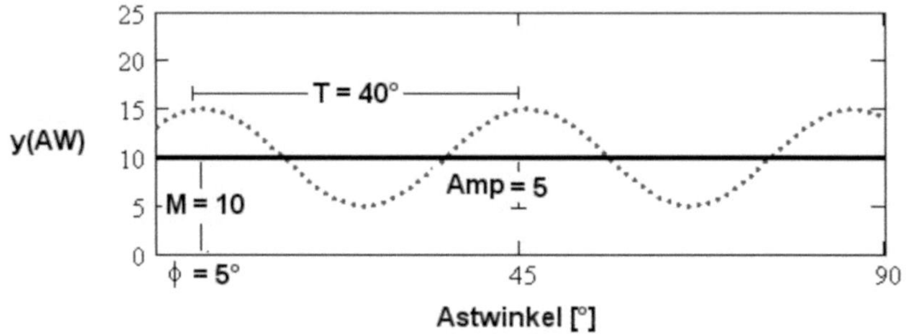

Abbildung 2-7: Schaubild zur zirkularen Gleichung 2-23 mit dem Mittelwert 10, der Amplitude 5, der Periode 40° und dem Winkel Φ bei 5°.

2.3.2.7 Analysen und Schätzungen zum räumlichen Entstehungsgebiet des Stammablaufes

Ermittelte Stammablaufmengen wurden zu den Grundflächen der Probebäume in Relation gesetzt, um einen Einblick in das hypothetische Entstehungsgebiet des Stammabflusses in der Baumkrone zu erhalten. Hierzu wurden *„funnelling ratio"* und *„contribution area"* berechnet und bewertet (vgl. 1.2.2.4).

In Anlehnung an DE PLOEY (1982 und 1984) wurde daneben außerdem die Kronenschirmfläche gedanklich zerlegt in einen inneren Kronenbereich, der vollständig und ausschließlich stammablaufwirksam ist (Stammquerschnitt) und die verbleibende Kronenschirmfläche. Die Kronenschirmfläche wurde dabei als löchriger Trichter verstanden, der möglicherweise zusätzlich zum Stammquerschnitt ebenfalls zur Stammablaufgenerierung beigetragen hat. Wie groß dieser flächige Beitrag ist (der Faktor *„Flächenwirkung"*) wurde ereignisindividuell berechnet und außerdem nach der Gleichung 2-24 für die Gesamtheit aller Beobachtungen geschätzt.

$$ST_{N,G,KS} = G * N + (KS - G) * N * Flächenwirkung \quad (2\text{-}24)$$

2.3.2.8 vergleichende Analysen zum Unterkronenniederschlag und zum Stammablauf in unterschiedlichen phänologischen Messphasen

Beim Vergleich der Niederschlagsmessungen unterschiedlicher phänologischer Messphasen wurde darauf geachtet, nur Datensätze gleich starker Freilandniederschlagsereignisse miteinander zu vergleichen. Da dies streng genommen exakt gleichartige Regenereignisse verlangt und solche Datensätze im Messprogramm nicht auftraten, gestaltete sich der Vergleich entsprechend schwierig. Um dennoch überhaupt Vergleiche anstellen zu können, wurden Freilandniederschlagsklassen so gebildet, dass im weiteren Sinne von ähnlichen Niederschlagsereignissen ausgegangen werden konnte.

Daneben sind Vergleiche einzelner Parameter z.B. zum Anteil durchfallenden Niederschlages am Freilandniederschlag (Parameter c) unabhängig von der Bedingung gleichartiger Niederschlagsereignisse möglich gewesen, da durch die Berechnung dieser Parameter bereits der Einfluss unterschiedlicher Niederschlagsmengen relativiert wurde.

Für buchenbeeinflusste Messplätze ließen sich zudem im Vergleich belaubter und unbelaubter Messungen und Ableitungen Rückschlüsse auf die Wirkung präsenter bzw. nicht präsenter Blattflächen im Gegensatz zum stets vorhandenen Astmaterial ziehen. Dies wurde z.B. am absoluten Kronenspeichervermögen praktiziert, indem Blatt- bzw. Astspeichervermögen gesondert ausgewiesen wurden.
Stammablaufmengen aus belaubter und unbelaubter Messphase konnten dagegen nur probebaumindividuell und im Kontext variabler Freilandniederschläge verglichen werden.

2.3.3 Auswertungen an Datensätzen zum Streufall

Analysen und Modellierungen des jährlichen Streufalles von Fichte und Buche verfolgten zuvorderst den Zweck, Schlussfolgerungen auf die Blatt- und Nadelmenge des einzelnen Baumes konkreter Dimension ziehen zu können und daraus für den Niederschlagsumverteilungsprozess relevante Oberflächenverhältnisse in der Baumkrone herzuleiten. Im Gegensatz zu Verfahren der Ernte am Baum (vollständig z.B. in WOLLMERSTÄDT et al., 1992 oder in systematischen Unterstichproben z.B. durch Randomized Branch Sampling in CANCINO und SABOROWSKI, 2005) wurde der Nadel- und Blattfall im Rahmen dieser Arbeit als räumliches Phänomen verstanden, dessen Verursacher die expliziten Einzelbäume der Umgebung sind. Bereits WU et al. weisen 1985 darauf hin, dass der Streufall der *„ecological field theory"* unterliegt. Auch im späteren Beitrag der Autoren (WALKER et al., 1989) wird klar, dass Umsetzungen dieser Theorie auf räumlich konkrete Messungen und anschließende Parametrisierungen von Distanzfunktionen angewiesen sind. In dieser Arbeit wurde der Systematik von CANHAM und URIATE (2006) gefolgt, und nach ersten Überblicken zur räumlichen Variabilität des Streufalles Nachbarschaftsanalysen mittels inverser Modellierungen unternommen.

2.3.3.1 statistische Analysen und Kalkulationen des Streufalles

Einfache statistische Analysen beschränkten sich auf den Vergleich der Streuresultate an Messpunkten veränderter Baumdominanz im Sinne unterschiedlicher ausgewiesener Teilflächen der Versuchsflächen. Karten zur räumlichen Verteilung der Streu innerhalb der Versuchsflächen wurden hierzu mit Hilfe des Programms ORIGIN 7.5 SR5 (OriginLab Corporation, Northampton, USA, 1991-2004) erstellt. Dem folgten Überblicke zur räumlichen Variabilität auf der Gesamtfläche und – soweit möglich – im Umfeld isolierter Einzelbäume.

Kalkulationen der Streufallmenge auf Hektarwerte orientierten sich am jeweiligen Flächenmittelwert, an Baumartenanteilen bzw. an den Baumanzahlen auf gleicher Bezugsfläche.

2.3.3.2 Modellierungen des Streufalles

Überblicke zur angewendeten Methode der Modellierung des Streufalles hat der Verfasser bereits mehrfach gegeben (FRISCHBIER et al., 2007; FRISCHBIER und ZEIBIG, 2008). Räumliche Modellierungen ökologischer Felder lassen sich in die Gruppe individuenbasierter Modelle eingliedern (GRIMM & RAILSBACK, 2005). Innerhalb dieser Gruppe existieren *„zone of influence models"* und *„field of neighborhood models"* (z.B. FORD & DIGGLE, 1981), die im Allgemeinen keine exakten Anpassungen an reale Messwerte voraussetzen. Im Falle ökologischer Felder um Einzelbäume sind allerdings bereits deutliche Fortschritte bei der Parametrisierung erreicht worden, die mit den Methoden der *„Inversmodellierung“* (vgl. CANHAM und URIATE, 2006) beschrieben werden. Dabei wird ein an bekannten Messpunkten ermittelter Datensatz im Verhältnis der Distanz des Messpunktes zum Einflussbaum abgebildet. Trends der distanzabhängigen Veränderung im fokussierten Datensatz werden regressionsanalytisch überprüft, generalisiert und letztendlich allen Bestandesmitgliedern unterstellt (vom Punkt auf die Fläche).

Das prioritäre Problem der Inversmodellierung besteht in komplexen Überlagerungen diverser ökologischer Felder benachbarter Einzelbäume (vgl. z.B. NIELSEN und MACKENTHUN, 1991 zur Feinwurzelverteilung im Fichtenbestand). Abweichend vom Konzept von CANHAM und URIATE (2006), die Messungen ausschließlich im Umfeld isolierter Einzelbäume anraten (z.B. auch praktiziert von ZEIBIG und WÄLDER, 2002 für die Diasporenausbreitung einer isolierten Birke), mussten für die vorliegenden Streudaten aus Beständen ohne Einzelbaumisolierungen anspruchsvollere statistische Lösungen gesucht werden.
Das Programm *Waldstat* des Instituts für Stochastik der TU-Bergakademie Freiberg prognostiziert den jeweiligen Einfluss umstehender Bäume auf den konkreten Messpunkt. Es wurde in WÄLDER (2005), FRISCHBIER et al. (2007), NÄTHER und WÄLDER (2007) sowie FRISCHBIER und ZEIBIG (2008) vorgestellt und angewendet und steht zur Benutzung und zum Download unter: http://www.mathe.tu-freiberg.de/inst/stoch/Waelder/start.htm bereit. Das Programm unterliegt Annahmen, die bereits bei NÄTHER und WÄLDER (2003), AMMER und WAGNER (2005) und zuletzt bei FRISCHBIER und ZEIBIG (2008) ausgeführt werden:

- An Messorten partizipieren mehrere umstehende Bäume. Der Messwert eines Messplatzes ist als Summe der Einzelwerte von n-Bäumen der Umgebung anzusehen. Die Quantifizierung des Einzelbaumeinflusses am Messpunkt erfordert einen räumlich-statistischen Ausgleich der Wirkung aller partizipierenden Bäume.

- Der Trend der distanzabhängigen Veränderung dieser Einzelwerte folgt einer Verteilungsfunktion. Sie ist ökologisch plausibel und kann parametrisiert werden.

- Verschieden dimensionierte Bäume wirken abweichend intensiv. Allometrische Beziehungen ermöglichen die Berücksichtigung unterschiedlich starker Bestandesmitglieder. Die Verteilungsfunktion ist an diese Allometrie gekoppelt (RIBBENS et al, 1994; WADA und RIBBENS, 1997).

Der räumlich-statistische Ausgleich der Wirkung umstehender Bäume in *Waldstat* basiert auf der Annahme des Poisson-Cluster-Punkt-Prozesses. Der Poisson-Prozess folgt einer Intensitätsfunktion [λ]. Sie beschreibt, wie die Anzahl der Punkte im Cluster [m] um einen zentralen Ort angordnet ist (NÄTHER und WÄLDER, 2007). Der zentrale Ort entspricht der jeweiligen Stammfußposition des Baumes. Die Verteilung von m in die baumumgebende Fläche wird durch eine Wahrscheinlichkeitsdichtefunktion [p_{Dist}] charakterisiert (vgl. Gleichung 2-25), deren Integral die Voraussetzung *„gleich eins"* erfüllen muss.

$$\lambda_{Dist} = m * p_{Dist} \qquad Dist_{x,y} = \sqrt{x^2 + y^2} \qquad Vorr.: \int_{x,y}^{\infty} p_{Dist} dDist = 1 \text{ , } ergo \int_{x,y}^{\infty} \lambda_{Dist} dDist = m \qquad (2\text{-}25)$$

Heute steht bereits ein Set verschiedenster distanzabhängiger Verteilungsfunktionen zur Verfügung (z.B. NIELSEN und MACKENTHUN, 1991; PACALA et al., 1996; YASTREBOV, 1996), die p_{Dist} näher bestimmen. Für den Fall des Laub- und Nadelstreufalles wurde auf die von STOYAN und WAGNER (2001) verwendete Lognormal-Funktion zurückgegriffen (vgl. Gleichung 2-26), die die Parameter [μ] und [δ] besitzt. Die Funktion startet mit Werten nahe Null unmittelbar am Zentralort und kann mit zunehmender Entfernung rasch ansteigen, um nach dem Erreichen maximaler Dichtewerte monoton zu fallen. Für p_{Dist} lassen sich Entfernungen des arithmetischen Mittelwertes, des Medians und des Maximalwertes der Verteilung berechnen.

$$p_{Dist} = \frac{e^{-((\ln Dist - \mu)^2 / 2 * \delta^2)}}{2 * \pi * Dist^2 * \sqrt{2 * \pi * \delta^2}} \qquad Dist_{Med} = e^{\mu} \quad Dist_{\bar{x}} = e^{\mu + \delta^2 / 2} \quad Dist_{Max} = e^{\mu - \delta^2} \qquad (2\text{-}26)$$

Um verschieden dimensionierten Bäumen unterschiedliche Einflussstärken zu ermöglichen, ist die Gesamtzahl der Punkte im Cluster in *Waldstat* BHD-sensitiv formuliert. Hierbei wurde auf die von RIBBENS et al. (1994) und WADA und RIBBENS (1997) vorgeschlagene Allometrie zurückgegriffen, die auf Referenz-Messwerten basiert (Gleichung 2-27).

$$m = m_{\mathrm{Ref}} * \left(\frac{BHD}{BHD_{\mathrm{Ref}}} \right)^{\beta} \qquad (2\text{-}27)$$

Die vervollständigte Funktion (vgl. Gleichung 2-28) wird nach Eingabe der Baum- und Messplatzkoordinaten, Baumdimensionen und Messplatzdichtewerten in *Waldstat* nach der Maximum-Likelihood-Methode parametrisiert (WÄLDER, 2005). Im einfachen isotropen Fall sind die Parameter m_{Ref}, μ und δ gesucht. BHD_{Ref} und β müssen vorgegeben werden.

$$\lambda_{x,y} = \sum_{i=1}^{\infty} m_{\mathrm{Ref}} * \left(\frac{BHD_i}{BHD_{\mathrm{Ref}}} \right)^{\beta} * \frac{e^{-((\ln Dist-\mu)^2 / 2*\delta^2}}{2*\pi*Dist^2*\sqrt{2*\pi*\delta^2}} \quad i...Bäume \tag{2-28}$$

Waldstat bietet zusätzlich zur isotropen Modellbildung Tools zur Prüfung von Anisotropie in der Effektverteilung (vgl. STAELENS et al., 2004; WAGNER et al., 2004 a und HUTH, 2009). Asymmetrische ökologische Felder werden im Programm durch Distanzverzerrungen erzeugt (WÄLDER, 2005). Hierzu wird die ursprüngliche Distanz mit einer zirkularen Funktion [f(Φ)] belegt (Gleichung 2-29). Neben einfachen und verschobenen Ellipsenfunktionen wird die *„von Mises"*-Funktion (MISES, 1918 in BATSCHELET, 1981) angeboten. Durch drei Parameter lassen sich die dominierende Himmelsrichtung [Φ], das Ausmaß der Dominanz [k] und dessen Stärke [v] charakterisieren (vgl. Abbildung 2-8). Erhalten alle Parameter den Wert *„Null"*, so resultiert die kreisrunde Darstellung der Abbildung 2-8.

$$f(\phi) = e^{(k*\cos(\phi-\theta+v*\sin(\phi-\theta)))} \tag{2-29}$$

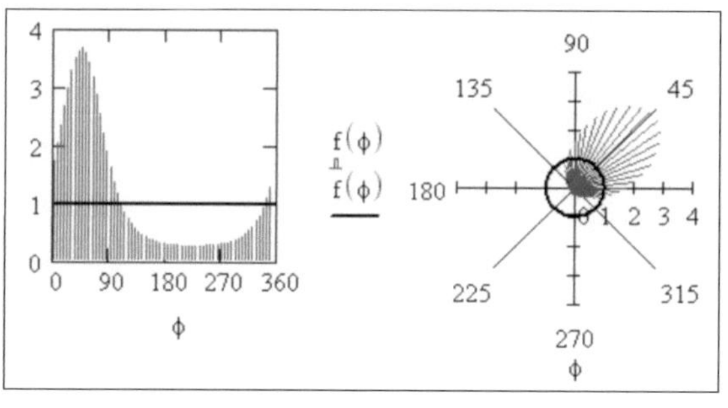

Abbildung 2-8: Beispiel der Verzerrung der isotropen Distanz (schwarze Linie bei 1) durch die *„von Mises"*-Funktion bei unterschiedlicher Himmelsrichtung. (links: einfaches Diagramm, rechts: Kreisdiagramm).

Da in anisotropen Modellierungen die Parameter der *„von Mises"*-Funktion zusätzlich zu μ, δ und m_{Ref} anzupassen sind, werden neben der Korrelation zwischen Eingabe- und Prognosewerten Strafterme (vgl. 2.3.1) zur Beurteilung der Modellgüte herangezogen.

Um Schätzungen bei hoher Parameteranzahl besser steuern zu können und gleichzeitig Vorwissen (z. B. zur dominierenden Himmelsrichtung) zu berücksichtigen (angeraten in CANHAM und URIATE, 2006), räumt *Waldstat* die Option der begrenzten Anpassung der Parameter ein (FRISCHBIER et al., 2007; FRISCHBIER und ZEIBIG, 2008). Hierzu sind obere und untere Grenze der Anpassung jedes Parameters individuell einzustellen.

Die Streufalldatensätze beider Versuchsflächen wurden zur Parametrisierung separater isotroper Einzelbaumstreufallmodelle genutzt. Daneben wurden anisotrope Streufallmodelle überprüft. Während Modellierungen mit den Streudaten der Versuchsfläche *„Solling"* auf ganzheitliche Modelle des herbstlichen Streufalles beschränkt blieben, erfolgten für die Versuchsfläche *„Tharandt"* auch einzelne Modellierungen mit Daten unterschiedlicher Aufnahmezeiträume. Dies war notwendig, da der Orkan *„Kyrill"* Fichten der Versuchsfläche geworfen und gebrochen hatte, die anschließend im Streufall des dritten Leerungstermins (vom 01.12.2006 bis zum 18.06.2007) nicht mehr relevant sein konnten. Dies musste zu Korrekturen des in Waldstat einzuspeisenden Stammverteilungsplanes führen. Bilanzierungen jährlicher Streumengen des speziellen Baumes erfolgten anschließend auf Basis der summarischen Berücksichtigung einzelner Streumodelle.

Der feststehende Parameter BHD_{Ref} wurde für alle Modellierungen auf 45 cm gesetzt. Obwohl diese Festlegung nicht der BHD-Verteilung der Buchen und Fichten der Versuchsfläche *„Solling"* entsprach, gab der Festwert den mittleren Durchmesser beider Baumarten auf der Versuchsfläche *„Tharandt"* gut wieder. Erst durch diese Vereinbarung konnten Streumodelle beider Versuchsflächen unmittelbar verglichen werden.
Der ebenfalls nicht aproximierbare Allometrieparameter [ß] wurde hingegen über stufenweise Veränderungen und Modellierungswiederholungen angenähert. Kriterium guter ß-Werte war stets die Minimierung des mittleren quadrierten Modellfehlers.

Da für Buche und Fichte nur selten Angaben zur Blatt- bzw. Nadelmenge des Einzelbaumes in der Literatur vorlagen, erfolgten Plausibilitätskontrollen der von *Waldstat* vorgeschlagenen BHD-Allometrie auf Basis häufiger angebotener Flächenwerte und eigener Kalkulationen. Hierzu kamen die Ertragstafeln zur starken Durchforstung in jeweils erster Ertragsklasse von SCHOBER (1967) für Buche und WIEDEMANN (1936/42) für Fichte (beide in SCHOBER, 1995) zur Anwendung. Die parametrisierten Allometriegleichungen wurden um die dort gefundenen Angaben zur Stammzahlhaltung und zum BHD in verschiedenen Bestandesaltern ergänzt.

Dies eröffnete altersdifferenzierte Prognosen zum Streufall je Hektar, die angebotenen Literaturwerten mit Hektarbezug gegenüber gestellt werden konnten. Daneben wurden Vergleiche der eigenen parametrisierten Allometriegleichungen mit bereits publizierten Daten angestellt (ZIANIS und MENCUCCINI, 2004; MUUKKONEN, 2007).

3 Ergebnisse zum Niederschlag

3.1 Ergebnisse zum Niederschlagsumverteilungsprozess auf der Versuchsfläche *„Solling"*

3.1.1 Niederschlagsumverteilung im Messzeitraum *„belaubt"*

3.1.1.1 Varianz in Freilandniederschlagsmessungen

Die Güte der Freilandniederschlagsermittlung wurde anhand der Referenzmessungen einzelner Niederschlagsaufnahmen im Freiland überprüft. In den insgesamt 13 Messungen im Messzeitraum *„belaubt"* wurden durch wiederholende Aufnahmen auf engsten Raum (n = 5) mitunter erhebliche Streuungen deutlich (Tabelle 3-1).

Tabelle 3-1: Notwendige Stichprobenumfänge für Freilandniederschlagsmessungen auf Basis der Mittelwerte und der Datenstreuungen aus 13 Messungen mit je 5 Wiederholungen.

$\overline{X}$	s	V%	notw. n bei zulässigem Fehler von 10	5	1
[L/m²]		[%]	[%]		
2,00	0,00	**0,0**	**0**	**0**	**0**
3,75	0,00	**0,0**	**0**	**0**	**0**
7,00	0,00	**0,0**	**0**	**0**	**0**
11,60	0,14	**1,2**	**0**	**1**	15
26,50	0,50	**1,9**	**0**	**1**	37
11,55	0,33	**2,8**	**1**	**3**	84
24,00	0,79	**3,3**	**1**	**5**	114
9,90	0,42	**4,2**	**2**	7	187
30,40	1,34	**4,4**	**2**	8	204
7,70	0,45	**5,8**	**4**	14	354
11,00	0,71	**6,4**	**4**	17	434
25,20	2,59	**10,3**	11	44	1108
6,00	0,71	**11,8**	15	58	1458

Ein Zusammenhang zwischen Ausmaß der Streuung und ermittelter Regenmenge bestand dabei nicht. Die Berechnung notwendiger Mindeststichprobenumfänge bei Akzeptanz ein- bis zehnprozentiger Fehler zeigt an, dass die gewählte Stichprobenzahl bei zulässigen Fehlern von 5 bis 10 % als ausreichend gelten kann. Der formelbedingte Zusammenhang zwischen Variationskoeffizient und notwendiger Stichprobenzahl lässt die gutachterliche Festlegung kritischer Variationskoeffizienten von etwa 6 % zu. In Untersuchungen, die dem Anspruch höherer Exaktheit der Messungen gerecht werden müssen, sollte jedoch die kritische Marke bei etwa 3 % angelegt werden (vgl. Markierung in Tabelle 3-1).

3.1.1.2 absoluter und relativer Unterkronenniederschlag

In der belaubten Phase des Jahres 2005 konnten auf der Versuchsfläche *„Solling“* 13 wiederholende summarische Regenmessungen an allen 130 Messplätzen realisiert werden. Insgesamt standen 176,55 L/m² summarischer Freilandniederschlag durchschnittlichen 111,90 L/m² Unterkronenniederschlag gegenüber (Tab. 3-2).
Unterkronenniederschlagssummen und -prozentwerte wurden den Überschirmungssituationen der Messplätze zugeteilt (Tab. 3-2). Führten Lückenmessungen zu relativen Unterkronenniederschlägen von etwa 75 %, so konnten unter Fichtenkronen im Mittel nur 57 % der Freilandniederschlagsmenge registriert werden. Messungen unter Buchenkronen und unter dem gemischten Kronendach ergaben intermediäre Werte. Auffällige Messwertstreuungen waren vor allem bei fichtenbeeinflussten Aufnahmen zu verzeichnen. Nach bestätigter Normalverteilung und Ablehnung der Varianzhomogenität ergab der Brown-Forsythe-Test signifikante Mittelwertunterschiede der relativen Unterkronenniederschläge, die in Post-Hoc-Mehrfachvergleichen an Messungen unter Fichte zu den Schirmsituationen Buche und Lücke festgemacht werden konnten.

Schirmsituation	n	NUK [L/m²]		NUK [%]	
		$\overline{X}$	s	$\overline{X}$	s
Buche	71	115,08	17,01	65,18	9,63
Fichte	39	100,33	29,02	56,83	16,44
Lücke	10	132,33	18,70	74,95	10,59
gemischt	10	114,05	19,64	64,60	11,12
Insgesamt	130	111,90	23,13	63,38	13,10

Tabelle 3-2: Deskriptive Statistik und Test auf Mittelwertgleichheit der absoluten und relativen Unterkronenniederschläge unter verschiedenen Schirmsituationen der Messplätze (N = 176,55 L/m²).

Anschließend eröffnete die Konzentration auf relative Unterkronenniederschläge bei eindeutiger Baumartenzuordnung und konkreter Kronendrittelbelegung die Beurteilung eines relativen Distanztrends. Die Abbildung 3-1 gibt einen Einblick in die Veränderungen des Unterkronenniederschlages in Relation zur Messplatzposition.

Die Unterkronenniederschläge beider Baumarten nahmen vom Kronenzentrum in Richtung Kronenperipherie zu. Während im Kroneninneren von Buchen noch 60 % des Freilandniederschlages zum Waldboden gelangten, wurden unter Fichten lediglich ca. 45 % registriert. Dieser Unterschied ist nach dem Mann-Whithney-U-Test höchst signifikant. In Niederschlagsmessungen unter dem mittleren und äußeren Kronendrittel nivellierten sich diese Unterschiede auf dem Niveau von ca. 60 bzw. 70 % des Freilandwertes. Im Fall der fichtenüberschirmten Messplätze ist auch der Unterschied im relativen Unterkronenniederschlag mittlerer und äußerer Kronenmessplätze zu kroneninneren Messungen auf Basis der Tukey-HSD-Prüfung signifikant. Nach dem Kruskal-Wallis-Test sind auch die Unterkronenniederschläge der Kronendrittelgruppen unter Buchen höchst signifikant unterschiedlich.

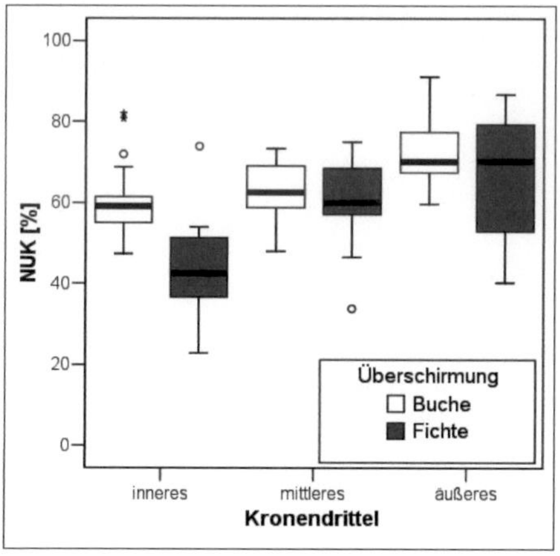

Abbildung 3-1: Boxplots des prozentualen Unterkronenniederschlages der Messplätze mit Buchen- bzw. Fichtenüberschirmung in Relation zum Kronendrittel (Messphase *„belaubt“*).

Eine gemeinsame Prüfung der Faktorenrelevanz von Baumart und Kronendrittel war mit univariater Varianzanalyse möglich. Die Art der Überschirmung und die Position des Messplatzes im speziellen Kronendrittel waren höchst signifikante Zwischensubjekteffekte des relativen Unterkronenniederschlages. 37,4 % der Datenstreuung werden durch das Varianzanalysemodell erklärt, wovon nur ⅓ auf den Faktor Baumart entfällt.

Dieses Vorgehen ließ sich anhand der ursprünglich wochenweisen Aufnahmen wiederholen. In den separaten Datensätzen wurden die signifikanten Einflüsse beider Faktoren meist bestätigt. Die berechneten Bestimmtheitsmaße lagen in 7 von 13 Fällen über 0,5. In einem Datensatz konnten sogar 68,5 % der Datenstreuung erklärt werden (vgl. Anlage 3-1).

3.1.2 Niederschlagsumverteilung im Messzeitraum „*unbelaubt*“

Vor Frosteintritt erfolgten nur zwei Niederschlagsmessungen auf der Versuchsfläche „*Solling*“. 45,8 L/m² Freilandniederschlag standen mittleren 36,1 L/m² Unterkronenniederschlag gegenüber.

Die Tabelle 3-3 weist den Überschirmungssituationen der Messplätze absolute und relative Unterkronenniederschläge zu. Der Durchschnitt prozentualer Unterkronenniederschläge lag unabhängig vom Schirmeinfluss auf den Messplatz in einer Wertespanne von 75 bis 85 % des Freilandwertes. Auffällig war wiederum die Wertestreuung in Messplatzklassen, die durch Fichte direkt oder teilweise beeinflusst wurden. Die Unterkronenniederschläge unter Fichte sind insgesamt im Vergleich zu den Werten aus 3.1.1.2 auffällig hoch. Obwohl der Brown-Forsythe-Test signifikante Abweichungen von der Mittelwertgleichheit im Schirmsituationenvergleich angab, konnten im Post-Hoc-Vergleich keine Unterschiede im Unterkronenniederschlag an bestimmten Schirmsituationen festgemacht werden.

Schirmsituation	n	NUK [L/m²]		NUK [%]	
		$\overline{X}$	s	$\overline{X}$	s
Buche	71	34,71	3,70	75,79	8,07
Fichte	39	37,99	7,82	82,94	17,07
Lücke	10	35,40	4,70	77,29	10,25
gemischt	10	39,20	7,41	85,59	16,18
Insgesamt	130	36,09	5,81	78,80	12,68

Tabelle 3-3: Deskriptive Statistik und Test auf Mittelwertgleichheit der absoluten und relativen Unterkronenniederschläge unter verschiedenen Schirmsituationen der Messplätze (N = 45,80 L/m²).

Die Aufteilung der Messplatzwerte beider Baumarten nach Kronenbereichen deutete erneut relative Distanztrends an (Abbildung 3-2). Relative Unterkronenniederschläge beider Baumarten begannen im Kroneninneren wiederum mit niedrigsten Werten. An der Kronenperipherie gelangte mehr Niederschlag zum Waldboden. Unter Fichten traten in allen -

aber vor allem im mittleren Kronenabschnitt - gelegentlich Niederschläge auf, die den Freilandniederschlag übertrafen. Dennoch unterschieden sich diese Messwerte nicht signifikant. Lediglich für buchendominierte Unterkronenniederschläge konnten signifikante Unterschiede zwischen kroneninneren und -äußeren Messplätzen bestätigt werden.

Die gemeinsame varianzanalytische Betrachtung der Faktoren Schirmsituation und Kronendrittel wies zwar Signifikanz beider Zwischensubjekteffekte aus, das Bestimmtheitsmaß fiel jedoch mit 0,151 sehr gering aus. In der Wiederholung dieser Prüfung an beiden separaten Niederschlagsaufnahmen zeigte sich, dass tatsächlich nur innerhalb eines Datensatzes gesicherte Zusammenhänge bestanden. Das Bestimmtheitsmaß lag dabei bei 0,37 bei höchst signifikantem Effekteinfluss.

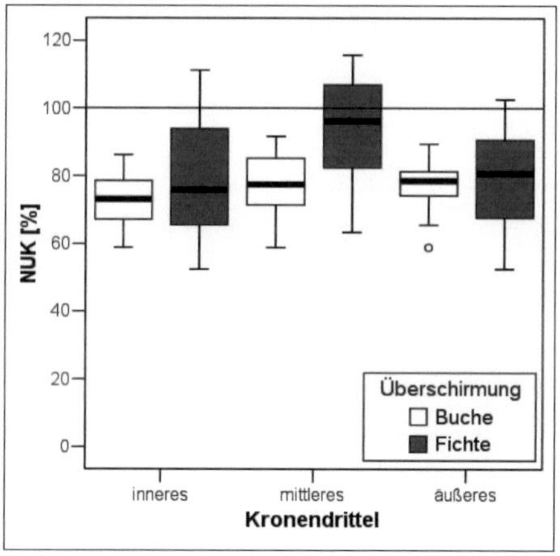

Abbildung 3-2: Boxplots des prozentualen Unterkronenniederschlages der Messplätze mit Buchen- bzw. Fichtenüberschirmung in Relation zum Kronendrittel (Messphase *„unbelaubt“*).

3.2 Ergebnisse zum Niederschlagsumverteilungsprozess auf der Versuchsfläche *„Tharandt“*

3.2.1 Niederschlagsumverteilung im Messzeitraum *„belaubt“*

3.2.1.1 Überblick durchgeführter Messungen

Innerhalb der belaubten Messphase des Niederschlages erfolgten auf der Versuchsfläche *„Tharandt“* bis zu 36 Einzelmessungen je Messplatz. Da die endgültige Messplatzauswahl erst später erreicht wurde, stellten sich im Überblick zwei abweichende Freilandregensummen ein. Um die Vergleichbarkeit aller Messplatzresultate beibehalten zu können, wurde die betrachtete Messphase auf die Zeitspanne bzw. Freilandreferenzsumme eingegrenzt, in der der Versuchsaufbau komplettiert war.

Aus dieser Zeitspanne standen 232,13 L/m² Freilandniederschlag über dem Kronendach durchschnittlichen 150,16 L/m² Unterkronenniederschlag gegenüber. Die Aufteilung dieser Unterkronenniederschlagswerte zu den Messplatzüberschirmungen ergab relative Unterkronenniederschläge im engen Bereich von 60 bis 65 % unabhängig vom einwirkenden Kronendach (vgl. Abb. 3-3). Lediglich in Lücken gelangte ein wesentlich höherer Niederschlagsbetrag zum Waldboden. Signifikanztests blieben nach Ablehnung der Normalverteilungsannahme auf den Kruskal-Wallis-Test beschränkt. Ermittelte höchst signifikante Gruppenunterschiede waren jedoch schon visuell den drei Arten der Überschirmung im Vergleich zu Lückenmessungen zuzuordnen. Einzelne Niederschlagsmessungen in Lücken erreichten die Höhe der Freilandreferenz.

Der Vergleich relativer Unterkronenniederschläge unter Fichte und Buche resultierte in nur geringfügigen Unterschieden beider Messplatzklassen. Auffällig waren wiederum starke Streuungen in den Verteilungen beider Klassen, wobei Streuungen bei Fichte wesentlich auf Extremwerte zurückzuführen waren.

Eine Prüfung, welche Anteile dieser Datenstreuung auf den Distanzfaktor zurückzuführen waren, erfolgt in Abschnitt 3.2.1.3. Zuvor soll die Qualität aufgenommener Daten im Mittelpunkt der Betrachtungen stehen.

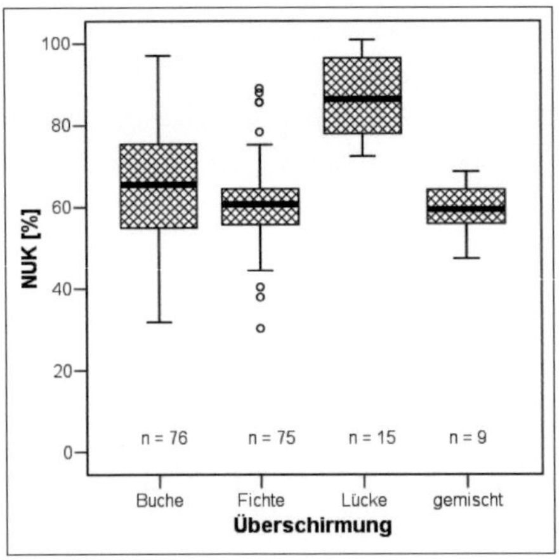

Abbildung 3-3: Relativer Unterkronenniederschlag verschiedener Überschirmungssituationen (Freilandreferenz 232,13 L/m²).

3.2.1.2 Datenkontrollen und -auswahlen

Die 36 Datensätze zur Niederschlagsumverteilung wurden Datenkontrollen und -auswahlen unterzogen und erst im Anschluss daran in die eigentliche Datenanalyse übernommen.

Kontrolle trennbarer Regenereignisse vs. summarische Regenmessung:

Im Vergleich eigener Freilandmessungen zu den Loggeraufzeichnungen des Messturmes der Station *„Buchhübel"* konnten vier Niederschlagaufnahmen ausgemacht werden, in denen summarische Regenmessungen erfolgt waren (vergl. 2.3.2.1).

Die Anwendung dieser vergleichenden Methode bedurfte der vorgelagerten Prüfung der generellen Vergleichbarkeit der *„Buchhübel"*-Messdaten und eigener Messungen. Die Gegenüberstellung eigener Freilandreferenzwerte – als arithmetisches Mittel von fünf Einzelmessungen – und entsprechend aufsummierten Loggerdaten der Messstation *„Buchhübel"* zeigte ausgezeichnete lineare Zusammenhänge (Abbildung 3-4). Der Ausgleich der linearen Beziehung deutet jedoch kontinuierlich etwa 20 % geringere Freilandniederschlagswerte der Messstation an. Dieser Unterschied kann dem räumlichen Abstand beider Messflächen, unterschiedlichen Totalisatoren oder abweichenden Messhöhen geschuldet sein.

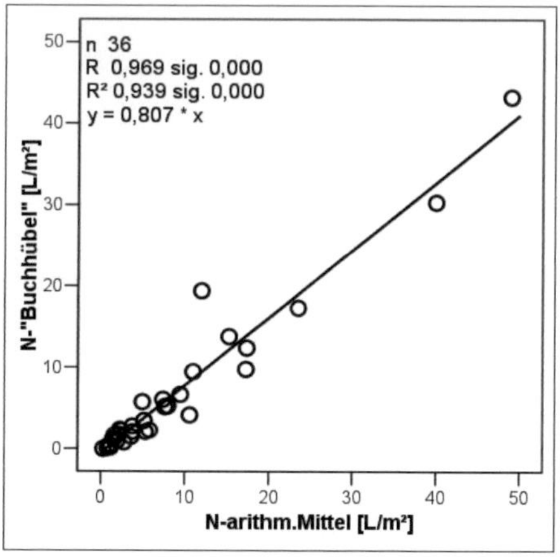

Abbildung 3-4: Gegenüberstellung, Korrelation und linearer Ausgleich der Freilandniederschlagsbeträge eigener Messungen in der belaubten Messphase zu zeitgleichen Messungen der Messstation *„Buchhübel"*.

Kontrolle der Windgeschwindigkeiten während des Niederschlagsereignisses:

Zur Ausgrenzung windintensiver Niederschlagssammlungen bedurfte es eines Überblicks vorhandener Windgeschwindigkeiten während Regens im Datensatz der Messstation *„Buchhübel"*. Entsprechend gesetzte Filter ermöglichten diesen Überblick (Abbildung 3-5). Das Histogramm verweist auf annähernd normalverteilte Windgeschwindigkeiten während Regens mit dem Mittelwert bei 3,5 m/s und Standardabweichungen von etwa 1,5 m/s. Das 95%-Perzentil der Verteilung wird bei 6,16 m/s bzw. 22,2 km/h erreicht.

Letztlich mussten zwei Datensätze ausgegliedert werden, die nach den formulierten Restriktionen (vgl. Kap.2.3.2.1) überwiegend bei hohen Windgeschwindigkeiten (über dem 95%-Perzentil) zu Stande gekommen waren.

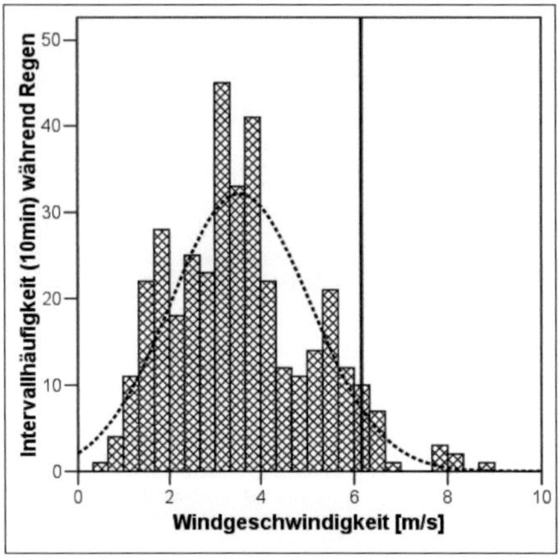

Abbildung 3-5: Histogramm der Windgeschwindigkeiten während Niederschlagszeitintervallen mit eingezeichneter Normalverteilungskurve und dem 95%-Perzentil.

Kontrolle der Qualität der Freilandreferenzmessung:

Die Berechnung der Variationskoeffizienten einzelner Niederschlagsaufnahmen innerhalb der fünf Einzelmessungen mit engem räumlichem Bezug ergab zwei Niederschlagsdatensätze mit Variationskoeffizienten größer 6 %. Beide Datensätze wurden in anschließenden Analysen nicht berücksichtigt. Die Abbildung 3-6 gibt einen Überblick über die Datenstreuung innerhalb aller Freilandreferenzermittlungen. Von insgesamt 36 Aufnahmen im belaubten Messzeitraum wiesen 23 nur sehr geringe oder keine Streuungen auf. Die ursprünglich formulierte kritische Streuung von 3 % für sehr anspruchsvolle Niederschlagsmessungen hielten sogar 28 Messungen ein.

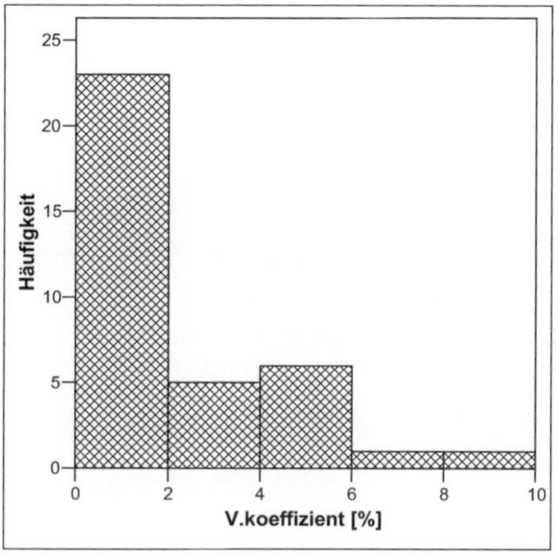

Abbildung 3-6: Histogramm der Variationskoeffizienten einzelner Niederschlagsaufnahmen mit je fünf Einzelmessungen.

Übertragbarkeit der Freilandreferenz auf die Versuchsfläche:

Das Verfahren, die Übertragbarkeit der Referenzmessung auf die eigentliche Versuchsfläche anhand einzelner Lückenmessungen im Bestand zu prüfen, führte zum Verwerfen von 6 Datensätzen.
Abbildung 3-7 verdeutlicht das verwendete Verfahren am Beispiel der Datensätze mit weniger als 5 L/m² Freilandniederschlag. Die am 210. und 214. Tag im Jahr 2006 erhobenen Datensätze wiesen im Vergleich zur Freilandreferenz relative Residuen in den Lückenmessungen auf, die die Akzeptanzschwelle (+/- 15 %) deutlich überschritten.

Da in den Datenkontrollen einzelne Datensätze den Restriktionen mehrfach nicht Stand hielten, wurden tatsächlich insgesamt 10 komplette Aufnahmen aus weiteren Analysen ausgeschlossen. In der Regel standen somit von ursprünglich 36 möglichen Datensätzen 26 weiterhin zur Verfügung. Nur für die Messplätze der nachträglich errichteten Teilfläche ergaben sich lediglich 17 wiederholende Niederschlagsmessungen, die dann auch unterschiedliche Freilandreferenzbeträge aufwiesen.
Abgesehen von vereinzelten Datenausfällen an speziellen Messplätzen – meist verursacht durch Sammlerverluste z.B. wegen herabfallender Äste oder durch Diebstahl – standen an

allen Messplätzen ausreichende Einzelmessungen vergleichbarer Freilandniederschlagseinträge in der Spanne von 0 bis zu 66,3 L/m² zur Verfügung.

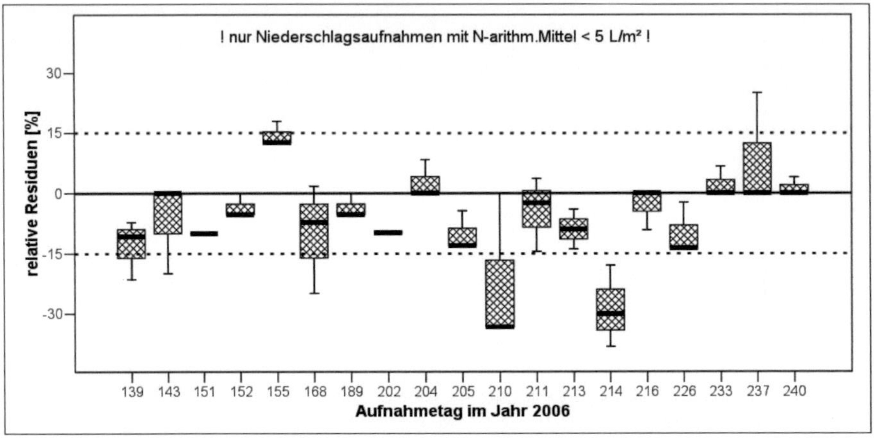

Abbildung 3-7: Boxplots relativer Residuen der Lückenmessungen im Vergleich zur Freilandreferenz. (Dargestellt sind nur Niederschlagsaufnahmen aus 2006 mit N < 5 L/m²).

3.2.1.3 Ergebnisse einfacher Unterkronenniederschlagsanalysen an ausgewählten Datensätzen

Aus dem Angebot aller geeigneten Niederschlagsaufnahmen wurden 9 Aufnahmen für weitere Datenanalysen selektiert. Hierbei wurde auf die befriedigende Berücksichtigung der vorgelegenen gesamten Freilandniederschlagsspanne Wert gelegt. Tabelle 3-4 stellt die einzelnen Niederschlagsaufnahmen und deren jeweilige Stichprobengrößen vor.

Innerhalb dieser ausgewählten Niederschlagsaufnahmen wurden die Verteilungen des Unterkronenniederschlages getrennt nach der Überschirmung der Messplätze analysiert. Neben der Angabe des Mittelwertes, des Medians und der Prüfung auf Normalverteilung und Varianzhomogenität in den Verteilungen wurden:

- parametrische oder nichtparametrische Tests auf Mittelwertgleichheit zwischen den Überschirmungssituationen durchgeführt,
- bei bestätigter Normalverteilung Post-Hoc-Tests angestrengt und

- parallel dazu die Unterkronenniederschlagsverteilungen der Schirmsituationen Buche und Fichte nichtparametrisch verglichen.

Tabelle 3-4: Auflistung selektierter Niederschlagsaufnahmen für weitere Analysen sowie deren Stichprobenaufteilung nach Überschirmungen der Messplätze.

N	Buche	Fichte	Lücke	gemischt	∑
[L/m²]			[n]		
1,50					
2,30					
5,00					
7,45	76	75	15	9	**175**
10,60					
15,30					
17,40					
23,50	76	60	15	9	**160**
49,00	67	62	12	9	**150**

Die detaillierten Prüfergebnisse können der Anlage 3-2 entnommen werden. Insgesamt konnten in 8 der 9 Fälle signifikante Mittelwertunterschiede der Unterkronenniederschlagsverteilungen unter verschiedenen Messplatzüberschirmungen festgestellt werden. In 7 der 9 Fälle wurden signifikante Mittelwertunterschiede der Unterkronenniederschläge in den Messplatzüberschirmungen Buche und Fichte bestätigt. Für einen weiteren achten Fall lag die Signifikanz des Mann-Whithney-U-Tests bei 0,054. In den Post-Hoc-Vergleichen konnten meist abweichende Niederschlagsverteilungen in den Lückenmessungen bestätigt werden. Seltener unterschieden sich zusätzlich auch die baumartenreinen Messplatzverteilungen und gelegentlich alle Unterkronenniederschlagsverteilungen sogar zur Buchen-Fichten-gemischten Überschirmung. Lediglich in der Aufnahme des stärksten Niederschlagsereignisses (N = 49 L/m²) konnten kaum statistische Unterschiede lokalisiert werden.

Diese Resultate machen die Relevanz der expliziten Kronendachstruktur über Niederschlagsmessplätzen auf den am Waldboden ankommenden Unterkronenniederschlagsbetrag mehr als deutlich. Nahezu unabhängig von der über dem Kronendach abgeregneten Freilandniederschlagsmenge sind in Bestandeslücken, Buchen- und Fichtenkronenbereichen und selbst unter Kronenüberlappungen von Buche und Fichte deutlich verschiedene Unterkronenniederschlagsmengen zu erwarten.

Der Unterschied der Unterkronenniederschläge unter Buchen und Fichten ist in der Abbildung 3-8 aufbereitet. Je nach Höhe des beobachteten Freilandniederschlagsbetrages ergaben sich in den Messplätzen der Überschirmungsklassen Buche und Fichte unterschiedliche Anteile für den Unterkronenniederschlag. Innerhalb der Einzelvergleiche der Unterkronenniederschlagsverteilungen beider Überschirmungen wird deutlich, dass unter Fichtenkronen meist ein geringerer relativer Anteil des Freilandniederschlages zum Waldboden gelangt. Die sich einstellende Differenz kann im Vergleich berechneter Mediane bis zu 20 % des Freilandniederschlages betragen. Überprägt wird diese Beobachtung stets von relativ großen Varianzen in den prozentualen Verteilungen. Neben verhältnismäßig großen Interquartilbereichen traten einige Extremwerte in beiden Überschirmungsklassen auf. Lediglich im Rahmen des stärksten Niederschlagsereignisses sind die Unterkronenniederschläge an Buchen- und Fichtenmessplätzen vergleichbar hoch.

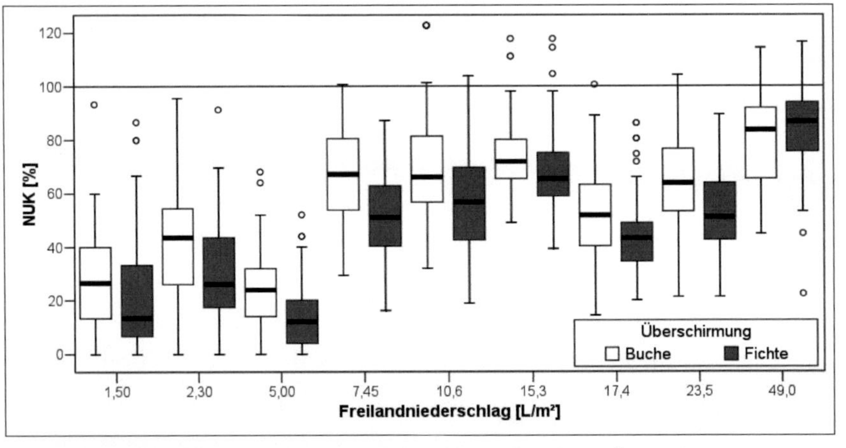

Abbildung 3-8: Boxplots des relativen Unterkronenniederschlages unter Überschirmungen durch Buche und Fichte ausgewählter Niederschlagsereignisse.

Der Anteil der Varianzen, der sich anhand der Position der Messplätze unter expliziten Kronen der Baumarten Buche und Fichte erklären lässt, ließ sich durch univariate Varianzanalysen berechnen. Geprüft wurde der Einfluss relativer Distanzklassen der Messplätze auf den Unterkronenniederschlag unter artspezifischer Überschirmung innerhalb separater Niederschlagsereignisse. Die Tabelle 3-5 gibt einen Überblick zu den Prüfergebnissen.

Während an Messplätzen der Baumart Fichte ein signifikanter Einfluss der relativen Distanz zum expliziten Stammfuß auf den Unterkronenniederschlag in 6 von 9 Fällen bestätigt werden konnte, war das Prüfschema bei der Baumart Buche nur viermal erfolgreich. Evidente Positionswirkungen erklären etwa 10 bis 50 % der vorgelegenen Varianz.

Tabelle 3-5: Ergebnisse zur Signifikanz der Varianzanalysen zum Faktor *„relative Distanzklasse"* auf den Unterkronenniederschlag der Messplätze unter Buchen- bzw. Fichtenüberschirmung für ausgewählte Niederschlagsereignisse. (x…signifikant auf 0,05 Signifikanzniveau).

Über-schirmung	Analyse-ausgabe	Niederschlagsereignis [L/m²]								
		1,50	2,30	5,00	7,45	10,60	15,30	17,40	23,50	49,00
Buche	Sig.				x			x	x	x
	R^2				0,279			0,202	0,237	0,302
Fichte	Sig.	x	x	x	x		x		x	
	R^2	0,125	0,224	0,481	0,265		0,112		0,283	

In der Abbildung 3-9 ist ein Beispiel signifikanter relativer Distanzklasseneinflüsse anhand prozentualer Unterkronenniederschläge aufbereitet. Beginnend mit geringsten Unterkronenniederschlägen im inneren Kronenbereich nimmt die Menge des zum Waldboden gelangenden Niederschlages bis zur Kronenperipherie beider Baumarten allmählich zu.

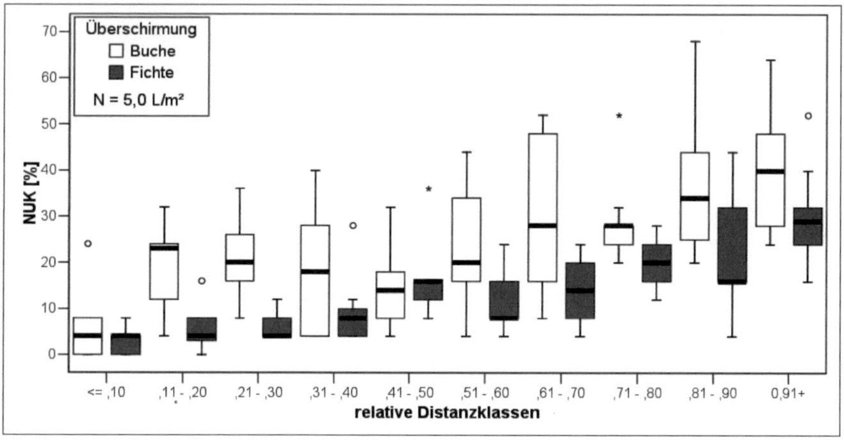

Abbildung 3-9: Boxplots des relativen Unterkronenniederschlages unter Buchen- und Fichtenüberschirmungen in verschiedenen relativen Distanzklassen im Freilandniederschlagsereignis 5,0 L/m².

Generell ergab sich jedoch auch an den Messplatzwerten des Kronenrandes eine deutliche Differenz zwischen Unterkronenniederschlag und Freilandniederschlag. Im Vergleich beider Datensätze ist der nachgewiesene Distanztrend bei der Baumart Fichte straffer. Dies bestätigten die berechneten Varianzanteile der Tabelle 3-5 für diesen speziellen Niederschlagsfall. Es ist zugleich aber auch ein gutes Beispiel für die stets in den Buchenmessplatzdatensätzen des Versuchsbestandes *„Tharandt"* aufgetretenen Datenvariabilitäten, die sich letztendlich auch in der geringeren Anzahl signifikanter Ergebnisse widerspiegeln.

3.2.1.4 Ergebnisse varianzanalytischer Unterkronenniederschlagsanalysen an allen geeigneten Datensätzen

Varianzanalysen zur Quantifizierung des Effektes der Schirmsituation „Lücke":

Die Prüfung zum Einfluss der Messplatzüberschirmung *„Lücke"* erfolgte im Vergleich zu den drei Alternativen Buche, Fichte, Buche-Fichte-gemischt und unter Berücksichtigung des jeweiligen Freilandniederschlagsbetrages. In der einfachen Varianzanalyse wurde hierzu der Freilandniederschlagsbetrag als Kovariate betrachtet. In der Tabelle 3-6 wird deutlich, dass das formulierte Modell signifikant ist und ein Bestimmtheitsmaß von 0,941 erreicht. Sowohl auf die Messplatzansprache als auf den Freilandniederschlagsbetrag entfallen signifikante Varianzanteile. Allerdings prägt die Kovariate Freilandniederschlag den Unterkronenniederschlagsbetrag am expliziten Messplatz vielfach stärker.

Tabelle 3-6: Varianzanalyseergebnis des Einflusses des Faktors Lücke und der Kovariaten Freilandniederschlag auf den Unterkronenniederschlag. Stichprobe für den Faktor per Zufallsauswahl eingekürzt.

Faktor / Kovariate	Fälle	n	Art	LT	Varianzanalyse (univariat)			
					Effekt		Modell	
				sig.	sig.	Eta²	sig.	R²
Lücke	*„ja"*	387	Faktor	x	x	0,115	x	0,941
	„nein"	387						
N [L/m²]		26	Kovariate		x	0,941		

x... **signifikant (0,05 Signifikanzniveau)**

Aufschluss über das letztendlich formulierte Modell gibt die Gleichung 3-1, in die die Parameterschätzungen der Varianzanalyse eingeflossen sind. Nach dieser Schätzung ist davon auszugehen, dass sich jede Steigerung des Freilandniederschlages in gleich bleibenden Steigerungen des Unterkronenniederschlages widerspiegelt. Allerdings gehen hierbei durchschnittlich 12,9 % des Freilandniederschlages verloren. Generell ist innerhalb dieser Dynamik an Messplätzen in Bestandeslücken mit 1,7 L/m² höheren Unterkronenniederschlägen zu rechnen als an überschirmten Messplätzen. Alle Parameterschätzer waren höchst signifikant.

$$NUK_{N,Lücke} = -1{,}87 + N * 0{,}871 \quad \begin{array}{l} +1{,}717;\ wenn\ Lücke = "ja" \\ +0{,}000;\ wenn\ Lücke = "nein" \end{array} \tag{3-1}$$

Diese Resultate werden auch durch die Ergebnisse der Varianzanalyse mit Messwiederholungen gestützt (vgl. Tabelle 3-7). Der stärkere Einfluss des Faktors (Eta² 0,5) wird vermutlich durch die notwendig gewordene Zufallsauswahl geprägt und sollte deshalb nicht überbewertet werden. Eta² des Freilandniederschlages ist in beiden Analysen ähnlich hoch, obwohl der Stichprobenumfang für die zweite Analyse eingekürzt werden musste. Ein unvollständiger Datensatz wurde ausgeschlossen. Zwei weitere Datensätze entstanden bei identischen Freilandniederschlagsbeträgen, so dass notwendige Rangfolgebildungen in der Messwiederholung nur durch den Ausschluss eines Datensatzes ermöglicht werden konnten.

Tabelle 3-7: Ergebnis der Varianzanalyse mit Messwiederholungen zum Einfluss des Faktors Lücke und der Messwiederholungen zum Niederschlag auf den Unterkronenniederschlag. Stichprobe für den Faktor per Zufallsauswahl eingekürzt. (Huynh-Feldt-Signifikanz = 0,085)

Faktor/ Kovariate/ Wdhlg	Fälle	n	Art	LT	Box-M	Mauchly	Varianzanalyse (Wdhlg) Kontrast$_{lin}$		Effekt	
				sig.	sig.	sig.	sig.	Eta²	sig.	Eta²
Lücke	*„ja“*	12	Faktor	x	---	x			x	0,509
	„nein“	14		(9/24)						
N [L/m²]		24	Wdhlg				x	0,962	x	0,972

x... signifikant (0,05 Signifikanzniveau)

Insbesondere aus der Tabelle 3-7 ist zu entnehmen, dass sowohl die Voraussetzung der Homogenität der Varianzen (in 9 von 24 Fällen) als auch die Sphärizität verletzt sind.

Dennoch wird den Analysen wegen vergleichbar großen Stichprobenumfängen, Stichprobengrößen von mehr als 10 und unauffälligen Residuenverteilungen vertraut.

Varianzanalysen zur Quantifizierung der Effekte der Überschirmung durch Buche und Fichte:

Einem sehr ähnlichen Prüfschema unterliegen die Varianzanalysen im Unterkronenniederschlag an Messplätzen unter dem Buchen- und Fichtenkronendach. Die gemeinsame Analyse der Messplatzüberschirmungen bei variablen Freilandniederschlagsbeträgen mündete in einem signifikanten Modell akzeptabler Güte ($R^2 = 0,9$).
Die Tabelle 3-8 gibt allerdings Aufschluss über den erklärenden Charakter der Messplatzüberschirmungsart. Nur etwa 1/100 der Datenvariabilität im aufgenommenen Unterkronenniederschlag kann durch die Art des Kronenschirmes über den Niederschlagsmessplätzen erklärt werden. Dennoch ist dieser Einfluss signifikant und laut Parameterschätzung so ausgerichtet, dass unter Buchenkronen etwa 0,5 L/m² mehr Niederschlag je Niederschlagsereignis den Waldboden erreicht (vgl. Gleichung 3-2). Dieser Überschirmungsunterschied wird deutlich überprägt vom Einfluss der Freilandniederschlagsmenge des Regenereignisses auf den Unterkronenniederschlag. Jede Niederschlagsgabe über dem Kronendach wird zu fast 80 % an den Waldboden weitergegeben. Abweichungen von diesem linearen Trend sind offensichtlich besonders bei schwachen Niederschlagsereignissen vorhanden, da in diesen Fällen durch die Konstante im Modell negative Unterkronenniederschläge prognostiziert werden. Alle Parameterschätzer waren wiederum höchst signifikant.

Tabelle 3-8: Varianzanalyseergebnis des Einflusses des Faktors Überschirmung und der Kovariaten Freilandniederschlag auf den Unterkronenniederschlag.

Faktor / Kovariate	Fälle	n	Art	LT	Varianzanalyse (univariat)			
					Effekt		Modell	
				sig.	sig.	Eta²	sig.	R²
Überschirmung	Buche	1.966	Faktor	x	x	0,009	x	0,908
	Fichte	1.802						
N [L/m²]		26	Kovariate		x	0,908		

x... signifikant (0,05 Signifikanzniveau)

$$NUK_{N,Überschirmung} = -1{,}702 + N*0{,}790 \quad \begin{aligned} &+0{,}507;\ wenn\ Überschirmung = Buche \\ &+0{,}000;\ wenn\ Überschirmung = Fichte \end{aligned} \tag{3-2}$$

Auch die Varianzanalyse mit Messwiederholungen gelangt zu ähnlichen Resultaten (Tabelle 3-9). Eta² des Faktors Überschirmung fällt mit 0,039 etwas höher aus. Generell sind die Anteile erklärter Varianzen in dieser Analyse nochmals höher als in der einfachen Varianzanalyse.

Tabelle 3-9: Ergebnis der Varianzanalyse mit Messwiederholungen zum Einfluss des Faktors Überschirmung und der Messwiederholungen zum Niederschlag auf den Unterkronenniederschlag. (Huynh-Feldt-Signifikanz = 0,095)

Faktor/ Kovariate/ Wdhlg	Fälle	n	Art	LT	Box-M	Mauchly	Varianzanalyse (Wdhlg)			
							Kontrast$_{lin}$		Effekt	
				sig.	sig.	sig.	sig.	Eta²	sig.	Eta²
Ü.schirm.	Buche	66	Faktor	x	x	x			x	0,039
	Fichte	47								
N [L/m²]		24	Wdhlg	(2/24)			x	0,956	x	0,936

x… signifikant (0,05 Signifikanzniveau)

Varianzanalysen zur Quantifizierung der gemeinsamen Effekte der Überschirmung, des Freilandniederschlages und der Distanz des Messplatzes:

Die gemeinsame Berücksichtigung der Einflussgrößen Überschirmung, Freilandniederschlagsbetrag und relative Distanz in einer Varianzanalyse ergab ein Modell mit guten Bestimmtheitsmaß (R^2 = 0,91; vgl. Tabelle 3-10). In der univariaten Varianzanalyse wurde die relative Distanz der Messplätze als zusätzliche Kovariate aufgenommen. Dieser Schritt resultiert in leichten Verbesserungen des Gesamtmodells im Vergleich zur vorhergehenden Analyse ohne Distanzberücksichtigung.

Der nur geringe aber trotzdem höchst signifikante Einfluss der relativen Distanz (Eta² = 0,027) äußert sich laut Parameterschätzung in zusätzlichen Unterkronenniederschlagsgaben, je weiter entfernt Messplätze vom Stammfuß des relevanten Baumes positioniert wurden. Die Gleichung 3-3 verdeutlicht, dass im Vergleich zu baumzentral aufgestellten Niederschlagssammlern unter beiden Baumarten am Kronenrand etwa 1,6 L/m² mehr Niederschlag erwartet werden kann. Am generellen Unterschied der Überschirmungen der Messplätze und der anteiligen Abgabe des Freilandniederschlages an den Waldboden im Modell treten durch die zusätzliche Berücksichtigung der relativen Distanz nur sehr geringe Veränderungen ein. Das Modell erscheint trotz höherer Komplexität ausreichend stabil.

Tabelle 3-10: Varianzanalyseergebnis des Einflusses des Faktors Überschirmung und der Kovariaten Freilandniederschlag und relative Distanz auf den Unterkronenniederschlag.

Faktor / Kovariate	Fälle	n	Art	Varianzanalyse (univariat)				
				LT	Effekt		Modell	
				sig.	sig.	Eta²	sig.	R²
Überschirmung	Buche Fichte	1.966 1.802	Faktor	x	x	0,010	x	0,910
rel. Distanz	0 - 1		Kovariate		x	0,027		
N [L/m²]		26	Kovariate		x	0,910		

x... signifikant (0,05 Signifikanzniveau)

$$
\begin{aligned}
NUK_{N,relDist,Überschirmung} &= -2{,}499 + N * 0{,}790 + relDist * 1{,}559 \\
&+ 0{,}535;\ wenn\ Überschirmung = Buche \\
&+ 0{,}000;\ wenn\ Überschirmung = Fichte
\end{aligned}
\tag{3-3}
$$

Neben der Abbildung 3-10, die wiedergibt, dass die Verteilung der Residuen unabhängig von der Vorhersage ist, lassen auch die hohen Stichprobenzahlen ein robustes Varianzanalyseresultat vermuten.

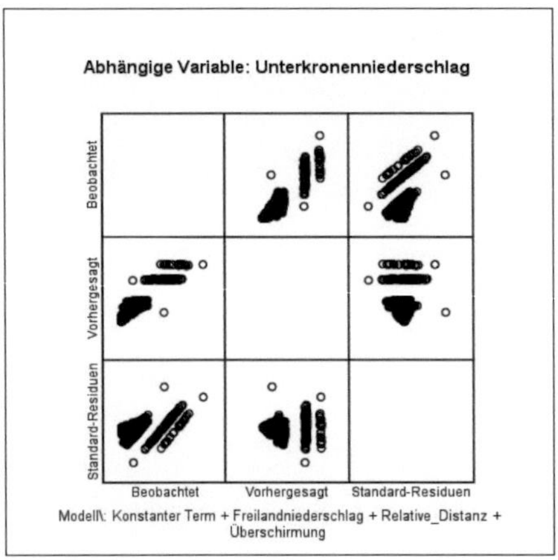

Abbildung 3-10: Residuendiagramm zur univariaten Varianzanalyse zum Einfluss der Überschirmung, des Freilandniederschlagsbetrages und der relativen Messplatzdistanz auf den Unterkronenniederschlag.

Die Prozedur der Varianzanalyse mit Messwiederholung (Tabelle 3-11) bestätigt die Ergebnisse der univariaten Varianzanalyse weitestgehend. Sie teilt der zusätzlichen Kovariaten relative Distanz jedoch einen viel höheren erklärenden Beitrag zu. Insgesamt werden auch in der Varianzanalyse mit Messwiederholungen signifikante Effekte der untersuchten Faktoren, Kovariaten und Messwiederholungen identifiziert.

Dieses letzte Varianzanalysemodell erhält aufgrund der Integration der relativen Distanz als Kovariate den Charakter eines ersten einfachen räumlichen Modells der Umverteilung variabler Freilandniederschlagsmengen unter den Kronen von Buchen und Fichten. Durch Auflösung der Gleichung 2-1 kann bei bekanntem Kronenradius an expliziten Positionen unter dem Kronendach beider Baumarten die Unterkronenniederschlagsmenge eines definierten Niederschlagsereignisses geschätzt werden. Die zu erwartende Qualität dieser Schätzung orientiert sich dabei am Bestimmtheitsmaß des Modells.

Tabelle 3-11: Ergebnis der Varianzanalyse mit Messwiederholungen zum Einfluss des Faktors Überschirmung, der Kovariaten relative Distanz und der Messwiederholungen zum Niederschlag auf den Unterkronenniederschlag. (Huynh-Feldt-Signifikanz = 0,097)

Faktor/ Kovariate/ Wdhlg	Fälle	n	Art	LT	Box-M	Mauchly	Varianzanalyse (Wdhlg)			
							Kontrast$_{lin}$		Effekt	
				sig.	sig.	sig.	sig.	Eta²	sig.	Eta²
Ü.schirm.	Buche Fichte	66 47	Faktor	x	x	x			x	0,059
rel.Distanz	0 - 1		Kovariate	(6/24)					x	0,228
N [L/m²]		24	Wdhlg				x	0,834	x	0,766

x... signifikant (0,05 Signifikanzniveau)

Die Dominanz des Einflusses der Freilandniederschlagsmenge in allen vorgestellten Varianzanalysen macht deutlich, welche Bedeutung dem Niederschlageintrag über dem Kronendach bzw. dessen Charakteristik in untersuchten Zeitspannen für die Niederschlagsumverteilung im Bestand beizumessen ist. Im Vergleich der Eta²-Verteilungen innerhalb der einzelnen Varianzanalysen nimmt die über dem Messplatz wirkende Überschirmung stets den geringsten Anteil erklärter Varianz ein. Wesentlich höhere Streuungen im Datensatz lassen sich durch die relative Distanz unter der Krone und vor allem durch den Freilandniederschlagseintrag erklären.

Mit Hilfe der Varianzanalyse lässt sich aber leider nicht klären, welche Dynamiken und Prozesse in der Niederschlagsumverteilung im Wald tatsächlich hinterlegt sind. Derartige Kausalanalysen auf Basis der Varianzanalyse bleiben zudem stets auf lineare Beziehungen in der Analyseprozedur beschränkt. Einen detaillierteren Einblick in die Prozesse der Niederschlagsumverteilung gibt hingegen die regressionsanalytische Unterkronenniederschlagsanalyse.

3.2.1.5 Ergebnisse regressionsanalytischer Unterkronenniederschlagsanalysen an allen geeigneten Datensätzen

An den insgesamt 175 Niederschlagsmessplätzen konnten jeweils in den Punktwolken des Unterkronen- und Freilandniederschlages fast ausnahmslos Kurvenanpassungen hervorragender Güte vorgenommen werden. Insgesamt wurden Regressionsanalysen in mindestens 17 – überwiegend sogar in 26 – Stichproben-Punktwolken durchgeführt (Tabelle 3-12). Nur an den 15 Messplätzen des etwas später angelegten Teilversuches beschränkten sich die Niederschlagsaufnahmen auf 17 Einzelmessungen. Außerdem mussten an 27 Messplätzen Abweichungen in Kauf genommen werden, an denen Datenausfälle vorgekommen waren.

Tabelle 3-12: Überblick zum Stichprobenumfang und zur Güte der Anpassungen der Gleichungen 2-10, 2-16 und 2-19 in den Punktwolken des Freilandniederschlages und des Unterkronenniederschlages am expliziten Messplatz.

Stichprobenumfang		R^2 der Kurvenanpassungen nach den Gleichungen:					
		2-10		2-16		2-19	
$n_{Punktwolke}$	$n_{Messplatz}$	$\overline{X}$	s	$\overline{X}$	s	$\overline{X}$	s
17	15						
25	27	0,968	0,026	0,813	0,114	0,946	0,052
26	133						
Summe	175						

Die Tabelle 3-12 informiert neben dem Stichprobenumfang außerdem über die erreichten mittleren Bestimmtheitsmaße der Regressionsanalysen und deren Streuungen für die Gleichungen 2-10, 2-16 und 2-19. Insbesondere die nichtlineare Funktion der Gleichung 2-10 und auch die lineare Funktion nach der Gleichung 2-19 konnten mit Bestimmtheitsmaßen deutlich über 0,9 angepasst werden. Lediglich an einem Messplatz wurden ungenügende Kurvenanpassungen festgestellt. Der dazu gehörende Datensatz wurde aus weiteren Analysen ausgeschlossen. Abgesehen von dieser Ausnahme waren alle Regressionsresultate signifikant.

Ergebnisse der Regressionsanalysen zur Aufteilung des Niederschlages in einzelne Niederschlagsterme:

In der Abbildung 3-11 sind die einzelnen Resultate zum Umverteilungsprozess des Niederschlages im belaubten Kronenzustand anhand einer Beispielsrechnung für den Freilandniederschlagswert von 50 L/m² bilanziert und über alle Messplätze des Versuches zusammengefasst. Im Vergleich der möglichen Überschirmungssituationen im Versuchsbestand treten charakteristische Niederschlagsaufteilungen auf. Die Einschränkung der Gültigkeit dieser Aufteilung auf das spezifische Niederschlagsereignis konkreter Niederschlagsmenge wird an dieser Stelle nochmals ausdrücklich betont. Die explizite Verteilung des Freilandniederschlages auf einzelne Niederschlagsterme ergibt sich aus den Parametrisierungen der Gleichungen 2-10ff und ist Inhalt der folgenden Seiten.

In Bestandeslücken setzt sich der Unterkronenniederschlag fast vollständig aus durchfallenden Niederschlagsmengen zusammen. Durch die geringfügigen Beiträge an absoluten Kronenspeicherkapazitäten, lateralem Wasserentzug und abtropfendem Niederschlag können Schlussfolgerungen auf Randeffekte aus umgebenden Kronenflächen oder auch auf Mess- und Parametrisierungsungenauigkeiten gezogen werden. Nur an wenigen Stichprobenpunkten in Bestandeslücken lassen sich die vermuteten 50 L/m² im Unterkronenniederschlag herleiten. Prinzipiell weicht die Niederschlagsumverteilung in Lücken selbstverständlich von der Dynamik unter Kroneneinfluss ab.
Die Niederschlagsterme unter buchen-fichten-gemischten Kronensituationen nehmen ähnliche Wertebereiche ein wie die an fichtendominierten Messplätzen. Abtropfende und durchfallende Niederschlagsmengen sind in beiden Varianten etwa gleich und übertreffen im speziellen dargestellten Niederschlagsereignis im Betrag den Wasserverlust im Kronenspeicher mehrfach. An Buchenmessplätzen überwiegt hingegen die Menge durchfallenden Niederschlages alle anderen Niederschlagsterme. Abtropfender Niederschlag tritt im Vergleich dazu weniger intensiv auf und wird gelegentlich sogar vom Betrag lateraler Wasserentzüge überragt.

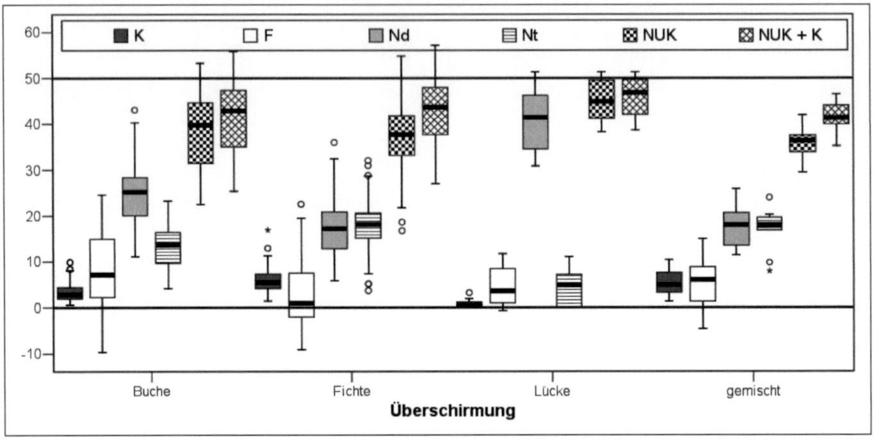

Abbildung 3-11: Boxplots zur berechneten Verteilung der Freilandniederschlagsmenge in Höhe von 50 L/m² auf die Kronenspeicherkapazität (K), den lateralen Fluss (F), den durchfallenden Niederschlag (Nd), den abtropfenden Niederschlag (Nt), den Unterkronenniederschlag (NUK) und auf die Summe aus Unterkronenniederschlag und Kronenspeicherkapazität (NUK + K) bei verschiedenen Überschirmungen.

Insgesamt treten in den Niederschlagstermen der buchen- bzw. fichtenbeeinflussten Messplätze die größten Datenstreuungen in den Vordergrund, deren ursächliche Beziehungen zur besonderen Kronenposition im Folgenden beschrieben, visualisiert und geprüft wird. Eine Zusammenstellung aller Parameterschätzer zu den Gleichungen 2-10ff ist in der Anlage 3-3 zu finden.

Ergebnisse der Regressionsanalysen, um die Niederschlagsmenge zu ermitteln, die zur vollständigen Sättigung der absoluten Kronenspeicherkapazität erforderlich ist:

Die Sättigung des Kronenspeichers wurde am expliziten Messplatz bei sehr unterschiedlichen Freilandniederschlagsmengen erreicht (Abbildung 3-12). Maßgeblich zur Berechnung dieser Niederschlagsmenge war die erfolgreiche Anpassung des Gleichungsparameters a aus der Gleichung 2-10. In der Abbildung 3-12 ist gut zu erkennen, dass unabhängig von der Position des Niederschlagssammlers unter der Krone generell höhere Niederschlagsgaben notwendig waren, um die Kronenspeicherkapazität der Fichtenkrone zu erreichen als für die Buche. Während 1/a in Lückenmessungen wie erwartet nahe Null ist, nimmt die notwendige Niederschlagsmenge in buchen-fichten-gemischten Messplätzen intermediäre Werte an.

Unmittelbar in Stammnähe einzelner Fichten waren nicht selten Niederschlagsereignisse von über 30 L/m² notwendig, um die absolute Kronenspeicherkapazität zu erreichen. Mit zunehmender Distanz nahm dieser Wert für die Fichte ab. In Buchenkronen war dieser Distanztrend kaum festzustellen. Die notwendige Freilandniederschlagsmenge zur Sättigung der Kronenspeicherkapazität von Buchenkronen betrug etwa 5 bis 10 L/m² und streute stark hinsichtlich der Position des Messplatzes.

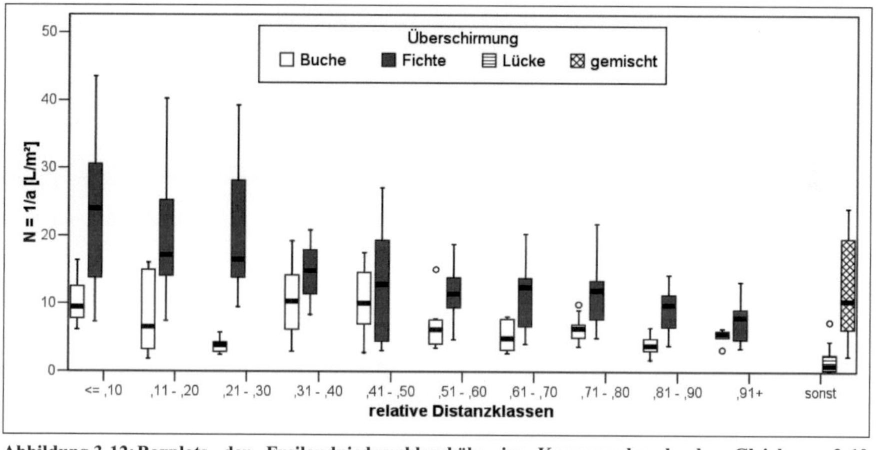

Abbildung 3-12: Boxplots der Freilandniederschlagshöhe im Kurvenumbruch der Gleichung 2-10 differenziert nach Überschirmung und relativen Distanzklassen der Messplätze.

Ergebnisse der Regressionsanalysen zur absoluten Kronenspeicherkapazität:

Die Ergebnisse zu der im Anschluss berechneten absoluten Speicherkapazität des Kronendaches über einzelnen Messplätzen sind in der Abbildung 3-13 aufbereitet. Lediglich in der Stammnähe von Fichten werden absolute Kronenspeicherkapazitäten von mehr als 10 L/m² erreicht. Bereits in der nächstfolgenden Distanzklasse geht die absolute Kronenspeicherkapazität der Fichte eher in einen sockelartigen Verlauf über. Sie bleibt anschließend bis zur Kronenperipherie relativ konstant bei Werten von etwa 5 L/m².

Das distanzabhängige Speichervermögen spezieller Kronenbereiche von Buchen hinterlässt einen bimodalen Eindruck. Während im inneren Kronendrittel auch absolute Speicherkapazitäten über 5 L/m² erreicht wurden, sanken die Werte im Übergang zum mittleren Kronendrittel abrupt ab, um schließlich erneut zuzunehmen und im äußeren Kronendrittel allmählich auszulaufen. Gerade die Streumaße um den Median dieser jähen Änderung sind auffallend gering. In Lückenmessungen wurden erwartungsgemäß vernachlässigend geringe absolute Kronenspeicherkapazitäten verzeichnet.

Die Mittelwerte einzelner Speicherkapazitäten sowohl der Überschirmungen durch Buche als auch der durch Fichte in verschiedenen Distanzklassen unterscheiden sich nach dem Brown-Forsythe-Test signifikant. Nach einer einfachen Varianzanalyse ist dabei von einem signifikanten Einfluss der Überschirmung und der Distanzklasse auszugehen. Das getestete Modell, in dem lediglich ein linearer Distanztrend berücksichtigt werden kann, erklärt jedoch nur 34 % der Datenstreuungen.

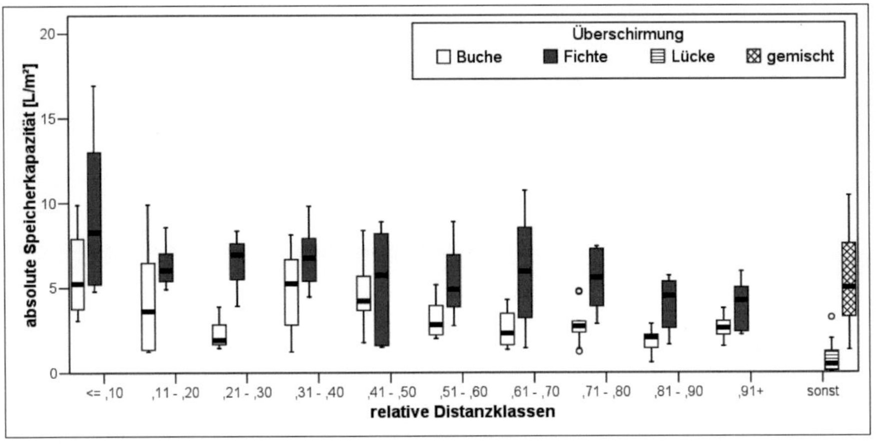

Abbildung 3-13: Boxplots absoluter Speicherkapazitäten nach Gleichung 2-12 differenziert nach Überschirmung und relativen Distanzklassen der Messplätze.

<u>Ergebnisse der Regressionsanalysen zum Hinweis auf laterale Flüsse:</u>

Indizien für das Auftreten lateraler Flüsse am expliziten Messplatz lieferte der Steigungsparameter b der Gleichung 2-10 bzw. dessen Linearisierung in der Niederschlagsspanne vom Kurvenumbruch (1/a) bis zu Freilandniederschlägen von 50 L/m².

Der Vergleich des tatsächlich angepassten Steigungsparameters b mit seiner linearisierten Form b_{lin} überzeugt durch eine höchst signifikante Korrelation und einen Korrelationskoeffizienten von 0,988.

b_{lin}-Werte von etwa 1 weisen auf keine bzw. nur sehr geringfügige laterale Wasserbewegungen am Messplatz hin. Dieser Befund gilt nach der Abbildung 3-14 weitestgehend für die Messplätze in Lücken sowie unter mittleren Kronenbereichen beider Baumarten. Am Kronenrand beider Baumarten konnten klare Tendenzen zur Wasserableitung gefunden werden. Da sich auch Kronenüberlappungen beider Baumarten meist auf den äußeren Kronenbereich beschränken, war die Tendenz der gemischten Überschirmung zu Wasserentzug zu erwarten.

Insbesondere im inneren Kronenbereich der Buche stellten sich deutliche laterale Wassertransporte ein, bei denen Niederschlagswasser am Messplatz verloren ging. Dieser Wassertransport endete abrupt in der Unterstichprobe der relativen Distanzklasse 0,31 – 0,4. Unter Fichtenkronen scheint stammnah eine erhebliche Variation lateraler Flüsse vorhanden zu sein, die sich im Durchschnitt nivelliert. Im Umfeld der Stammzone sind jedoch in den beiden folgenden Distanzklassen fast ständig zusätzliche Niederschlagseinträge zu beobachten.

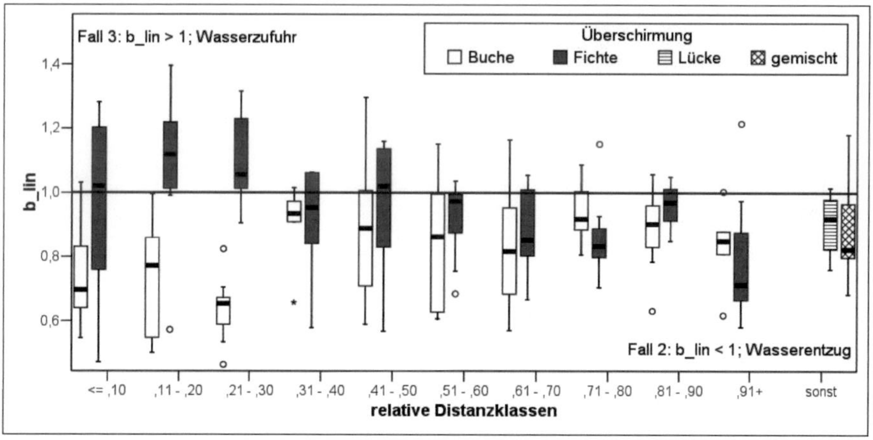

Abbildung 3-14: Boxplots des linearisierten Steigungsparameters b_{lin} differenziert nach Überschirmung und relativen Distanzklassen der Messplätze. b_{lin} gibt die anteilige Verteilung des Freilandniederschlages nach abgeschlossener Kronenspeichersättigung an den lateralen Fluss wieder.

Ergebnisse der Regressionsanalysen zum lateralen Fluss:

Letztendlich kann der Trend zur lateralen Wasserbewegung in der Krone nicht entkoppelt von der Freilandniederschlagsmenge betrachtet werden. Erst nach der Sättigung der Speicherkapazität der Krone sind deutliche laterale Wasserbewegungen zu erwarten. Der laterale Fluss wurde deshalb orientiert an der Gleichung 2-18 für Feilandniederschläge von 20, 35 und 50 L/m² berechnet (Abbildungen 3-15, 3-16 und 3-17).

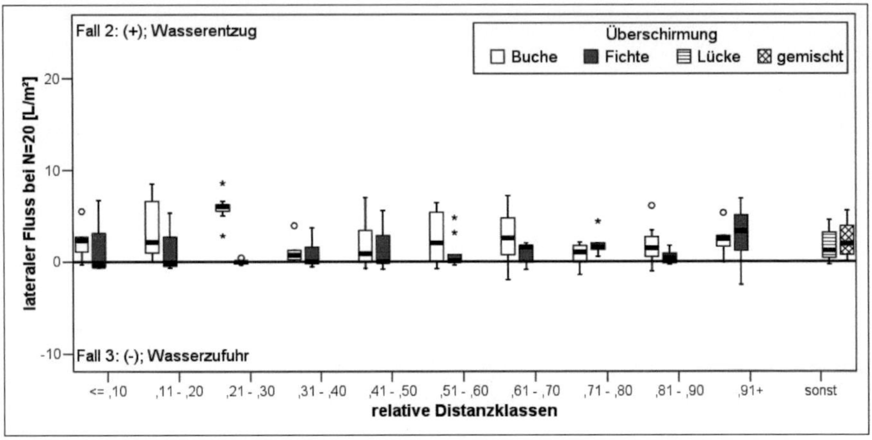

Abbildung 3-15: Boxplots berechneter lateraler Flüsse für Niederschlagsereignisse von 20 L/m² differenziert nach Überschirmung und relativen Distanzklassen der Messplätze.

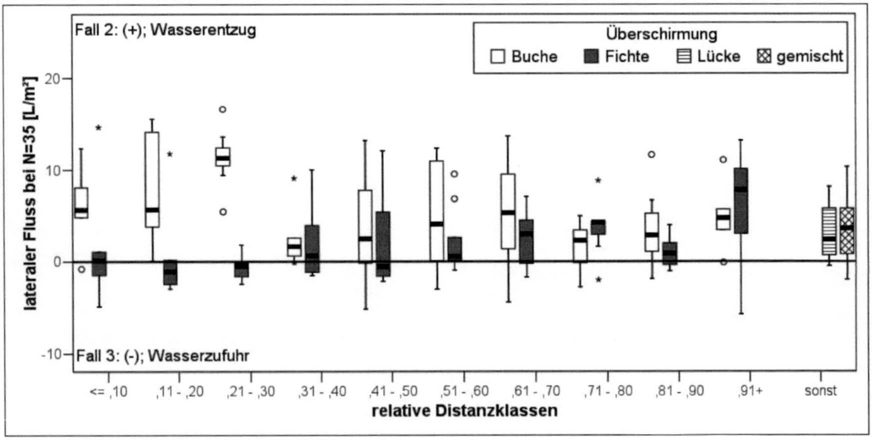

Abbildung 3-16: Boxplots berechneter lateraler Flüsse für Niederschlagsereignisse von 35 L/m² differenziert nach Überschirmung und relativen Distanzklassen der Messplätze.

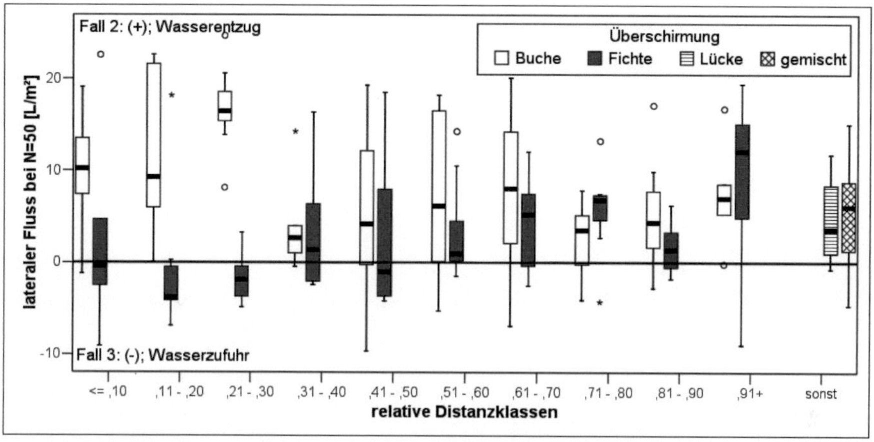

Abbildung 3-17: Boxplots berechneter lateraler Flüsse für Niederschlagsereignisse von 50 L/m² differenziert nach Überschirmung und relativen Distanzklassen der Messplätze.

Gemäß der Niederschlagsbeträge, die am Messplatz notwendig waren, um die Kronenspeicherkapazität zu sättigen, liegen in diesen Abbildungen Stichprobenveränderungen vor, da nur Messplätze Berücksichtigung fanden, bei denen bereits der Sättigungsprozess abgeschlossen war. Diese Einschränkung dürfte maßgeblich dafür verantwortlich sein, dass für 20 L/m² Niederschlagsereignisse fast ausnahmslos laterale Wasserentzüge berechnet wurden (vgl. Abbildung 3-15).

Bei Freilandniederschlägen von 35 L/m² (Abbildung 3-16) und 50 L/m² (Abbildung 3-17) sind hohe Wasserentzüge im inneren Kronendrittel unter Buchenkronen zu beobachten. Daneben stellen sich im mittleren Kronenbereich geringere Wasserableitungen ein. An der Kronenperipherie treten Wasserableitungen nicht nur unter Buchenkronen sondern auch unter Fichte auf. Im Vergleich zur Buche sind die lateralen Flüsse unter Fichtenkronen im Allgemeinen aber eher gering und häufig sogar indifferent. Nur im inneren Kronendrittel sind in zwei Distanzklassen etwas deutlichere Wasserzufuhren berechnet wurden, während im Übergang zum äußeren Kronendrittel einmal lateraler Wasserentzug sichtbar ist.

Innerhalb der lateralen Flüsse bei 50 L/m² Freilandniederschlag sind mit dem Kruskal-Wallis-Test signifikante Mittelwertunterschiede in den Schirmsituationen Buche und Fichte festgestellt worden. Aufgrund nicht stets vorhandener Normalverteilungen in den einzelnen Verteilungen konnten die Unterschiede jedoch nicht in Post-Hoc-Tests näher lokalisiert werden.

Ergebnisse zum linearen Ansatz zur Beschreibung der Unterkronenniederschlagsdynamik bei Freilandniederschlagsbeträgen über 10 L/m²:

Der Vergleich des Steigungsparameters b_{lin} aus der nichtlinearen Gleichung 2-10 und dem Parameter f der linearen Gleichung 2-19 sollte Hinweise liefern, inwieweit die Dynamik zwischen Unterkronenniederschlag und Freilandniederschlag bei verhältnismäßig hohen Freilandniederschlagsbeträgen auch durch einfache lineare Beziehungen dokumentiert werden kann.

Tatsächlich sind beide Parameter stark korreliert. Die Gleichung 3-4 gibt die ermittelte Beziehung wieder. Die Relation beider Parameter ist höchst signifikant und erklärt 99,7% der Datenvariabilität. Obwohl der Regressionskoeffizient fast identische Parameterwerte ausweist, wird in der Residuenkontrolle deutlich, dass besonders hohe b_{lin}-Werte nicht durch entsprechende Beträge des Parameters f wiedergegeben werden (vgl. Abbildung 3-18). Diese Fälle beschränken sich auf fichtenbeeinflusste Messplätze mit starkem lateralem Wasserzufluss. Das lineare Gleichungssystem 2-19 kann dieser Dynamik, die vermutlich noch zusätzlich mit sehr hohen Kronenspeicherkapazitäten kombiniert ist, offensichtlich weniger gut gerecht werden. Schuld daran kann u.a. die pauschale Annahme aus der Gleichung 2-19 sein, dass ab 10 L/m² Freilandniederschlag alle Kronenspeicherkapazitäten erreicht sein sollten.

$$f = 0{,}972 * b_{lin} \tag{3-4}$$

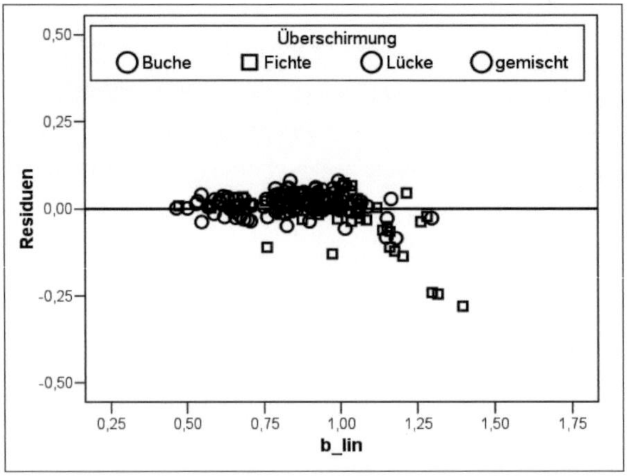

Abbildung 3-18: Residuen der linearen Anpassung des Zusammenhanges zwischen b_{lin} und f aus der Gleichung 2-19. (Nur die Residuen der Überschirmung durch Fichte sind mit Vierecksymbolen dargestellt).

Ergebnisse der Regressionsanalysen zum durchfallenden Niederschlagsanteil bei Freilandniederschlagsbeträgen kleiner 7,5 L/m²:

Der durch die separate Parametrisierung der Gleichung 2-16 an allen Messplätzen berechnete Wert für c ist in der Abbildung 3-19 dargestellt. C kann im Sinne der Gleichung 2-16 als Anteil des Niederschlages über dem Kronendach verstanden werden, der als durchfallender Niederschlag am Waldboden angelangt ist.

Insgesamt lag dieser Anteil in der Wertespanne von etwa 10 bis 100 % in der Aufnahme vor. Besonders hohe durchfallende Niederschläge traten in Lückenmessungen auf. An überschirmten Messplätzen war c deutlich kleiner und nahm unter beiden Baumarten von Stammfußnähe bis zum Kronenrand kontinuierlich zu.

Der Anteil durchfallenden Niederschlages nahm innerhalb einzelner relativer Distanzklassen fast ständig höhere Werte unter Buchenkronen ein. Angesichts der vermuteten räumlichen Variabilität kleinster Kronenlücken im Bestand war die Streuung einzelner Messungen um den Median überraschend gering. In einer einfachen Varianzanalyse wurden der baumartspezifischen Überschirmung und dem Faktor relative Distanz höchst signifikante Einflüsse zugesprochen, die gemeinsam etwa 40 % der Varianz erklären.

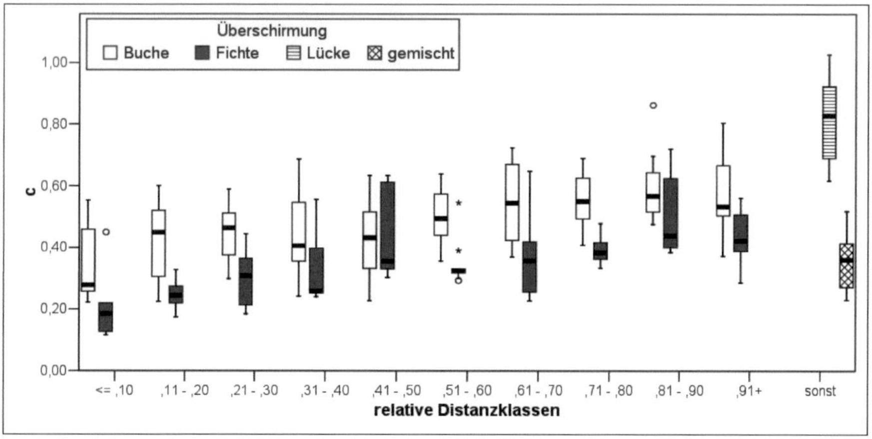

Abbildung 3-19: Boxplots des Parameter c zur anteiligen Verteilung des Freilandniederschlages an den durchfallenden Niederschlag aus der Gleichung 2-16 differenziert nach Überschirmung und relativen Distanzklassen der Messplätze.

Ergebnisse der Regressionsanalysen zum abtropfenden Niederschlagsanteil am Freilandniederschlag:

Der durch die Gleichung 2-17 berechnete Parameter d gibt Aufschluss über das Verhältnis abtropfenden Niederschlages zur Freilandniederschlagsmenge im Anschluss an die vollständige Sättigung der Kronenspeicherkapazität am Messplatz.

Danach trat an lückendominierten Messplätzen kaum abtropfender Niederschlag auf (vgl. Abbildung 3-20). Dem gegenüber ist unter Fichtenkronen mit erheblichen abtropfenden Niederschlagsanteilen zu rechnen. Während im Anschluss an den Sättigungsprozess der Kronenspeicherkapazität in der stammnahen Kronenzone durchaus mehr als 70 % des Freilandniederschlages zum abtropfenden Niederschlag umverteilt werden, sind es mit zunehmender Distanz kontinuierlich geringere Anteile und letztlich am Kronenrand nur noch etwa 40 %. Unter Buchenkronen ist hingegen kein einheitlicher Distanztrend sondern eher Bimodalität festzustellen. Der Anteil abtropfenden Niederschlages schwankt im Bereich von 30-40 %. Im inneren und im mittleren Kronendrittel werden aber separate abnehmende Distanzdynamiken angedeutet.

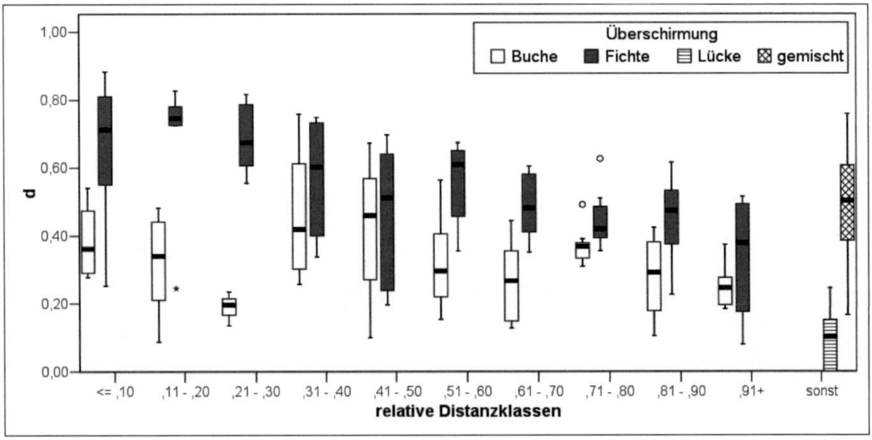

Abbildung 3-20: Boxplots des Parameter d zur anteiligen Verteilung des Freilandniederschlages nach abgeschlossener Kronenspeichersättigung an den abtropfenden Niederschlag aus der Gleichung 2-17 differenziert nach Überschirmung und relativen Distanzklassen der Messplätze.

3.2.1.6 Einzelbaumbasierte räumliche Modelle zur Verteilung des Unterkronenniederschlages und dessen Niederschlagskomponenten

Letztendlich lassen sich aus den regressionsanalytischen Ergebnissen einzelbaumbasierte räumliche Modelle verallgemeinern. Signifikante lineare Zusammenhänge einzelner Niederschlagsparameter zur relativen Distanz ließen sich fast immer für beide Überschirmungssituationen bestätigen (vgl. Tabelle 3-13). Lediglich für den Anteil abtropfenden Niederschlages unter dem Kronendach von Buchen konnte kein signifikanter linearer Distanztrend festgestellt werden. Deshalb musste in der Modellbildung auf den arithmetischen Mittelwert zurückgegriffen werden ($\bar{d}$ =0,3208). Die gelegentlich sehr geringen Bestimmtheitsmaße der Beziehungen bestätigen das hohe Maß an Datenvariabilität in den Ausgangsdatensätzen, das bereits in den vorhergehenden Box-Plot-Grafiken visualisiert wurde. Dennoch wurde auf die Signifikanzprüfung des F-Tests vertraut.

Die absolute Kronenspeicherkapazität ist in Buchen- und Fichtenkronen lediglich variabel hinsichtlich möglicher Messplatzpositionen. Die erfolgreiche Anpassung linearer Schätzformeln dieser Beziehungen (vgl. hierzu Tabelle 3-13) darf jedoch nicht über die Variabilität innerhalb der Beobachtungen hinweg täuschen. In der Abbildung 3-21 sind deshalb die Messwerte und die linearen Ausgleichsgeraden für Buche und Fichte abgebildet.

Obwohl beide Beziehungen signifikant und gleichgerichtet sind, ist die Streuung in den Punktwolken auffällig. Auch alternative Ausgleichsfunktionen konnten dieser Variabilität nicht wesentlich besser gerecht werden. Dennoch wird insgesamt deutlich, dass das absolute Speichervermögen in Buchenkronen dem der Fichte unterlegen ist. Während in Buchenkronen Speicherleistungen von etwa 2,5 bis 5 L/m² vorlagen, wurden in Fichtenkronen Wasserspeicherungen zwischen 4 und 7 L/m² erreicht. In einzelnen Beobachtungen wurden diese mittleren Werte erheblich über- und unterschritten.

Insgesamt ist in den Kronen beider Baumarten auch am Kronenrand mit nennenswerten absoluten Niederschlagsspeicherleistungen zu rechnen. Ein allmählicher Abfall zu Nullwerten am Kronenrand war nur an wenigen einzelnen Messplätzen zu erkennen. Allgemeine einzelbaumorientierte räumliche Modelle der absoluten Kronenspeicherkapazität sollten dies z.B. in Form stufiger Modelle berücksichtigen. Von Extrapolationen der linearen Gleichungen in den Raumbereich außerhalb der Krone muss dabei aufgrund der Befunde zur Speicherleistung in Lücken unbedingt abgeraten werden.

Tabelle 3-13: Schätzformeln, Bestimmtheitsmaße und Signifikanz des F-Tests für die linearen Trendanalysen zwischen relativer Distanz und der notwendigen Freilandniederschlagsmenge zur Sättigung der Kronenspeicherkapazität (1/a), der absoluten Kronenspeicherkapazität (K), dem Anteil des durchfallenden Niederschlages (c), dem Anteil des abtropfenden Niederschlages (d) und dem Anteil lateralen Flusses (e) jeweils für die Schirmsituationen Buche und Fichte.

Parameter	Überschirmung	Schätzformel	R^2	Sig.
1/a	Buche	$1/a_{relDist} = -4{,}3633 * relDist + 9{,}0921$	0,079	0,014
	Fichte	$1/a_{relDist} = -17{,}026 * relDist + 23{,}099$	0,322	0,000
K	Buche	$K_{relDist} = -3{,}0192 * relDist + 4{,}9239$	0,155	0,000
	Fichte	$K_{relDist} = -4{,}3156 * relDist + 8{,}0551$	0,221	0,000
c	Buche	$c_{relDist} = 0{,}2535 * relDist + 0{,}3639$	0,252	0,000
	Fichte	$c_{relDist} = 0{,}2508 * relDist + 0{,}2277$	0,336	0,000
d	Buche	$d_{relDist} = -0{,}0388 * relDist + 0{,}3400$	0,005	0,525
	Fichte	$d_{relDist} = -0{,}3841 * relDist + 0{,}7303$	0,351	0,000
e	Buche	$e_{relDist} = -0{,}2266 * relDist + 0{,}2900$	0,119	0,002
	Fichte	$e_{relDist} = 0{,}2591 * relDist - 0{,}0722$	0,149	0,001

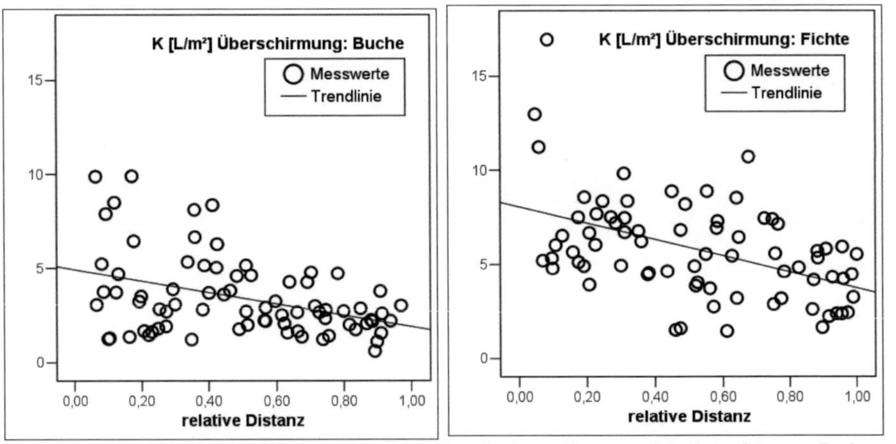

Abbildung 3-21: Messwerte und linearer Ausgleich der absoluten Kronenspeicherkapazität von Buche (links, $R^2 = 0{,}155$) und Fichte (rechts, $R^2 = 0{,}222$) in Relation zur relativen Distanz.

Ähnlich hohe Unsicherheiten trotz erfolgreicher Parametrisierung der linearen Funktionen sind für den lateralen Fluss in Gestalt des Parameters e festzustellen (vgl. Abbildung 3-22). Die linearen Distanztrends beider Baumarten verlaufen hierbei jedoch entgegengesetzt. Während in Buchenkronen stets Wasserentzug prognostiziert wird, sind in Fichtenkronen auch geringe Wasserzuführungen im inneren Kronendrittel sehr wahrscheinlich. Mit zunehmender Entfernung vom Stammfuß neigen Fichtenkronen offensichtlich zur Wasserableitung, während am Kronenrand der Buche kaum noch laterale Flüsse festgestellt wurden. Zugleich erklärt die Abbildung 3-22 zum Anteil des lateralen Flusses am jeweiligen Freilandniederschlag bei der Buche, dass der vermeintlich drastische Wertesprung von der relativen Distanzklasse 3 zur 4 aus den vorhergegangenen Box-Plot-Betrachtungen ein Resultat der Klasseneinteilung war. Die Punktwolke und deren linearer Ausgleich macht auf Basis intervallskalierter relativer Distanzen deutlich, dass laterale Wasserentzüge beim Übergang vom inneren Kronendrittel der Buche nach Außen keineswegs abrupt abreißen. Auch im mittleren und äußeren Kronendrittel treten Wasserentzüge in schwächerer Form weiterhin auf.

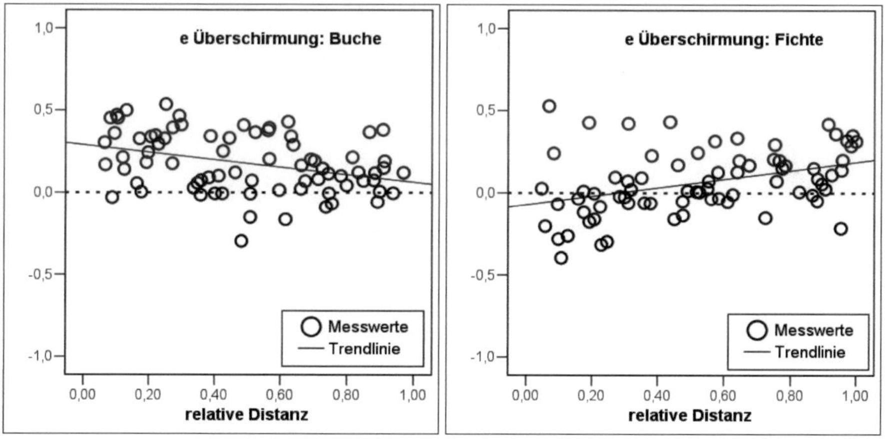

Abbildung 3-22: Messwerte und linearer Ausgleich des Parameters e für den Anteil des lateralen Flusses am Freilandniederschlag bei Buche (links, R^2 = 0,119) und Fichte (rechts, R^2 = 0,149) in Relation zur relativen Distanz. Positive Werte für e entsprechen Wasserentzug.

Die in der Tabelle 3-13 präsentierten Distanzabhängigkeiten sind zusätzlich mit der Dimension der Freilandniederschlagsmenge zu verknüpfen. Dies gilt nur für die Größen 1/a und die absolute Kronenspeicherkapazität nicht, da diese in Relation zum Freilandnieder-

schlag Festwerte darstellen. Abtropfende Niederschläge und laterale Flüsse treten dagegen erst mit Verzögerung auf, während der Parameter für den durchfallenden Niederschlag unmittelbar mit der Freilandniederschlagsmenge multipliziert werden kann.
Die additive Verknüpfung dieser drei Niederschlagsterme zum Unterkronenniederschlag ist auf Fälle beschränkt, in denen lateraler Fluss zum Unterkronenniederschlag beiträgt. Aus der Tabelle 3-13 ist abzulesen, dass dies lediglich für den Unterkronenniederschlag unter Fichten in geringen relativen Distanzen zum Stammfuß zutrifft (e > 0 gilt laut Gleichungsumstellung in relativen Distanzen von 0 bis 0,28).

In der Abbildung 3-23 ist diese verallgemeinerte Distanz- und Freilandniederschlagsdynamik des lateralen Flusses unter Fichtenkronen dargestellt. Beiträge des lateralen Flusses zum Unterkronenniederschlag beschränken sich auf das innere Kronendrittel. Die insgesamt sehr geringe Bedeutung des lateralen Flusses am Unterkronenniederschlag unter Fichten ergibt sich aus den geringen Werten der linearisierten Funktion des Flussparameters e, der letztlich als Schätzung des durchschnittlichen lateralen Flusses in ähnlichen Positionen unter der Krone von Fichten Extremwerte und Einzelfallstreuungen in beide Richtungen der Flusswirkung vereint und homogenisiert und darüber hinaus lediglich einen linearen Distanztrend berücksichtigt.

Abbildung 3-23: Regressionsmodell für die ausschließliche Wasserzuführung aus lateralem Fluss für die Schirmsituation Fichte in Abhängigkeit vom Freilandniederschlagsbetrag und von der relativen Distanz zum Stamm.

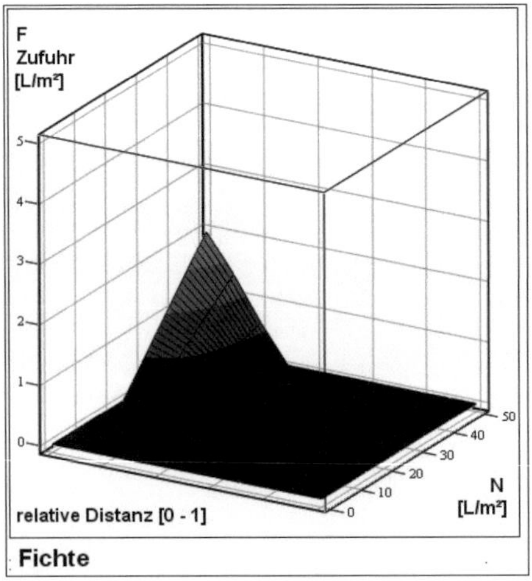

Die Integration der Freilandniederschlagsdimension in die Generierung lateraler Flüsse i.S.v. Wasserentzügen ist in der Abbildung 3-24 realisiert. Es ist gut abzulesen, dass Buchenkronen vorrangig im inneren Kronenbereich zur Wasserableitung in nicht unerheblicher Menge (z.B. mehr als 10 L/m² bei 50 L/m²-Niederschlagsereignissen) neigen. Diese Neigung nimmt in Richtung Kronenrand rasch ab. Da lateraler Fluss erst entstehen kann, nachdem die Kronenspeicherkapazität erreicht ist, entstehen laterale Flussmengen räumlich variabel in Buchenkronen erst bei Freilandniederschlägen über 2,5 bis 5 L/m².

In der Grafik zu den lateralen Flüssen in Fichtenkronen sind nur Wasserableitungen dargestellt. Mögliche zusätzliche Wassergaben aus lateralem Fluss im Kronenzentrum bei hohen Freilandniederschlagsbeträgen sind bereits visualisiert und beschrieben worden (vgl. Abbildung 3-23). Fichtenkronen scheinen erst nach allmählichen Niederschlagsgaben im Anschluss an die Speisung des Kronenspeichers und vorrangig im äußeren Kronendrittel zur Ableitung von Niederschlagswasser zu neigen. Diese Neigung wurde bereits in der Literatur beschrieben (HOFFMANN, 1999). Maximalwerte treten am Kronenrand bei großen Freilandniederschlägen auf und werden bei 50 L/m² auf etwa 7,5 L/m² geschätzt.

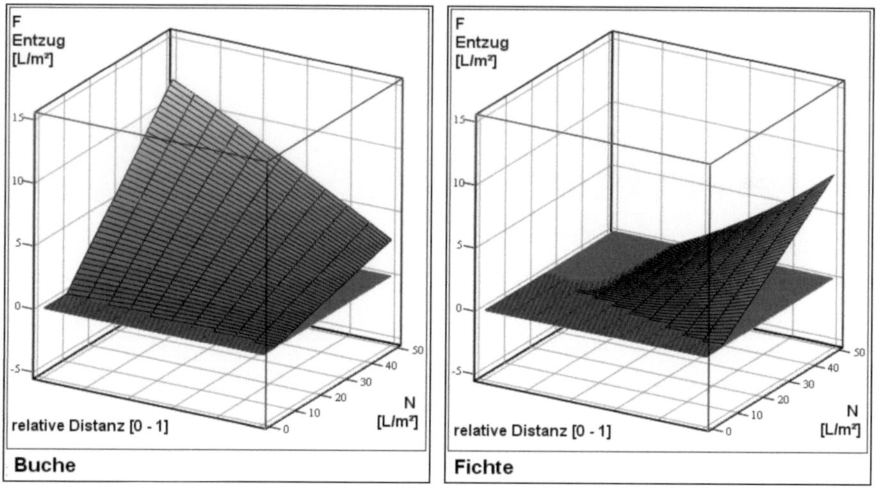

Abbildung 3-24: Regressionsmodelle für den lateralen Fluss für die Schirmsituationen Buche (links) und Fichte (rechts) in Abhängigkeit vom Freilandniederschlagsbetrag und von der relativen Distanz zum Stamm. Positive Werte entsprechen einem Wasserentzug.

In den Abbildungen 3-25 und 3-26 sind die modellierten Niederschlags- und Distanz-Dynamiken der abtropfenden und durchfallenden Niederschläge unter Buchen- und

Fichtenkronen dargestellt. Wie bereits in der regressionsanalytischen Betrachtung auf Box-Plot-Ebene und in den beispielhaften Hochrechnungen der Niederschlagsterme auf das spezielle Niederschlagsereignis von 50 L/m² wird auch in diesen Abbildungen bzw. den dazugehörigen Modellen ersichtlich, dass sich die Beträge einzelner Bestandesniederschlagsgrößen der Baumarten deutlich unterscheiden. Der durchfallende Niederschlag dominiert den Unterkronenniederschlag unter Buchenkronen. Er fällt deutlich größer aus als der durchfallende Niederschlag unter Fichtenkronen vergleichbarer Distanz und gleicher Freilandniederschlagsmenge. Je nach Messplatzposition und Freilandniederschlagsmenge kann unter Buchenkronen mit durchfallendem Niederschlag zwischen 0 und etwa 30 L/m² gerechnet werden. Unter Fichtenkronen fallen dagegen nur weniger als 25 L/m² durchfallender Niederschlag an. Im inneren Bereich der Krone beider Baumarten werden stets geringste durchfallende Niederschläge prognostiziert.

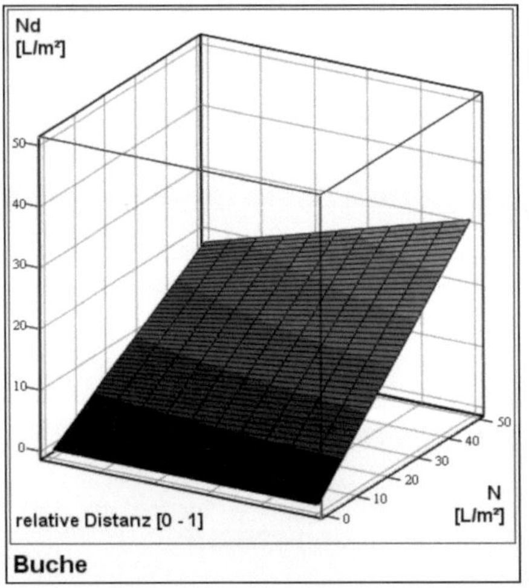

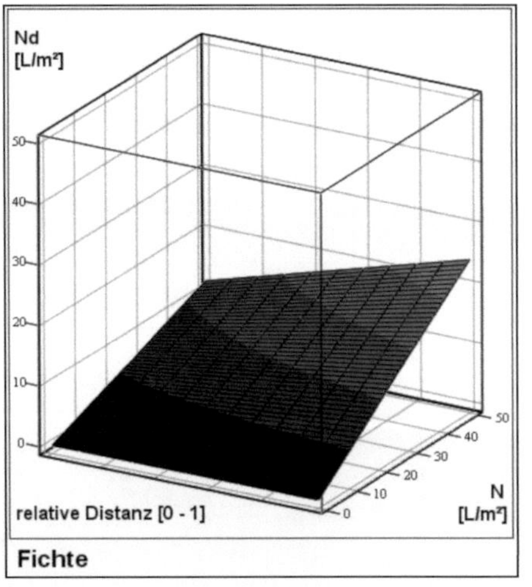

Abbildung 3-25: Regressionsmodelle für den durchfallenden Niederschlag für die Schirmsituationen Buche (links) und Fichte (rechts) in Abhängigkeit vom Freilandniederschlagsbetrag und von der relativen Distanz zum Stamm.

Demgegenüber ist der abtropfende Niederschlag unter Buchenkronen in Relation zur Distanz gleich bleibend aufgrund des verwendeten Mittelwertes zur Darstellung des Distanzeinflusses. Abtropfende Niederschläge unter Fichtenkronen erreichen höhere Beträge, beginnen jedoch erst bei größeren Niederschlagsgaben – also im Anschluss an die räumlich variable Sättigung größerer Kronenspeicherkapazitäten.

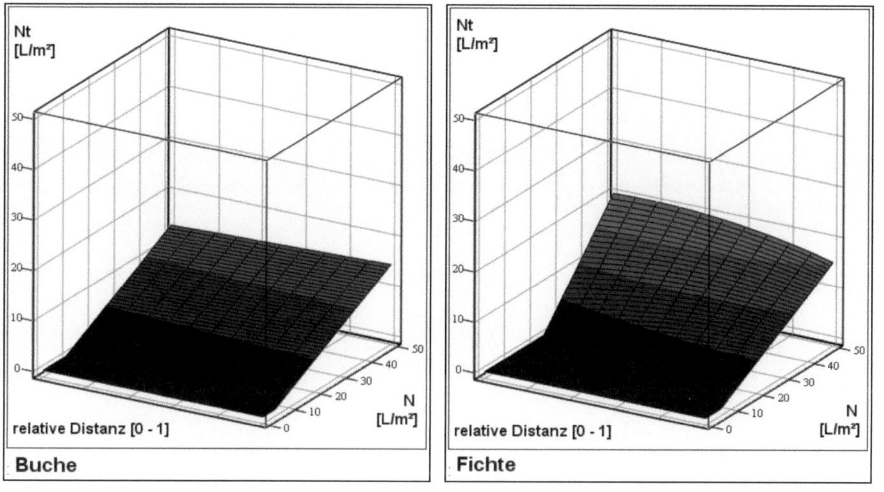

Abbildung 3-26: Regressionsmodelle für den abtropfenden Niederschlag für die Schirmsituationen Buche (links) und Fichte (rechts) in Abhängigkeit vom Freilandniederschlagsbetrag und von der relativen Distanz zum Stamm.

Der Unterkronenniederschlag unter Buchenkronen nimmt innerhalb des Gültigkeitsbereiches des dreidimensionalen Modells Maximalwerte zwischen 60 und ca. 90 % des Freilandniederschlages an (Abbildung 3-27 und 3-28). Höchste Werte werden an der Kronenperipherie erreicht, niedrigste hingegen in Stammnähe. Unter Fichtenkronen erscheint die nichtlineare Dynamik des Freilandniederschlagseinflusses deutlich ausgeprägter und weit reichender. Dies liegt vorrangig an der anhaltenden, hohen Niederschlagsspeicherung im Kronendach. Obwohl durch das Modell auch unter Fichtenkronen ein Distanztrend abgebildet wird, ist die Zunahme des Unterkronenniederschlages in Richtung Kronenrand weniger relevant. Hier greift der zusätzliche Beitrag lateraler Flüsse in Stammnähe bei hohen Freilandniederschlägen. Es werden insgesamt maximale Niederschlagsanteile des Freilandniederschlages von 60 bis 80 % erreicht.

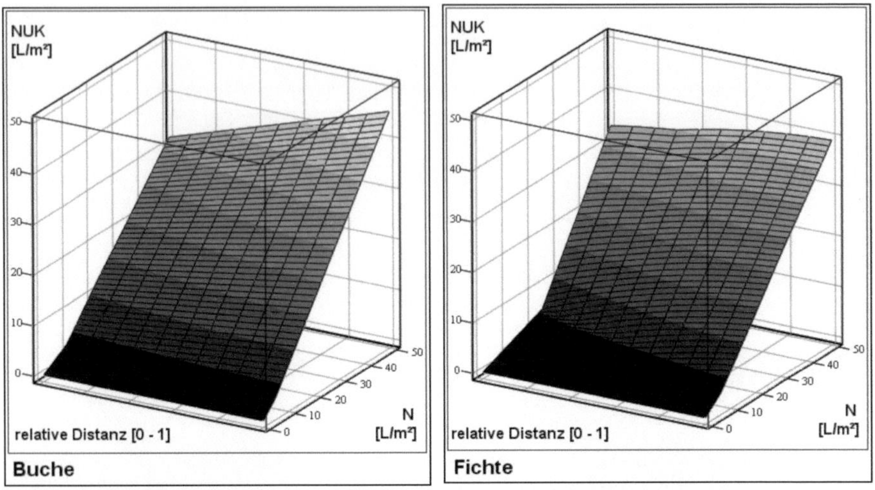

Abbildung 3-27: Regressionsmodelle für den Unterkronenniederschlag für die Schirmsituationen Buche (links) und Fichte (rechts) in Abhängigkeit vom Freilandniederschlagsbetrag und von der relativen Distanz zum Stamm.

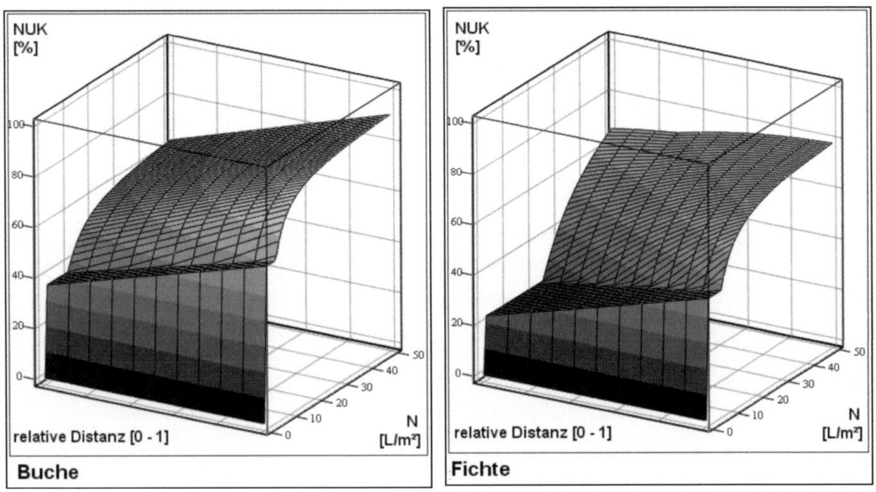

Abbildung 3-28: Regressionsmodelle für den prozentualen Unterkroneniederschlag für die Schirmsituationen Buche (links) und Fichte (rechts) in Abhängigkeit vom Freilandniederschlagsbetrag und von der relativen Distanz zum Stamm.

Der auffällige Knick beider Grafiken zur Dynamik des prozentualen Unterkronenniederschlages ist dem verzögerten Einsetzen abtropfender Niederschläge (und lateraler Flüsse bei der Fichtenüberschirmung) im Modell zuzuordnen. Geringe Freilandniederschlagsmengen verursachen – differenziert nach der Entfernung vom Stammfuß – zunächst gleich bleibende Niederschlagsanteile des durchfallenden Niederschlages oder werden von der Baumkrone zurückgehalten. Diese Modellannahme muss nicht zwingend in dieser drastischen Ausprägung wahr sein. Glättende Effekte sind durchaus anzunehmen. Sie ändern allerdings eher wenig am Modellergebnis selbst.

Die auf den ursprünglichen Datensatz mit Aufnahmen diverser Freilandniederschlagsereignisse und unterschiedlichster Distanzsituationen angewendeten Modelle sind sowohl für Buche als auch für Messungen unter Fichten äußerst prognosefähig. Die Parametrisierung der intervallskalierten Kausalmodelle zum Redistributionsprozess variabler Freilandniederschlagsmengen an expliziten Positionen unter dem Kronendach beider Baumarten erfolgte mit Bestimmtheitsmaßen über 0,9 (vgl. Tabelle 3-14). Ähnliche Genauigkeiten lieferten die Varianzanalysemodelle, ohne dabei dem Anspruch einer kausalen Trennung vermuteter Prozesse gerecht werden zu müssen oder zu können.

Tabelle 3-14: Bestimmtheitsmaße der Unterkronenniederschlagsprognosen durch das regressionsanalytische Modell im Vergleich zur Prognose im einfachen Varianzanalysemodell mit den Kovariaten Überschirmung und Freilandniederschlagsmenge.

Überschirmung	$n_{Einzelmessungen}$	$R^2_{Regress.Modell}$	$R^2_{Varianz.Modell}$
Buche	1.966	0,939	0,933
Fichte	1.802	0,926	0,931

In den Abbildungen 3-29 ist die Differenz aus dem Unterkronenniederschlag der Buchensituation minus der Fichtensituation dargestellt. Diese Differenz wurde zusätzlich anhand des jeweils anliegenden Freilandniederschlages relativiert. Stets wird unter Buchenkronen ein höherer oder gleich hoher Unterkronenniederschlag prognostiziert wie unter Fichtenkronen.
In der Abbildung 3-29 fallen zwei Situationen auf, in denen unter Fichtenkronen besonders deutlich geringere Unterkronenniederschläge vorhergesagt werden. Bei sehr hohen Freilandniederschlagsmengen stellen sich an der Kronenperipherie um mehr als 5 L/m² geringere Unterkronenniederschläge unter Fichten ein. Noch etwas höhere Differenzen ergeben sich im inneren Kronenbereich bei Freilandniederschlagsbeträgen von 20 bis 30

L/m². Nahezu identische Beträge werden hingegen bei hohen Freilandniederschlägen in Stammnähe beider Baumarten prognostiziert und stets bei sehr schwachen Freilandniederschlägen.

In Relation zur Freilandniederschlagsmenge – also innerhalb des häufig für derartige Vergleiche herangezogenen prozentualen Unterkronenniederschlages – ist insbesondere der Hochwert in Stammnähe bei mittleren Freilandniederschlägen auffällig. In dieser Niederschlags- und Messplatzsituation lassen sich Differenzen von bis zu 30 % des Freilandwertes berechnen. Insgesamt erscheint die prozentuale Differenz beider artspezifischer Unterkronenniederschlagsverteilungen sehr dynamisch. Die Ergebnisse vergleichender punktueller Niederschlagsmessungen unter beiden Baumarten dürften von dieser Dynamik deutlich betroffen sein.

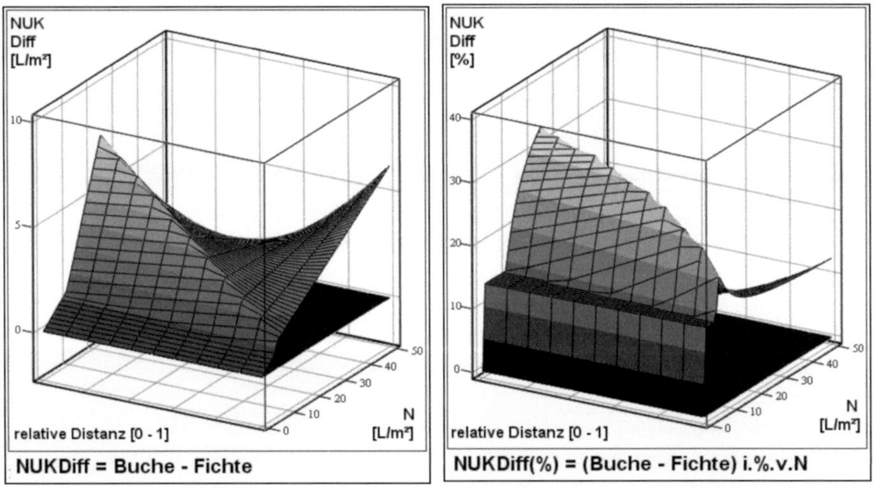

Abbildung 3-29: Absolute (links) und prozentuale (rechts) Differenz der Unterkronenniederschläge aus den Regressionsmodellen für die Schirmsituationen Buche und Fichte in Abhängigkeit vom Freilandniederschlagsbetrag und von der relativen Distanz zum Stamm.

Am Kronenrand beider Baumarten werden unabhängig von der Freilandniederschlagsmenge 10 % mehr Unterkronenniederschlag unter Buchenkronen vorhergesagt. Auch bei geringen Freilandniederschlägen werden unabhängig von der Messplatzposition unter der Krone beider Baumarten ähnliche prozentuale Unterschiede des Unterkronenniederschlages berechnet.

Dagegen sind fast unabhängig von der Position unterhalb der Krone beider Baumarten bei sehr hohen Freilandniederschlägen kaum mehr nennenswerte prozentuale Unterschiede im Unterkronenniederschlag vorhanden.

3.2.1.7 Ergebnisse zum Stammablauf im Messzeitraum „*belaubt*"

Überblick vorhandener Daten:

Von den insgesamt 26 geprüften und ausgewählten Niederschlagsereignissen konnten nur für 23 Ereignisse bis zur Freilandniederschlagsmenge von 17,4 L/m² Stammablaufdaten aller zehn Probebäume erhoben werden. Die stärkeren Regenereignisse führten zum Ausfall von einer (bei 23,5 L/m²) bzw. von acht Stammablaufkonstruktionen (bei 49 L/m²), jeweils aufgrund der Überschreitung der maximalen Behälterkapazitäten am einzelnen Probebaum. Die tatsächliche Stammablaufmenge konnte deshalb in diesen Fällen nicht festgestellt werden. Dennoch reicht der Datenfundus aus, um Dynamiken der Stammablaufgenerierung bis zu etwa 25 L/m² Freilandniederschlag gut darstellen zu können. An wenigen Probebäumen erlauben die Aufnahmen zu stärkeren Niederschlagsereignissen die vorsichtige Extrapolation der Resultate bis zu Freilandniederschlägen von etwa 50 L/m².

Die 119,10 L/m² Freilandniederschlag der konsistenten Messserie standen sehr unterschiedlichen Stammablaufsummen an einzelnen beprobten Buchen gegenüber. Während an einigen Bäumen nur etwa 50 L Stammablauf registriert wurden, haben sich an einem Probebaum insgesamt fast 1.200 L Stammablaufwasser aufsummiert (vgl. Tabelle 3-15).

Tabelle 3-15: Summarischer Stammablauf einzelner Probebäume aus jeweils 23 Einzelmessungen mit jeweils insgesamt 119,10 L/m² Freilandniederschlag.

Baum Nr.	Stammablauf [L]	Baum Nr.	Stammablauf [L]
1	327,63	**6**	149,57
2	231,44	**7**	685,55
3	197,31	**8**	1.173,04
4	132,47	**9**	53,63
5	46,40	**10**	396,86

Statistische Unterschiede in den summarischen Stammablaufmengen:

Die Zuteilung dieser Stammablaufsummen zu Klassen ähnlicher Baumparameter deutet an, welchen Einfluss z.B. die Baumdimension auf die Generierung von Stammablaufwasser einnehmen kann (vgl. Abbildung 3-30). Dennoch ließ sich mit dem Kruskal-Wallis-Test kein signifikanter Einfluss der Belegung einer expliziten Brusthöhendurchmesserklasse auf die Verteilungen der Stammablaufsummen nachweisen (Tabelle 3-16). Dies kann an der geringen Stichprobenbelegung einzelner Klassen liegen (vgl. hierzu Tabelle 2-5 im Abschnitt 2.2.1.3). Auffällig ist außerdem die identische Bestimmung der asymptotischen Signifikanz in der Tabelle 3-16 für die Größen: Brusthöhendurchmesser, soziologische Klassen nach Kraft und die Kronenprojektionsflächen. Diese Gleichartigkeit deutet auf identische Einteilung gleicher Bäume in die gleichen Klassenstrukturen dieser baumbeschreibenden Merkmale hin und gab Anlass zu einer Korrelationsprüfung.

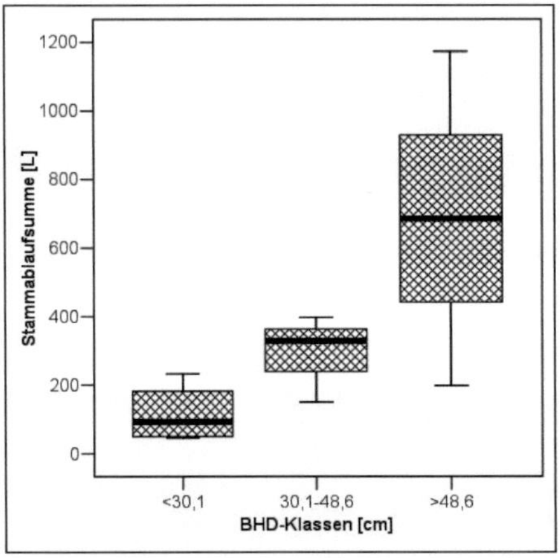

Abbildung 3-30: Boxplots der Stammablaufsummen einzelner Probebäume aus jeweils 23 Einzelmessungen, in denen jeweils insgesamt 119,10 L/m² Freilandniederschlag gefallen waren, in Relation zum Brusthöhendurchmesser.

Tabelle 3-16: Ergebnis der Kruskal-Wallis-Tests auf signifikante Verteilungsunterschiede des summarischen Stammablaufes in verschiedenen Klassen baumbeschreibender Merkmale.

	BHD	soz. Klasse n. Kraft	Kronen-projektions-fläche	Astwinkel	Kronen-mantel-fläche
asymptotische Signifikanz	0,082	0,082	0,082	0,147	0,043

Korrelation und Multikollinearität in den erklärenden Größen des Stammablaufes:

Die Tabelle 3-17 enthält die Ergebnisse der Korrelationsprüfung nach Pearson zwischen den Variablen Brusthöhendurchmesser, soziologische Stellung nach Kraft, der Kronenprojektionsfläche, dem Astwinkel und der Kronenmantelfläche der Schattenkrone der zehn Buchen, an denen Stammablaufmengen gemessen wurden. Die Prüfung belegt, dass mit Ausnahme des geschätzten Astwinkels alle weiteren Merkmale eng miteinander und insbesondere mit dem Brusthöhendurchmesser korreliert sind. Dies ist insgesamt wenig überraschend, gehen doch unzählige forstliche Arbeiten schwerpunktmäßig auf derartige Relationen am Baum ein (WOLLMERSTÄDT et al., 1992; CANHAM et al., 1994; HILLEBRAND, 1998; FRECH et al., 2003). Selbst Wachstumssimulatoren wie BWIN, MOSES oder PROGNAUS nutzen diese Beziehungen (GUERICKE, 2001; WIDLOWSKI et al., 2003).

Tabelle 3-17: Ergebnisse der Korrelationsprüfung und der Multikollinearitätsstatistik zwischen dem Brusthöhendurchmesser und weiteren Baummerkmalen der 10 Stammablaufbuchen.

statistische Prüfung	Prüfwert	soz. Stellung n. Kraft	Kronen-projektions-fläche	Ast-winkel	Kronen-mantel-fläche
Korrelation	Korrelation n. Pearson	-0,952	0,896	0,244	0,909
	Signifikanz	0,000	0,000	0,497	0,000
Kollinearitäts-statistik	Durbin-Watson-Statistik	0,799	1,937	2,391	2,489
	Toleranz	0,101	0,096	0,798	0,101
	Varianz Inflation Factor	9,9	10,4	1,3	9,9

Das Ergebnis der Korrelationsanalyse wird gestützt durch die Durbin-Watson-Statistik und die Kollinearitätsdiagnose. Erstere verweist auf wenig gravierende Reihenkorrelationen der Residuen (in den Grenzen 1,5 bis 2,5) für die Kronenprojektionsfläche, den Astwinkel und die Kronenmantelfläche, während die Kraftsche Klasse deutlich positive Residuenkorrelationen zum Brusthöhendurchmesser beprobter Stammablaufbäume aufweist. Die Kollinearitätsstatistik schlägt dagegen die Ausgrenzung aller Variablen außer dem Astwinkel anhand der Toleranz (möglichst größer als 0,1) und des Varianz Inflation Factors (deutlich unter 10) vor. Unter diesen Umständen ist davon auszugehen, dass die Prüfung des Einflusses spezieller Baummerkmale auf die Menge gebildeten Stammabflusses im beprobten Kollektiv trotz unterschiedlichster Baummerkmale sehr gleichartig ausfallen wird. Die Prüfung der

Merkmalseinflüsse der soziologischen Stellung, der Kronenprojektionsfläche und der Kronenmantelfläche der Schattenkrone ist folglich redundant und kann durch die Prüfgröße Brusthöhendurchmesser ersetzt werden. Merkmalskombinationen dieser korrelierten Größen schließen sich aus. Die Nichtbeachtung dieses Prinzips würde zu verzerrten Resultaten führen (BROSIUS, 2006). Der Umfang möglicher Einflussgrößen auf die Stammablaufgenerierung reduziert sich damit auf den Brusthöhendurchmesser und die Astwinkelsituation des speziellen Baumes.

Einfluss des Freilandniederschlages auf die Stammablaufmenge:

Bevor auf den Einfluss einzelner Baummerkmale auf die Stammablaufgenerierung eingegangen werden konnte, wurde der Effekt der Freilandniederschlagsmenge auf die Stammablaufmenge geschätzt. Die Abbildung 3-31 gibt wieder, welche Stammablaufmengen an den zehn beprobten Buchen nach unterschiedlichen Freilandniederschlagsereignissen ermittelt wurden. Es ist gut zu erkennen, dass geringe Niederschläge kaum zu Stammablauf führten. Erst ab Freilandniederschlägen von mehr als 5 L/m² kam es an verschiedenen Probebäumen zum Ablauf nennenswerter Niederschläge am Stammkörper. Maximal konnten etwa 250 Liter Stammablauf nach einem einzelnen Niederschlagsereignis registriert werden.
Die entsprechende Punktwolke streute erheblich. Dennoch wurden Regressionsanalysen vorgenommen, um die Beziehung zwischen Freilandniederschlag und Stammablauf innerhalb des beprobten Kollektives zu erschließen. Die geschätzte lineare Beziehung (Gleichung 3-5) ist in die Abbildung 3-31 exemplarisch aufgenommen wurden. Außerdem wurde die Gleichung 3-6 parametrisiert, von der eine höhere Flexibilität im Bereich geringer Freilandniederschläge erwartet wurde. Beide Regressionen haben Bestimmtheitsmaße von etwa 0,5. Sie führen nahezu zu identischen Schätzungen. Die zusätzliche Niederschlagsgabe von einem Liter/m² führte danach durchschnittlich zu etwa 4 Liter mehr Stammabfluss.
Zur Wiedergabe des allmählichen Anstieges der Stammablaufmenge insbesondere bei schwachen Freilandniederschlagsereignissen ist die nichtlineare Funktion jedoch besser geeignet, weshalb nachfolgende Residuenbetrachtungen auf die Schätzung aus der Gleichung 3-6 beschränkt bleiben.

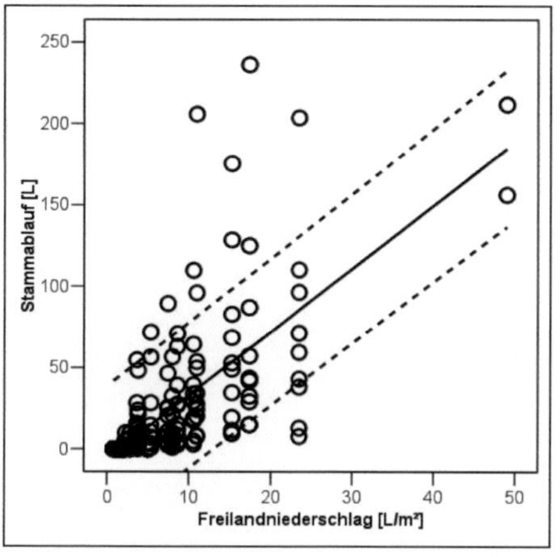

Abbildung 3-31: Messwerte, linearer Ausgleich und 95%-Konfidenzintervall der Beziehung zwischen Freilandniederschlag und Stammablauf aller beprobten Buchen.

$$ST_N = N * 3{,}890 - 5{,}942 \qquad R^2 = 0{,}498 \qquad Sig. = 0{,}000 \qquad (3\text{-}5)$$

$$ST_N = 2{,}41 * N^{1{,}12} \qquad R^2 = 0{,}490 \qquad (3\text{-}6)$$

Eine baumindividuelle Parametrisierung der Gleichung 3-6 war dagegen wesentlich erfolgreicher möglich. Die Bestimmtheitsmaße der insgesamt zehn Schätzfunktionen einzelner Probebäume lagen im Bereich von mindestens 0,75 und maximal 0,99. Dies deutete auf weitere relevante Variablen hin, die neben dem Freilandniederschlag offensichtlich wesentlich zur Determination des Stammablaufes beitragen können. Diese bestimmenden Variablen sind unter den baumbeschreibenden Merkmalen gesucht worden.

Einfluss des Brusthöhendurchmessers auf die Stammablaufmenge:

Indizien zur Beeinflussung der Stammablaufmenge durch den Brusthöhendurchmesser des Einzelbaumes sind in der Abbildung 3-32 aufbereitet. Die Relation aus Brusthöhendurchmesser und den Residuen der Stammablaufschätzung anhand des Freilandniederschlages zeigt an, dass der Stammablauf schwach dimensionierter Bäume überschätzt wurde. Ab Baumdurchmessern von etwa 40 cm leisteten die beprobten Buchen dagegen häufig mehr Stammablauf als vom Durchschnitt des überprüften Kollektives anhand des Freilandniederschlages angenommen werden konnte.

Obwohl die Punktwolke stark streute, konnte eine lineare Beziehung abgeleitet werden (vgl. Gleichung 3-7), die – zwar mit geringem Bestimmtheitsmaß aber dennoch signifikant – die

Tendenz höherer Stammablaufmengen bei größeren Brusthöhendurchmessern wiedergibt. Um 10 cm höhere Brusthöhendurchmesser machen sich entsprechend dieser Schätzfunktion in mittleren Steigerungen des Stammablaufes um fast 8 Liter bemerkbar. Komplexere Funktionen wurden nicht überprüft.

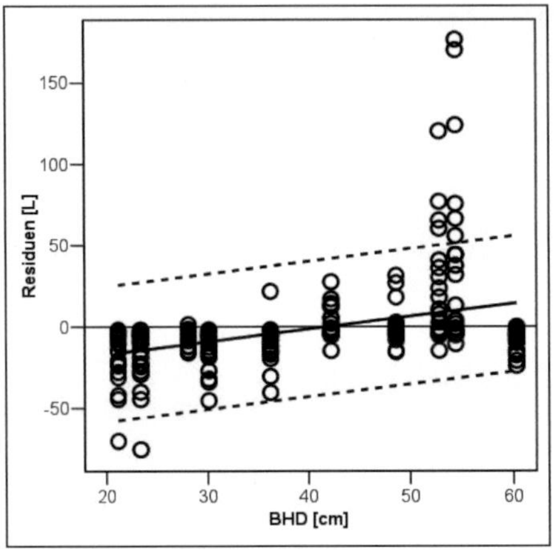

Abbildung 3-32: Residuen aus der Schätzung nach Gleichung 3-6, linearer Ausgleich und 95%-Konfidenzintervall der Beziehung zum Brusthöhendurchmesser beprobter Buchen.

$$Residuen_{BHD} = BHD * 0{,}783 - 32{,}690 \qquad R^2 = 0{,}145 \qquad Sig. = 0{,}000 \qquad (3\text{-}7)$$

Einfluss des Astwinkels auf die Stammablaufmenge:

Die neu berechneten Residuen aus der Schätzung anhand der Gleichung 3-7 wurden in der Abbildung 3-33 dem jeweiligen Astwinkel beprobter Buchen gegenübergestellt. Besonders hohe Reststreuungen traten bei sehr kleinen Astwinkeln (5 bis 20° zur Stammparallele) und bei Astwinkeln von etwa 40° auf. Insgesamt waren die Residuen jedoch im Umkreis des Nullwertes verortet, was vermuten ließ, dass die Astwinkelstellung beprobter Buchen für die Generierung von Stammablauf nur eine untergeordnete Bedeutung einnimmt. Lediglich bei Astwinkeln von 5 und 40° waren einige Residuen hoher Beträge zu erkennen.

Die Versuche, diese Punktwolke regressionsanalytisch zu beschreiben, führten zur Parametrisierung einer kubischen Funktion mit einem Bestimmtheitsmaß unter 0,1 bei höchster Signifikanz. In der vorgelegenen Astwinkelspanne schlägt die Gleichung 3-8 vor, Buchen besonders steiler Astwinkel und solchen mit Astwinkeln von 30 bis 45° ein gesteigertes Potential zur Stammablaufgenerierung zuzubilligen. Von Extrapolationen dieser Funktion z.B. in den Bereich waagerechter Aststellungen muss jedoch abgeraten werden. Ähnliche Regressionsanalysen auf Basis modifizierter Sinusfunktionen schlugen stets fehl. Mit etwas größerem Erfolg konnte dagegen eine zirkulare Funktion angepasst werden (Abbildung 3-34).

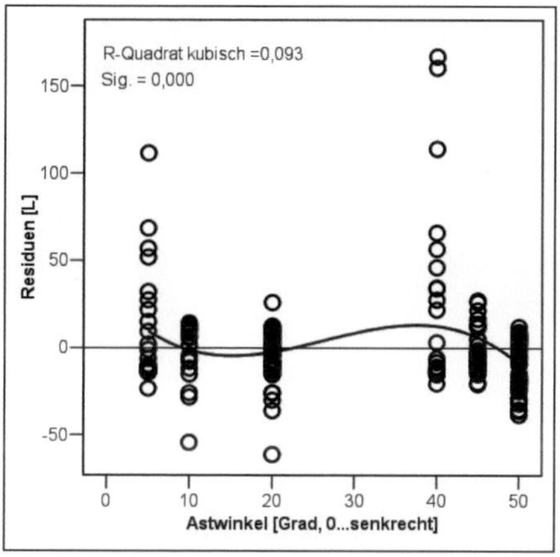

Abbildung 3-33: Residuen aus der Schätzung nach Gleichung 3-7 und kubischer Ausgleich der Beziehung zum Astwinkel beprobter Buchen.

$$Residuen_{AW} = -AW^3 * 0{,}003 + AW^2 * 0{,}247 - AW * 5{,}340 + 30{,}585$$

$R^2 = 0{,}093 \quad Sig. = 0{,}000$ (3-8)

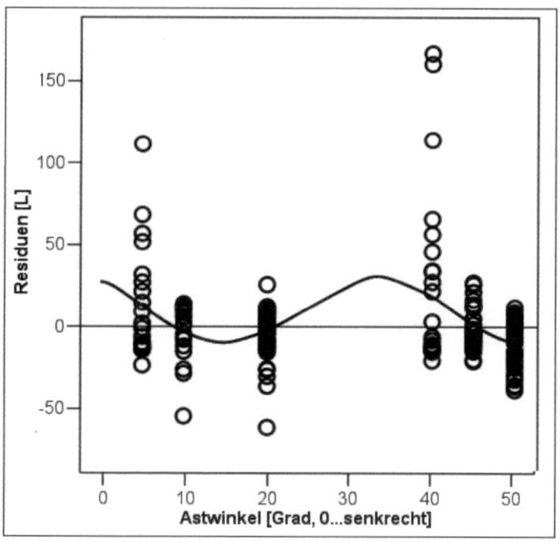

Abbildung 3-34: Residuen aus der Schätzung nach Gleichung 3-7 und Ausgleich der Beziehung zum Astwinkel beprobter Buchen mit einer zirkularen Funktion.

Die trigonometrische Polynomialfunktion der Gleichung 3-9 beschreibt mit einem Bestimmtheitsmaß von 0,125 eine gleich bleibende Oszillation mit einer Periodenlänge von 36,7° und mit einem Amplitudenausschlag von etwa 20 Litern mehr Stammablauf. In der Wertespanne möglicher Aststellungen werden dabei maximale Stammablaufmengen erstmals bei Aststellungen von etwa 33° zur Senkrechten erreicht (Gleichung 3-10). Spätere Oszillationen bei größeren Astwinkelwerten sind rechnerisch möglich, in der Abbildung jedoch nicht berücksichtigt worden.

$$Residuen_{AW} = 10{,}68 + 20{,}36 * \cos(9{,}81 * (AW - 0{,}58)) \qquad R^2 = 0{,}125 \tag{3-9}$$

$$T = 360° / 9{,}81 = 36{,}7° \qquad \Phi = 0{,}58[rad] \text{ bzw. } 33{,}23° \tag{3-10}$$

<u>Gemeinsame Einflüsse des Freilandniederschlages und baumbeschreibender Merkmale auf die Stammablaufmenge:</u>

Anschließend wurden die erklärenden Variablen Freilandniederschlag, Brusthöhendurchmesser und Astwinkelstellung schrittweise in komplexeren Regressionsmodellen kombiniert. Im Vergleich zur bloßen Abhängigkeit der Stammablaufmenge vom Freilandniederschlag verbesserte sich die Güte der Schätzung durch die Hinzunahme des Brusthöhendurchmessers deutlich (vgl. Tabelle 3-18). Dabei interagieren beide Variablen multiplikativ (Gleichung 3-11).

Hohe Freilandniederschläge und starke Baumdimensionen führen zu höchsten Stammablaufschätzungen. Das Bestimmtheitsmaß dieser Funktion ist im Vergleich zum einfacheren Modell reiner Freilandniederschlagsabhängigkeit mit etwa 0,65 relativ hoch. Beide Strafterme sprechen für die Anwendung der komplexeren Gleichung 3-11, weil AIC und BIC dort deutlich kleiner sind.

Tabelle 3-18: Güte, Parameteranzahl und Strafterme der Stammablaufschätzung durch verschieden komplexe Regressionsmodelle.

Gleichung	Grundprinzip	n	Parameteranzahl	R^2	AIC	BIC
3-6	ST_N		2	0,490	6,615	6,644
3-11	$ST_{N,BHD}$	241	2	0,647	6,233	6,262
3-12	$ST_{N,BHD,AW}$		6	0,738	5,984	6,071

In der Gleichungen 3-12 und den Erläuterungen in der Gleichung 3-13 ist diese grundlegende Verknüpfung der Variablen Freilandniederschlag und Brusthöhendurchmesser beibehalten worden, weil sie sich in einer Vielzahl von Regressionsversuchen bewährt hat. Zusätzlich finden in der Funktion weitere Zu- und Abschläge Anwendung, sofern vom Probebaum bestimmte durchschnittliche Astwinkelstellungen erreicht werden. Die Relevanz der Astwinkelstellung äußert sich dabei in weiteren Verbesserungen des Bestimmtheitsmaßes um ca. 0,1. Auch die berechneten Strafterme weisen jeweils darauf hin, diese umfangreichere Regression trotz gesteigerter Komplexität einfacheren Funktionen vorzuziehen.

$$ST_{N,BHD} = BHD * 0{,}0585 * N^{1{,}1723} \qquad (3\text{-}11)$$

$$ST_{N,BHD,AW} = BHD * 0{,}0696 * N^{1{,}1365} + 6{,}522 + 23{,}796 * \cos(9{,}604 * (AW - 0{,}59)) \qquad (3\text{-}12)$$

$$T = 360° / 9{,}604 = 37{,}5° \qquad \Phi = 0{,}59[rad] \text{ bzw. } 33{,}8° \qquad (3\text{-}13)$$

Die Wirkung spezieller Astwinkelstellungen auf die Stammablaufschätzung entspricht in etwa den Beschreibungen aus der vorhergehenden Residuenbetrachtung. Vom vorzufindenden Astwinkel abhängige Amplituden der Stammablaufmenge von ca. 24 Liter sind bei Aststellungen von etwa 33,8° sehr wahrscheinlich. Minimalwerte ergeben sich aus Astwinkelstellungen von etwa 15° zur Senkrechten. Kleinere Astwinkel verursachen, dem Periodenverlauf der Oszillation folgend, wiederum mehr Stammabfluss am Probebaum. Ein erneutes Amplitudenmaximum bei negativen Astwinkelwerten ist dabei jedoch eher als rechnerisches Konstrukt zu verstehen und kann kaum bewertet werden. Die Auswirkungen unterschiedlicher Brusthöhendurchmesser und Freilandniederschlagsmengen auf die Stammablaufmenge sind in allen Modellschätzungen überraschend ähnlich parametrisiert worden. Danach erzeugen stärker dimensionierte Buchen mehr Stammablauf als schwächere, während der Freilandniederschlag etwas überdimensional (mit Exponenten von 1,12 bis 1,15) auf die Stammablaufmenge einwirkt.

Hinweise zur räumlichen Entstehung des Stammablaufes:

In Anlehnung an HERWITZ (1986) wurde für jeden Stammablaufprobebaum und jedes separate Freilandniederschlagsereignis abgeleitet, aus welcher hypothetischen Kronengrundfläche der Stammablauf hervorgegangen sein könnte, wenn diese Fläche vollständig und ausschließlich der Stammablaufbildung gedient hätte. Die Werte dieser contribution area lagen im Bereich von 0 bis fast 20 m². Das entsprach bis zum 80fachen der Stammgrundfläche des einzelnen Messbaumes (funnelling ratio). In den Auswertungen auf Basis des einzelnen Probebaumes war die Beziehung zwischen funnelling ratio und Freilandniederschlagsmenge sehr häufig auffallend stabil. Besonders geringe Freilandniederschläge sorgten kaum für Stammablauf und damit für funnelling ratios von 0. Erst höhere Freilandniederschlagsmengen spiegelten sich im ansteigenden Vielfachen der Stammgrundfläche, die theoretisch zur Stammablaufgenerierung beitragen müssten, wieder. Diese Faktoren strebten anschließend bei hohen Freilandniederschlägen baumindividuellen Asymptoten zu.

Die beschriebene Dynamik ließ sich gut mit Hilfe der Michaelis-Menten-Funktion parametrisieren (vgl. Tab 3-19). Mit Bestimmtheitsmaßen von 0,65 bis 0,85 wurden die Kompensationspunkte der Funktionen stets bei etwa 1,5 L/m² Freilandniederschlag fixiert. Ab diesem Freilandniederschlagsbetrag werden in Anlehnung an die angewendete Schätzfunktion erste geringe Stammablaufgenerierungen eingeleitet. Geringere Freilandniederschlagsmengen wurden offensichtlich nicht in Stammablauf umgesetzt. Die einzelbaumweise angepassten Funktionen strebten ab etwa 25 L/m² Freilandniederschlag Asymptoten zu, die andeuten, dass die gemessene Stammablaufmenge aus dem 16 bis 77fachen der Stammgrundfläche des jeweiligen Baumes entstanden sein müsste, sofern diese Fläche ausschließlich der Stammablaufgenerierung gedient hätte.

Tabelle 3-19: Ergebnis der Regressionsanalysen zwischen den baumindividuellen Beziehungen des Funnelling ratio mit dem Freilandniederschlag mit Hilfe der Michaelis-Menten-Funktion ($F.R._N = A*(N-C)/(A/B+(N-C))$).

Baum Nr.	R²	Asymptote (A)	Steigung (B)	Kompensationspunkt (C)
1	0,767	40,25	3,72	1,50
2	0,806	77,03	8,41	1,47
3	0,703	16,11	1,36	1,55
4	0,822	53,43	3,27	1,33
5	0,790	41,92	2,00	1,68
6	0,835	67,68	1,88	1,10
7	0,703	48,37	10,85	1,33
8	0,648	73,36	19,17	1,24
9	0,684	22,58	2,52	1,47
10	0,740	43,09	9,06	1,32

Die hergeleiteten Asymptodenwerte entsprechen absoluten Kreisflächen mit Radien von 0,5 bis 2,5 m, deren vollständige Beregnung ausschließlich zur Speisung des Stammablaufes notwendig wäre. In Relation zu den Kronenradien der beprobten Einzelbäume macht dieser contribution radius 20 bis maximal 41 % des Kronenradius und damit fast immer das innere Kronendrittel aus (vgl. Tabelle 3-20).

Während die Methode der funnelling ratio Berechnung von gleich großen Stammablaufwirksamkeiten unterschiedlich großer Kronenflächenbereiche ausgeht, folgt die Berechnung nach DE PLOEY (1982 und 1984) der Annahme, dass nur der Stammquerschnitt vollständig zur Stammablaufgenerierung beiträgt. Weitere Kronenschirmflächenbereiche sind hingegen nur zum Teil und im Modell vereinfacht mit gleich bleibenden Anteilen am Generierungsprozess beteiligt. Dieser Anteil ließ sich in baumindividuellen Berechnungen bei bis zu 10 % der Gesamtfläche des Kronenbereiches festmachen. Im Mittel aller Beobachtungen wurden hingegen nur etwas mehr als 5 % Flächenwirksamkeit der Kronenschirmfläche außerhalb des Stammquerschnittes zugunsten der Stammablaufentstehung ermittelt (vgl. Tabelle 3-20).

Tabelle 3-20: Kennwerte aus diversen Niederschlagsereignissen an 10 Stammablaufprobebäumen zum prozentualen Anteil des Kronenradius, der vollumfänglich stammablaufwirksam sein müsste (relativer contribution radius) und zur flächigen Stammablaufwirksamkeit der Kronenschirmfläche außerhalb des Stammquerschnittes.

	Min - Max	$\overline{X}$	s
		[%]	
relativer contribution radius	20,3 – 41,1	30,8	7,61
Flächenwirksamkeit	1,4 – 10,1	5,4	3,18

3.2.2 Niederschlagsumverteilung im Messzeitraum *„unbelaubt“*

3.2.2.1 Überblick durchgeführter Messungen

Im unbelaubten Kronenzustand der Buche konnten auf der Versuchsfläche *„Tharandt“* bis zu 13 separate Niederschlagsaufnahmen durchgeführt werden. Acht dieser Aufnahmen fanden im Zeitraum vor dem Sturmereignis *„Kyrill“* am 18. Januar 2007 statt. Bis zu diesem Zeitpunkt konnte die Verteilung von insgesamt 26,13 L/m² Freilandniederschlag an allen 175 Messplätzen charakterisiert werden. 14 Messplätze schieden für Unterkronenniederschlagsmessungen nach dem Sturm aus. Daneben mussten gelegentlich wenige weitere Messausfälle an einzelnen Messplätzen registriert werden.

Um die Vergleichbarkeit aller Messplatzresultate zu wahren, sind in den Überblick der Abbildung 3-35 nur die 156 Messplätze eingeflossen, an denen konsistente Unterkronenniederschlagsmessungen über den gesamten Messzeitraum erfolgt sind. Die registrierte Freilandniederschlagssumme von 58,38 L/m² stand innerhalb dieses Zeitraumes im Versuchsbestand durchschnittlichen 36 L/m² Unterkronenniederschlag gegenüber. Der prozentuale Unterkronenniederschlag der Messplätze in den Überschirmungssituationen Buche, Fichte und gemischt variierte im Bereich von ±20 % um diesen Mittelwert bei ca. 60 % des Freilandniederschlages. Höhere Anteile des Freilandniederschlages gelangten in Bestandeslücken zum Waldboden. Statistische Vergleiche beschränkten sich wegen abgelehnter Normalverteilung auf den Kruskal-Wallis-Test, der insgesamt einen höchst signifikanten Gruppenunterschied in den absoluten Werten auswies.

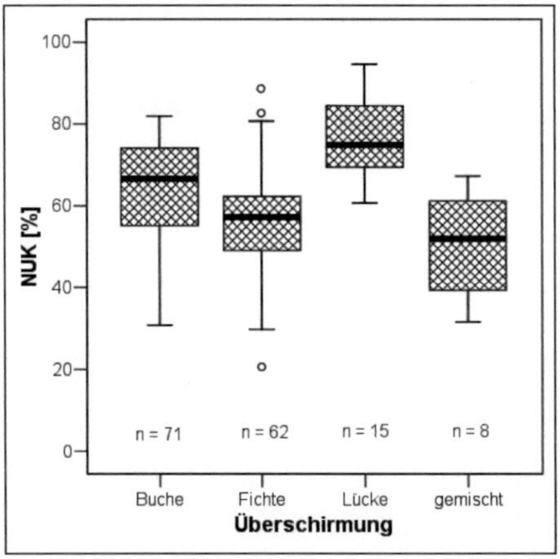

Abbildung 3-35: Relativer Unterkronenniederschlag verschiedener Überschirmungssituationen im unbelaubten Messzeitraum (Freilandreferenz 58,38 L/m²).

3.2.2.2 Datenkontrollen und -auswahlen

Die maximal 13 Datensätze zur Niederschlagsumverteilung je Messplatz wurden Datenkontrollen unterzogen.

Kontrolle trennbarer Regenereignisse vs. summarische Regenmessung:

Im Vergleich zur Datenreihe der Klimamessstation *„Buchhübel"* mussten keine Niederschlagsmessungen selektiert werden, für die die Bedingung summarischer Niederschläge zugetroffen hätte. Die dreizehn Niederschlagsmessungen konnten aus Sicht des zeitlichen Regengeschehens stets als Aufnahmen zu Einzelniederschlagsereignissen behandelt werden.

Kontrolle der Windgeschwindigkeiten während des Niederschlagsereignisses:

Der zur Ausgrenzung windintensiver Niederschlagssammlungen notwendige Verschnitt zwischen Niederschlagsaufzeichnungen mit vorhandenen Windgeschwindigkeitsdaten war aufgrund von Datenlücken nicht ständig anhand der Aufzeichnungen der Station *„Buchhübel"* möglich. Messausfälle wurden mit Hilfe des Datensatzes der Station *„ökologisches Messfeld"* kompensiert. Hierzu erfolgten Korrelationsanalysen in zeitgleichen Datensätzen beider Stationen des Zeitraumes 01.11.2006 bis 15.04.2007 und die Parametrisierung einer linearen Beziehung, mit der die Windgeschwindigkeitsaufzeichnungen an der Station *„Buchhübel"* durch die Datenreihen der Station *„ökologisches Messfeld"* geschlossen werden konnten. Die gewählte Beziehung überzeugte durch ein Bestimmtheitsmaß über 0,95 bei höchstem Signifikanzniveau.

Im Gegensatz zur Häufigkeitsverteilung der Windgeschwindigkeiten in der belaubten Messphase wird in der Abbildung 3-36 bestätigt, dass im unbelaubten Bestand häufig höhere Windgeschwindigkeiten während Regen auftraten. Windgeschwindigkeiten von mehr als 10 m/s bzw. 36 km/h wurden gelegentlich überschritten.
Unterhalb der bereits definierten Grenze zur Akzeptanz von Windgeschwindigkeiten während Regenmessungen von 6,16 m/s (das 95 %-Perzentil der Messungen in der belaubten Phase) waren diesmal nur etwas mehr als 70 % aller Messintervalle aufzufinden. Dennoch wurde der strengen Definition inakzeptabler Windgeschwindigkeiten während Regens aus der ersten Messperiode gefolgt.
Vier Niederschlagsaufzeichnungen wurden daraufhin identifiziert, die den Anforderungen an Aufnahmen möglichst windarmer Regenereignisse nicht Stand gehalten haben.

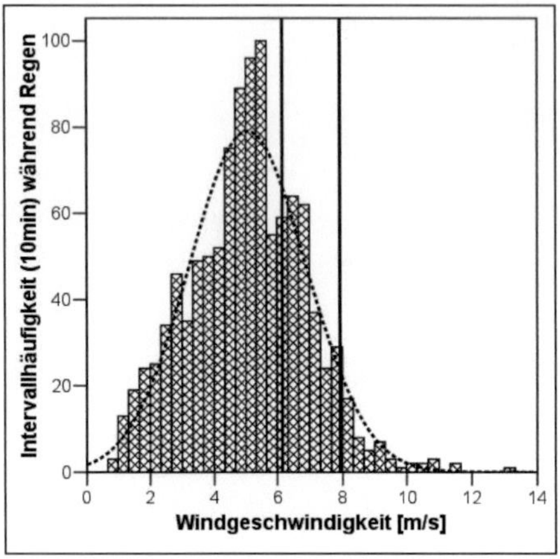

Abbildung 3-36: Histogramm der Windgeschwindigkeiten während Niederschlagszeitintervallen in der unbelaubten Messphase mit eingezeichneter Normalverteilungskurve, dem 95%-Perzentil (rechte Linie) und dem Festwert 6,16 m/s (linke Linie).

Kontrolle der Qualität der Freilandreferenzmessung:

Die Berechnung der Variationskoeffizienten einzelner Niederschlagsaufnahmen zur Freilandreferenz in der unbelaubten Messphase machte zwei Niederschlagsdatensätze kenntlich, die mit Variationskoeffizienten größer 6 % für anschließende Analysen nicht geeignet waren. Aus der Abbildung 3-37 geht außerdem hervor, dass 7 der 13 Freilandreferenzermittlungen durch die fünf Niederschlagssammler im engen räumlichen Verband keine oder nur sehr geringe Streuungen aufwiesen.

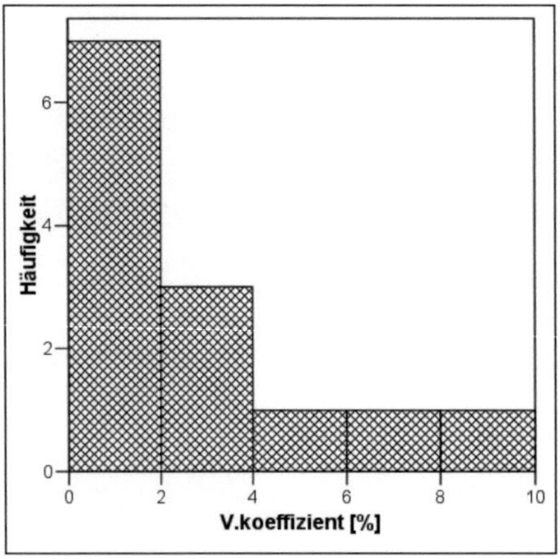

Abbildung 3-37: Histogramm der Variationskoeffizienten einzelner Niederschlagsaufnahmen aus je fünf Einzelmessungen in der unbelaubten Messphase.

Übertragbarkeit der Freilandreferenz auf die Versuchsfläche:

Die Betrachtung der Unterkronenniederschlagsbeträge an Messplätzen in großen Bestandeslücken in Relation zum erwarteten Freilandwert führte zur Auswahl von vier Niederschlagsdatensätzen, für die die Übertragbarkeit der Freilandreferenz auf die Versuchsfläche in Frage gestellt werden musste.

Durch das vierstufige Prüfverfahren zur Datenqualität wurde der Datenumfang von ursprünglich dreizehn Aufnahmen einzelner Niederschlagsereignisse auf sieben Niederschlagsdatensätze in der eher unbefriedigenden Freilandniederschlagsspanne von 0,05 bis 7,00 L/m² reduziert, deren Stichprobenbelegungen insgesamt und in den einzelnen Überschirmungssituationen z.B. durch den Sturmausfall etwas variierten (vgl. hierzu Tabelle 3-21). Diese Datensätze gingen vollständig in die folgenden Analysen – zuvorderst die unter 3.2.2.3 geschilderten Auswertungen – ein.

Einige der Aufnahmen waren in mehreren Aspekten der Datenkontrolle selektiert worden. So war auffällig, dass windbegründete Ablehnungen häufig Datensätze betrafen, die im Anschluss auch der Prüfung auf Übertragbarkeit der Freilandreferenz auf die Versuchsfläche nicht Stand hielten.

Tabelle 3-21: Auflistung selektierter Niederschlagsdatensätze für weitere Analysen sowie deren Stichprobenaufteilung nach Überschirmungen der Messplätze für die unbelaubte Messphase.

N	Buche	Fichte	Lücke	gemischt	Σ
[L/m²]			[n]		
0,05	76	62	15	8	**161**
0,94	76	75	15	9	**175**
2,52	76	62	15	8	**161**
5,25	76	62	15	8	**161**
6,25	76	75	15	9	**175**
6,50	75	62	15	8	**160**
7,00	76	75	15	9	**175**

3.2.2.3 Ergebnisse einfacher Unterkronenniederschlagsanalysen an allen geeigneten Datensätzen

Innerhalb der verbliebenen sieben Niederschlagsdatensätze wurden die Unterkronenniederschlagsverteilungen der Überschirmungssituationen statistisch verglichen. Die Anlage 3-4 gibt Aufschluss über die Resultate dieser Vergleiche. In allen Niederschlagsaufnahmen konnten stets signifikante Mittelwertunterschiede im Überschirmungsvergleich mit dem Kruskal-Wallis-Test bestätigt werden. Abgesehen von der Unterkronenniederschlagsverteilung innerhalb des sehr schwachen Niederschlagsereignisses von 0,05 L/m² ergab der Mann-Whithney-U-Test in den restlichen Aufzeichnungen signifikante Unterschiede im Unterkronenniederschlag der Überschirmungen Buche und Fichte. An Messplätzen unter Buchenkronen wurden dabei jeweils deutlich höhere Unterkronenniederschlagsmengen registriert als unter Fichtenkronen.

Dieses Ergebnis wird auch durch die Abbildung 3-38 gestützt, in der die Unterkronenniederschlagsverteilungen beider Überschirmungssituationen getrennt nach den jeweiligen Niederschlagsaufnahmen dargestellt sind. Insbesondere bei Freilandniederschlägen unter 5 L/m² ist der Unterschied beider Unterkronenniederschlagsverteilungen deutlich zu erkennen. Die Unterkronenniederschläge beider Überschirmungssituationen sind, ähnlich wie in der belaubten Messphase, durch relativ hohe Streuungen gekennzeichnet. Extremwerte und Ausreißer sind vorrangig in Messungen unter Fichtenkronen präsent. Selten erreichen Unterkronenniederschläge unter Buchenschirm den Wert des jeweiligen Freilandniederschlages.

Obwohl in keiner separaten Niederschlagsaufnahme alle Überschirmungssituationen normalverteilte Messungen aufwiesen, sollen auch die Ergebnisse der Post-Hoc-Mehrfachvergleiche die Gegenüberstellung mit Vorsicht unterstützen. Da stets Varianzhomogenität angenommen werden konnte, lag der Fokus auf Post-Hoc-Vergleichen mit dem Tukey-HSD-Test. In der Teststatistik (Anlage 3-4) wird eine Gruppenbildung erkennbar, wonach Lückenmessungen besonders hohe Unterkronenniederschlagsbeträge erbrachten, während unter dem Schirmeinfluss von Buchenkronen mittlere Unterkronenniederschlagswerte von 60-70 % des Freilandwertes erreicht wurden und besonders geringe Messwerte an Messplätzen der Kategorien Fichtenüberschirmung und buchen-fichten-gemischte Überschirmung vorlagen. Letztere unterschieden sich nicht.

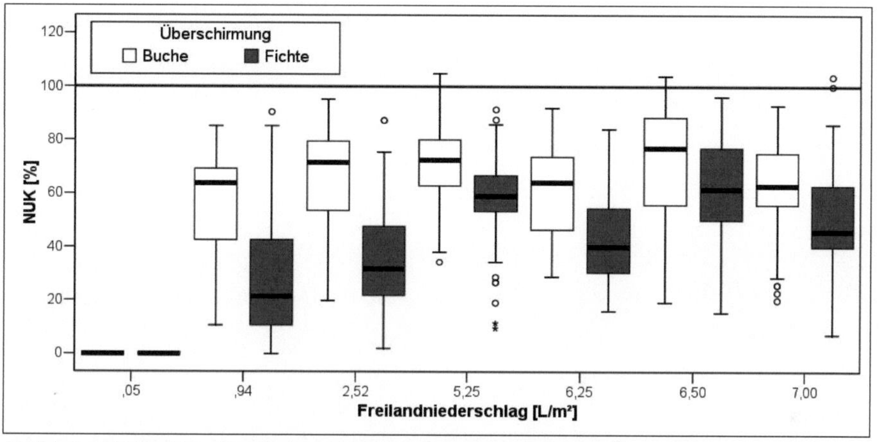

Abbildung 3-38: Boxplots des relativen Unterkronenniederschlages unter Überschirmungen durch Buche und Fichte verschiedener Niederschlagsereignisse der Messphase *„unbelaubt"*.

Ob und in welchem Umfang die Messplatzpositionen unter Buchen- bzw. Fichtenkronen für die Streumaße der Unterkronenniederschlagsverteilungen in einzelnen Niederschlagsereignissen verantwortlich waren, wurde mit Hilfe einfacher Varianzanalysen geprüft. Separat für buchen- und fichtendominierte Datensätze erfolgte hierzu die Analyse des Faktors *„relative Distanzklasse"*. In der Tabelle 3-22 sind ausschließlich die signifikanten Resultate dieser Prüfung aufgeführt.

Tabelle 3-22: Ergebnisse der varianzanalytischen Prüfung des Faktors *„relative Distanzklasse"* auf den Unterkronenniederschlag der Messplätze unter Buchen- bzw. Fichtenüberschirmung innerhalb aller Niederschlagsereignisse im Messzeitraum *„unbelaubt"*.

Über-schirmung	Analyse-ausgabe	Niederschlagsereignis [L/m²]						
		0,05	0,94	2,52	5,25	6,25	6,50	7,00
Buche	Sig.							
	R^2							
Fichte	Sig.			x	x			
	R^2			0,176	0,333			

x... signifikant (0,05 Signifikanzniveau)

keine Berechnung für das Niederschlagsereignis 0,05 L/m² möglich

Lediglich unter Fichtenkronen konnten in wenigen Niederschlagsaufnahmen Varianzanteile der Unterkronenniederschlagsverteilungen signifikant der relativen Distanz zum Stammfuß zugeordnet werden. Nie wurde der relativen Distanzklasse im Fall der Buchenüberschirmung ein signifikanter erklärender Varianzanteil in der Unterkronenniederschlagsverteilung zugesprochen. Für das besonders schwache Niederschlagsereignis von lediglich 0,05 L/m² Freilandniederschlag konnte die Varianzanalyse nicht durchgeführt werden.

3.2.2.4 Ergebnisse varianzanalytischer Unterkronenniederschlagsanalysen an allen geeigneten Datensätzen

Varianzanalysen zur Quantifizierung des Effektes der Schirmsituation „Lücke":

In einer einfachen Varianzanalyse wurde die Signifikanz des Faktors Lückenmessung bestätigt (vgl. Tabelle 3-23). In die Analyse flossen alle Unterkronenniederschlagsmessungen in Lücken, eine Zufallsauswahl des Unterkronenniederschlages aus alternativen Messplatzsituationen und die Kovariate Freilandniederschlag ein. Ein ähnliches Prüfschema verfolgt die ebenfalls durchgeführte Varianzanalyse mit Messwiederholungen (Tabelle 3-24). In beiden Prüfungen wurde der signifikante Einfluss des Faktors *„Lücke"* auf die Varianz der Unterkronenniederschlagsverteilungen bestätigt und die partielle Erklärungskraft bei 25 bzw. 38 % festgelegt. Die Freilandniederschlagsmenge erklärt jedoch deutlich mehr Varianz der Rohdaten.

Obwohl die Voraussetzung der Homogenität der Varianzen und die Sphärizität verletzt sind, lässt die Stichprobengröße ein robustes Prüfverfahren erwarten. Die Gleichung 3-14 gibt Aufschluss über das formulierte Modell der einfachen Varianzanalyse. Jede Steigerung des Freilandniederschlagsbetrages äußert sich demnach in gleich bleibenden Steigerungen des Unterkronenniederschlages. Fast 30 % des Freilandniederschlages gehen dabei jedoch verloren. Generell ist an Lückenmessplätzen im Rahmen getätigter Niederschlagsaufnahmen bis zu Freilandniederschlagsmengen von 7 L/m² mit fast 1 L/m² mehr Unterkronenniederschlag zu rechnen als an Messplätzen unter Bestandesschirm. Die Anwendung dieser Schätzung auf die beobachtete Freilandniederschlagsspanne in der unbelaubten Messphase zeigt, dass in Bestandeslücken zwischen 80 und 110 % des Freilandniederschlages prognostiziert werden, während sonst lediglich 40 bis 60 % des Freilandniederschlages zum Waldboden gelangen.

Tabelle 3-23: Varianzanalyseergebnis des Einflusses des Faktors Lücke und der Kovariaten Freilandniederschlag auf den Unterkronenniederschlag. Stichprobe für den Faktor per Zufallsauswahl eingekürzt.

Faktor / Kovariate	Fälle	n	Art	LT	Varianzanalyse (univariat) Effekt		Modell	
				sig.	sig.	Eta²	sig.	R²
Lücke	„ja"	105	Faktor	x	x	0,257	x	0,838
	„nein"	111						
N [L/m²]		7	Kovariate		x	0,833		

x... signifikant (0,05 Signifikanzniveau)

Tabelle 3-24: Ergebnis der Varianzanalyse mit Messwiederholungen zum Einfluss des Faktors Lücke und der Messwiederholungen zum Niederschlag auf den Unterkronenniederschlag. Stichprobe für den Faktor per Zufallsauswahl eingekürzt. (Huynh-Feldt-Signifikanz = 0,392)

Faktor/ Kovariate/ Wdhlg	Fälle	n	Art	LT	Box-M	Mauchly	Varianzanalyse (Wdhlg) Kontrast$_{lin}$		Effekt	
				sig.	sig.	sig.	sig.	Eta²	sig.	Eta²
Lücke	„ja"	15	Faktor	x (5/7)	---	x			x	0,381
	„nein"	15								
N [L/m²]		7	Wdhlg				x	0,936	x	0,907

x... signifikant (0,05 Signifikanzniveau)

$$NUK_{N,Lücke} = -0{,}612 + N * 0{,}726 \quad \begin{array}{l} +0{,}997;\ wenn\ Lücke = "ja" \\ +0{,}000;\ wenn\ Lücke = "nein" \end{array} \tag{3-14}$$

<u>Varianzanalysen zur Quantifizierung der Effekte der Überschirmung durch Buche und Fichte:</u>

Die Zuordnung eines Unterkronenniederschlagsmesswertes zur Überschirmung durch Buche oder Fichte trägt lediglich geringfügig zur Erklärung von Varianzanteilen in der einfachen Varianzanalyse bei (Tabelle 3-25). Das Gesamtmodell wird wesentlich stärker geprägt vom ebenfalls signifikanten Einfluss der Freilandniederschlagsmenge. Nach der Gleichung 3-15 wird jede Erhöhung des Freilandniederschlages zu etwa 60 % an den Unterkronenniederschlag weiter gereicht. Zusätzlich erhalten Messplätze unter Buchenkronen über 0,6 L/m² mehr Unterkronenniederschlag als Messplätze unter dem Kronendach von Fichten.

Tabelle 3-25: Varianzanalyseergebnis des Einflusses des Faktors Überschirmung und der Kovariaten Freilandniederschlag auf den Unterkronenniederschlag.

Faktor / Kovariate	Fälle	n	Art	LT	Varianzanalyse (univariat)			
					Effekt		Modell	
				sig.	sig.	Eta²	sig.	R²
Überschirmung	Buche	531	Faktor	x	x	0,099	x	0,754
	Fichte	486						
N [L/m²]		7	Kovariate		x	0,747		

x... signifikant (0,05 Signifikanzniveau)

$$NUK_{N,Überschirmung} = -0{,}451 + N * 0{,}612 \quad \begin{array}{l} +0{,}621;\ wenn\ Überschirmung = Buche \\ +0{,}000;\ wenn\ Überschirmung = Fichte \end{array} \tag{3-15}$$

Die am gleichen Datensatz durchgeführte Varianzanalyse mit Messwiederholungen bestätigt dieses Resultat weitestgehend. Lediglich die Eta²-Werte sowohl des Faktors Überschirmung als auch des Wiederholungseffektes fallen etwas höher aus. Dies ist insofern besonders erfreulich, da in der Varianzanalyse mit Messwiederholungen stets auch die Voraussetzung der Varianzhomogenität erfüllt wurde.

Tabelle 3-26: Ergebnis der Varianzanalyse mit Messwiederholungen zum Einfluss des Faktors Überschirmung und der Messwiederholungen zum Niederschlag auf den Unterkronenniederschlag. (Huynh-Feldt-Signifikanz = 0,409)

Faktor/ Kovariate/ Wdhlg	Fälle	n	Art	LT	Box-M	Mauchly	Varianzanalyse (Wdhlg)			
							Kontrast$_{lin}$		Effekt	
				sig.	sig.	sig.	sig.	Eta²	sig.	Eta²
Ü.schirm.	Buche	75	Faktor	(0/7)	---	x			x	0,169
	Fichte	62								
N [L/m²]		7	Wdhlg				x	0,919	x	0,879

x... signifikant (0,05 Signifikanzniveau)

Varianzanalysen zur Quantifizierung der gemeinsamen Effekte der Überschirmung, des Freilandniederschlages und der Distanz des Messplatzes:

Die gemeinsame Berücksichtigung des Faktors Überschirmung und der Kovariaten relative Distanz und Freilandniederschlag in einer Varianzanalyse mündete in einem Modell mit befriedigendem Bestimmtheitsmaß (R^2 = 0,77; vgl. Tabelle 3-27). Alle Prüfgrößen haben signifikanten Einfluss auf die Streuung im Unterkronenniederschlag. Dominierend ist erneut der erklärende Anteil der Freilandniederschlagsmenge im Modell. Nur etwa 5 bzw. 10 % der Varianz im Unterkronenniederschlag werden durch die Umgebungssituation am Messplatz bestimmt. Dabei werden Messplätzen unter Buchenkronen etwa 0,6 L/m² mehr Unterkronenniederschlag zugesprochen und in Abhängigkeit von der relativen Position eines Niederschlagssammlers vom Stammfuß 0 bis 0,75 L/m² mehr Unterkronenniederschlag vergeben. Wie bereits im vorhergehenden Modell steigert jede Freilandniederschlagserhöhung die Unterkronenniederschlagsmenge in feststehender Relation (etwa 60 %; Gleichung 3-16).

Die Varianzanalyse mit Messwiederholungen unterstützt diese Schätzung, vergibt jedoch höhere Eta²-Werte an die Varianten der expliziten Messplatzsituation. Danach bekommt der Faktor Überschirmung eine Bedeutung von fast 20 %, während die relative Distanz immerhin mehr als 10 % der Unterkronenniederschlagsvarianz erklärt. Obwohl auch in dieser Analyse die Sphärizität verletzt ist, wird dem Ergebnis der Varianzanalyse wegen bestätigter Varianzhomogenität in allen Fällen, hoher und weitestgehend vergleichbarer Stichprobenzahlen und nicht zuletzt aufgrund des Residuendiagrammes der Abbildung 3-39 vertraut.

Tabelle 3-27: Varianzanalyseergebnis des Einflusses des Faktors Überschirmung und der Kovariaten Freilandniederschlag und relative Distanz auf den Unterkronenniederschlag.

Faktor / Kovariate	Fälle	n	Art	LT	Varianzanalyse (univariat)			
					Effekt		Modell	
				sig.	sig.	Eta²	sig.	R²
Überschirmung	Buche	531	Faktor		x	0,107	x	0,766
	Fichte	486						
rel. Distanz	0 - 1		Kovariate		x	0,052		
N [L/m²]		7	Kovariate		x	0,757		

x... **signifikant (0,05 Signifikanzniveau)**

Tabelle 3-28: Ergebnis der Varianzanalyse mit Messwiederholungen zum Einfluss des Faktors Überschirmung, der Kovariaten relative Distanz und der Messwiederholungen zum Niederschlag auf den Unterkronenniederschlag. (Huynh-Feldt-Signifikanz = 0,409)

Faktor/ Kovariate/ Wdhlg	Fälle	n	Art	LT	Box-M	Mauchly	Varianzanalyse (Wdhlg) Kontrast$_{lin}$		Effekt	
				sig.	sig.	sig.	sig.	Eta²	sig.	Eta²
Ü.schirm.	Buche Fichte	75 62	Faktor		---	x			x	0,191
rel.Distanz	0 - 1		Kovariate	(0/7)					x	0,115
N [L/m²]		7	Wdhlg				x	0,692	x	0,588

x... signifikant (0,05 Signifikanzniveau)

$$NUK_{N,relDist,Überschirmung} = -0{,}834 + N * 0{,}612 + relDist * 0{,}753 \\ + 0{,}633;\ wenn\ Überschirmung = Buche \\ + 0{,}000;\ wenn\ Überschirmung = Fichte \qquad (3\text{-}16)$$

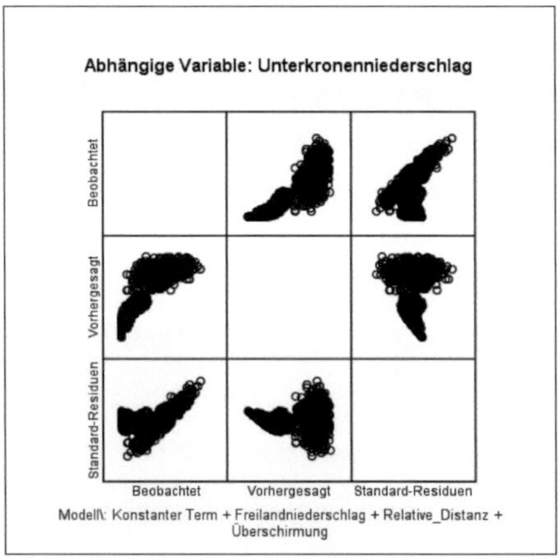

Abbildung 3-39: Residuendiagramm der univariaten Varianzanalyse zum Einfluss der Überschirmung, des Freilandniederschlagsbetrages und der relativen Messplatzdistanz auf den Unterkronenniederschlag.

3.2.2.5 Ergebnisse regressionsanalytischer Unterkronenniederschlagsanalysen an allen geeigneten Datensätzen

Regressionsanalysen mussten an unterschiedlich großen Punktwolken durchgeführt werden (vgl. Tabelle 3-29). An Messplätzen, die nach dem Sturmereignis *„Kyrill“* aufgegeben wurden, lagen lediglich vier einzelne Messungen vor. Mit Ausnahme eines Messplatzes flossen sonst alle sieben qualitativ überzeugenden Niederschlagsaufnahmen in die Analysen ein. Die nichtlineare Gleichung 2-10 konnte im Mittel mit Bestimmtheitsmaßen von etwa 0,9 angepasst werden. Die lineare Gleichung 2-16, die sich der Punktwolke bei Freilandniederschlägen unter 7,5 L/m² widmet, ließ sich im Durchschnitt noch deutlich besser parametrisieren. Hingegen war die Anpassung der Gleichung 2-19 nie möglich, da keine Niederschlagsereignisse mit mehr als 10 L/m² Freilandniederschlag registriert werden konnten.

Tabelle 3-29: Überblick zum Stichprobenumfang und zur Güte der Anpassungen der Gleichungen 2-10, 2-16 und 2-19 in den Punktwolken des Freilandniederschlages und des Unterkronenniederschlages am expliziten Messplatz.

Stichprobenumfang		R^2 der Kurvenanpassungen nach den Gleichungen:					
		2-10		2-16		2-19	
$n_{Punktwolke}$	$n_{Messplatz}$	$\overline{X}$	s	$\overline{X}$	s	$\overline{X}$	s
4	**14**						
6	**1**	0,912	0,078	0,964	0,035	---	---
7	**160**						
Summe	**175**						

Ein tieferer Blick in die Regressionsresultate an expliziten Messplätzen relativiert den durchschnittlich guten Erfolg der Gleichungsparametrisierungen insofern, dass einerseits Ausreißer in der Verteilung der Bestimmtheitsmaße identifiziert werden mussten. Andererseits lagen gelegentlich auch nicht plausible Parameterschätzer vor. Die Tabelle 3-30 enthält hierzu eine Zusammenstellung. An insgesamt 17 Messplätzen wurde die Gleichung 2-10 mit Bestimmtheitsmaßen kleiner 0,8 angepasst. Diese qualitative Bedingung an den Regressionserfolg wurde vorrangig in Analysen an fichtendominierten Messplätzen mit 14 Nennungen nicht erfüllt. Daneben wurden zwei Bedingungen zur Plausibilität einzelner Parameterschätzer formuliert, die ausschließlich an fichtenüberschirmten Messplätzen verletzt wurden. Schätzwerte für den Parameter b größer als 5 entsprechen überdimensionierten Steigerungen des Unterkronenniederschlages in Relation zur Freilandniederschlagsmenge, während Freilandniederschläge im Kurvenumbruch über 100 L/m² auf unplausible Abbildungen des Sättigungsprozesses der Kronenspeicherkapazität hindeuten.

Tabelle 3-30: Anzahl unbefriedigender und unplausibler Anpassungen der Gleichung 2-10.

Bedingung	Überschirmung des Messplatzes				Σ
	Buche	Fichte	Lücke	buche-fichte-gemischt	
$R^2 < 0,8$	2	14		1	17
$b > 5,0$		8			8
$1/a > 100$		8			8

Doppelnennungen sind möglich!

Solche Misserfolge bei der Parametrisierung der niederschlagsabhängigen Dynamik des Unterkronenniederschlages waren im Rahmen der dürftigen Punktwolken und der realisierten Freilandniederschlagsspanne nicht ganz unerwartet. Darüber hinaus gab die distanzklassenorientierte Auflistung dieser inakzeptablen Regressionsanalysen Aufschluss dazu, dass insbesondere Fichtenmessplätze nahezu aller Distanzklassen betroffen waren, während die zwei Buchenmessplatzfälle auf den stammnahen Distanzbereich beschränkt blieben. In letzter Konsequenz mussten Messplätze, die eine oder mehrere Bedingungen akzeptabler Regressionsanalysen nicht erfüllt haben, aus den nachfolgenden Analysen ausgeschlossen werden, die sich auf Parameter der Gleichung 2-10 berufen. Über die modifizierte Stichprobenbelegung informiert die Tabelle 3-31.

Tabelle 3-31: Die neue Klassenbelegung der Messplätze für folgende Analysen als Konsequenz aus den nicht akzeptablen Regressionsresultaten nach der Gleichung 2-10.

Schirm-situation	relative Distanzklasse										Summe [149]
	I ≤0,1	II 0,11 - 0,20	III 0,21 - 0,30	IV 0,31 - 0,40	V 0,41 - 0,50	VI 0,51 - 0,60	VII 0,61 - 0,70	VIII 0,71 - 0,80	IX 0,81 - 0,90	X ≥0,91	
Buche	4	9	9	6	8	8	8	9	8	5	74
Fichte	1	4	4	6	4	8	6	7	3	9	52
Lücke											15
B-F-gemischt											8

Daneben ist die Ableitung der Niederschlagskomponenten und letztlich des Unterkronenniederschlagsmodells für die Überschirmungssituation Fichte komplett unterblieben. Maßgeblich für diese Entscheidung war das Wissen um die bereits aus der belaubten Messphase bekannten Niederschlagsmengen, die zum Abschluss des Sättigungsprozesses des Kronenspeichers notwendig waren. Die in der unbelaubten Messphase registrierte Freilandniederschlagsspanne von 0,05 bis 7 L/m² reicht wohl kaum aus, um dem erwarteten Umverteilungsprozess des Niederschlages durch ausreichende Anzahlen an Einzelmessungen aus unterschiedlichen Freilandniederschlagsereignissen gerecht zu werden. Außerdem ist die Stichprobe fichtendominierter Messplätze zu stark durch die angewendete Qualitäts- und Plausibilitätsprüfung ausgedünnt worden, um Ableitungen daraus im Folgenden noch genügend Vertrauen schenken zu können.

Aufgrund der ungenügenden Datenlage musste insgesamt auch auf die Auswertung zu lateralen Flüssen im unbelaubten Zustand verzichtet werden. Aus den Auswertungen zur belaubten Messphase ging hervor, dass Dynamiken des lateralen Wassertransportes erst bei mehr als 10 L/m² deutlich werden. Ähnliche Auswerteansätze im vorliegenden Datenpool wären höchst spekulativ und kaum extrapolationsfähig. Dies gilt ebenso für die Generierung abtropfenden Niederschlages. Damit musste auch auf die zusammenführende Modellbildung zur distanz- und freilandniederschlagsabhängigen Unterkronenniederschlagsverteilung verzichtet werden. Lediglich Einblicke in das Kronenspeicherverhalten und die Ausprägung durchfallender Niederschläge waren anhand des verfügbaren Datensatzes mit Einschränkungen möglich.

Ergebnisse der Regressionsanalysen zur notwendigen Niederschlagsmenge zur vollständigen Sättigung der absoluten Kronenspeicherkapazität:

Die Ergebnisse zur notwendigen Freilandniederschlagsmenge zur Sättigung der absoluten Kronenspeicherkapazität werden in der Abbildung 3-40 wiedergegeben. Das Niederschlagsspeichervermögen laubfreier Buchenkronen ist bereits bei Freilandniederschlägen deutlich unter 5 L/m² gesättigt. Besonders außerhalb der unmittelbaren Stammzone von Buchenkronen reichen zumeist Freilandniederschläge von etwa 1 L/m² aus, um die Sättigung des Kronenspeichervermögens herzustellen. Dennoch stellen sich in Einzelfällen erhebliche Ausreißer von dieser mittleren Beobachtung ein. Ein Distanztrend ist nur insofern festzustellen, dass der Median und die Streuung um diesen Zentralwert der stammnahen Messzone von Werten alternativer Distanzsituationen abweicht.

Vergleichbar hohe Freilandniederschlagsmengen sind in buchen-fichten-gemischten Messplatzsituationen notwendig, um die Sättigung des Kronenspeichervermögens herbeizuführen. Lediglich in Lückenmessungen ist – abgesehen von einem Ausreißer – wie erwartet nahezu kein Freilandniederschlag notwendig, um Sättigungsprozesse zu unterstützen.

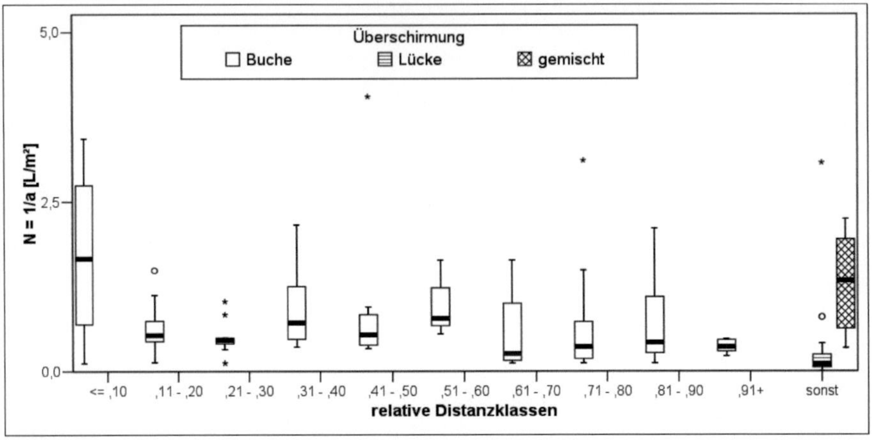

Abbildung 3-40: Boxplots der Freilandniederschlagshöhe im Kurvenumbruch der Gleichung 2-10 differenziert nach Überschirmung und relativen Distanzklassen der Messplätze (ohne Überschirmungssituation Fichte).

Ergebnisse der Regressionsanalysen zur absoluten Kronenspeicherkapazität:

Ein nahezu identisches Bild hinterlässt die Abbildung 3-41 zur absoluten Kronenspeicherkapazität im unbelaubten Zustand. Die absolute Kronenspeicherkapazität aller drei Überschirmungssituationen beträgt bis auf wenige Ausnahmen weniger als 1 L/m² je Einzelniederschlagsereignis. Bis zu 2 L/m² Speichervermögen kann dem stammnahen Kronenbereich der Buche zugebilligt werden. Die Messwertstreuungen dieser Messplatzsituation sind wiederum relativ groß. Unterschiede anderer Distanzklassen der Buchenüberschirmung sind in Anbetracht der Werteskala marginal. In Lückenmessungen tritt fast keine Niederschlagswasserspeicherung ein.

Da Niederschlagsmessungen unter Buchenkronen unter Ausschluss von Belaubungen des Kronendaches stattfanden, kann die regressionsanalytisch abgeleitete Speicherkapazität buchendominierter Messplätze als ausschließliche Astspeicherkapazität verstanden werden.

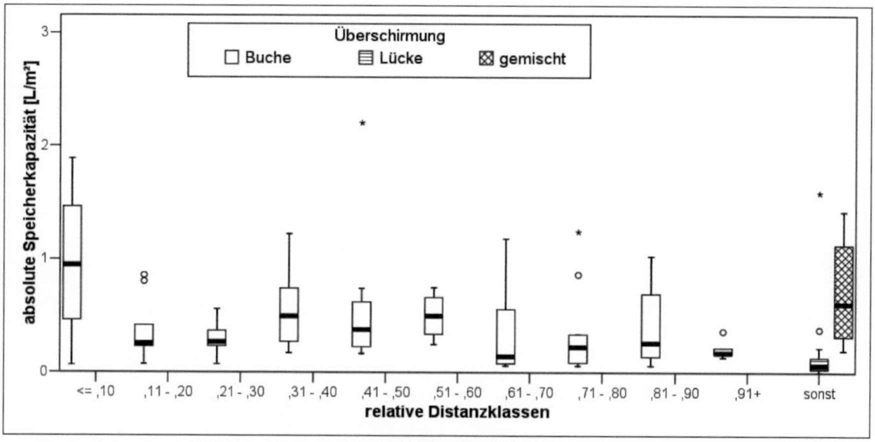

Abbildung 3-41: Boxplots absoluter Speicherkapazität differenziert nach Überschirmung und relativen Distanzklassen der Messplätze (ohne Überschirmungssituation Fichte).

Ergebnisse der Regressionsanalysen zum durchfallenden Niederschlagsanteil bei Freilandniederschlagsbeträgen kleiner 7,5 L/m²:

Die anteilige Weitergabe von Freilandniederschlägen an den durchfallenden Niederschlag konnte anhand der Gleichung 2-16 für alle Überschirmungs- und Distanzsituationen auch im unbelaubten Kronenzustand der Buche erschlossen werden. Danach gelangten je nach Messplatzposition im Bestand ca. 30 bis 100 % des Freilandniederschlages ohne nennenswerten Kronenkontakt unmittelbar zum Waldboden. Höchste Anteile wurden erwartungsgemäß in Lücken erzielt (vgl. Abbildung 3-42). An buchen- und fichtendominierten Messplätzen stellte sich eine relativ hohe Wertespanne ein, die sich letztlich auch in der gemischten Messplatzsituation widerspiegelt. Tendenziell liegen die Anteile des Freilandniederschlages, die zum durchfallenden Niederschlag werden, in Fichtenmessungen unter dem vergleichbarer Messplatzpositionen der Buche. In beiden Überschirmungssituationen sind leichte Distanztrends feststellbar, die höhere Anteile durchfallenden Niederschlages am Kronenrand andeuten. Die Prüfungen dieser Trends per lineare Regressionen bestätigten diesen Eindruck als jeweils signifikant. Die Bestimmtheitsmaße der Beziehungen lagen jedoch unter 0,15.

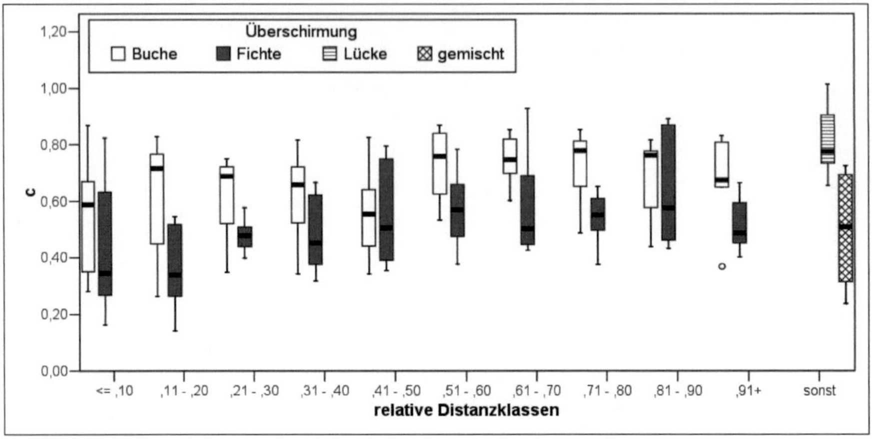

Abbildung 3-42: Boxplots des Parameters c zur anteiligen Verteilung des Freilandniederschlages an den durchfallenden Niederschlag differenziert nach Überschirmung und relativen Distanzklassen der Messplätze.

3.2.2.6 Ergebnisse zum Stammablauf im Messzeitraum „*unbelaubt*“

Überblick vorhandener Daten:

Im unbelaubten Messzeitraum konnten lediglich für 5 qualitativ überzeugende Freilandniederschlagsereignisse Stammablaufmengen ermittelt werden, da der Aufnahmezeitraum durch Frostperioden sehr begrenzt war. Auch hinsichtlich der beobachteten Freilandniederschlagsmengen und -wertespannen ergibt sich innerhalb der Stammablaufmessungen im unbelaubten Kronenzustand ein eher unbefriedigendes Bild. Die Freilandniederschläge betrugen 0,05; 0,94; 2,52; 6,25 und 7,0 L/m². Insgesamt standen im Beobachtungszeitraum 16,76 L/m² aus fünf Freilandniederschlagsereignissen summarische Stammabflüsse zwischen 6,6 und 110 Litern gegenüber (vgl. Tabelle 3-32).

Repräsentative Ableitungen zum Stammablaufverhalten von Buchen im laubfreien Kronenzustand, die deutlich über die beobachteten Freilandniederschlagssituationen hinausgehen, ließen sich aufgrund der unbefriedigenden Datenlage nicht tätigen. Da insbesondere während der sehr niedrigen Feilandniederschläge kaum Stammablauf erzeugt wurde, ist der Datensatz zudem mit einigen Nullwerten durchsetzt. Dies hat letztlich dazu geführt, dass Freilandniederschlagsdynamiken im Datensatz mit Vorsicht beurteilt werden und z.B. die Abschätzung der räumlichen Stammablaufgenerierung unterlassen wurde.

Tabelle 3-32: Summarischer Stammablauf einzelner Probebäume aus jeweils 5 Einzelmessungen bzw. insgesamt 16,76 L/m² Freilandniederschlag.

Baum Nr.	Stammablauf [L]	Baum Nr.	Stammablauf [L]
1	41,28	**6**	20,30
2	29,30	**7**	110,49
3	24,21	**8**	105,65
4	11,95	**9**	10,00
5	6,60	**10**	70,47

Regressionsanalytische Schätzungen des Stammablaufes:

Die Tabelle 3-33 gibt die Ergebnisse der regressionsanalytischen Schätzung des Stammablaufes mit Hilfe des Freilandniederschlagsbetrages, des Brusthöhendurchmessers und des geschätzten Astwinkels in unterschiedlich komplexen Gleichungssystemen wieder. Die dazugehörigen Parameter sind in den Gleichungen 3-17 bis 3-20 zu finden.

Tabelle 3-33: Güte, Parameteranzahl und Strafterme der Stammablaufschätzung durch verschieden komplexe Regressionsmodelle.

Gleichung	Grundprinzip	n	Parameteranzahl	R^2	AIC	BIC
3-17	ST_N		2	0,435	4,929	5,005
3-18	$ST_{N,BHD}$	50	2	0,641	4,467	4,543
3-19	$ST_{N,BHD,AW}$		6	0,762	4,222	4,451

$$ST_N = 0{,}3706 * N^{2{,}118} \tag{3-17}$$

$$ST_{N,BHD} = BHD * 0{,}0111 * N^{2{,}0622} \tag{3-18}$$

$$ST_{N,BHD,AW} = BHD * 0{,}0103 * N^{2{,}09} + 4{,}267 + 10{,}422 * \cos(10{,}014 * (AW - 0{,}592)) \tag{3-19}$$

$$T = 360° / 10{,}014 = 36° \qquad \Phi = 0{,}595[rad] \text{ bzw. } 33{,}9° \tag{3-20}$$

Wegen der suboptimalen Datenausgangslage sollte hier die Betonung mehr auf der prinzipiellen Eignung der geprüften Einflussfaktoren zur Stammablaufschätzung liegen. Wie in den Analysen zum Stammablauf im belaubten Kronenzustand füllt auch im unbelaubten Zustand der Buche die Freilandniederschlagsmenge den überwiegenden Anteil der

Schätzfunktion aus. Anstiege des Freilandniederschlages resultierten in Zunahmen der Stammablaufmenge mit dem Exponent 2,1. Deutliche Verbesserungen der Schätzung werden erreicht, wenn zusätzlich der Einfluss des Baumbrusthöhendurchmessers Berücksichtigung findet. Höhere Stammablaufmengen sind an stark dimensionierten Buchen zu erwarten. Ein schwächerer Einfluss auf die generierte Stammablaufmenge geht vom beobachteten Astwinkel der Probebäume aus. Dabei gilt, dass höchste Beiträge aus Bäumen stammen, die sehr steile Äste oder Aststellungen um etwa 34° aufweisen. Insgesamt können mehr als 75 % der Datenstreuung erklärt werden.

3.2.3 Vergleich der Niederschlagsverteilungen unterschiedlicher phänologischer Messphasen

3.2.3.1 Unterschiede und Gemeinsamkeiten in den Unterkronenniederschlagsverteilungen beider phänologischer Messphasen

Aus dem Set verfügbarer Niederschlagsaufnahmen aus beiden Messphasen der Versuchsfläche *„Tharandt“* wurden drei Gruppen gebildet, die hinsichtlich des Freilandniederschlages vergleichbare Werte erhoffen ließen. Dabei mussten z.T. Niederschlagsereignisse in Kollektive zusammengefasst werden. Besondere Beachtung erhielt hierbei der Mittelwert zusammengefasster Freilandniederschläge, um zumindest die zentrale Tendenz im jeweiligen Vergleich nicht zu stören (vgl. Tabelle 3-34).

Tabelle 3-34: Klassenbildung für den Vergleich mehrerer Niederschlagsaufnahmen aus unterschiedlichen phänologischen Messphasen.

N-Klasse	Messphase			
	belaubt		unbelaubt	
	N-Ereignisse	$\overline{X}$	N-Ereignisse	$\overline{X}$
	[L/m²]		[L/m²]	
1	0,80; 1,00; 1,20	1,00	0,94	
2	2,20; 2,30; 2,80	2,43	2,52	
3	5,00; 5,35; 7,45; 8,00	6,45	5,25; 6,25; 6,50; 7,00	6,25

Die prozentualen Unterkronenniederschlagsverteilungen dieser ausgewählten Niederschlagsaufnahmen wurden in einer einfachen Varianzanalyse hinsichtlich der Relevanz der Faktoren Freilandniederschlagsklasse und Messphase überprüft. Wechselwirkungen wurden im Modell nicht berücksichtigt. Durch die Integration des Faktors Messplatznummer in der Varianzanalyse war gewährleistet, dass alle vorstellbaren positionsabhängigen Tendenzen im Unterkronenniederschlagsvergleich beider Messphasen ebenfalls berücksichtigt wurden, da letztlich durch die Hinzunahme dieses Faktors nur der individuelle Datenvergleich innerhalb einzelner Messplätze ermöglicht wurde.

Die Tabelle 3-35 gibt Aufschluss über das Ergebnis der Prüfung. Dem Faktor Messphase wird für alle Überschirmungssituationen ein signifikanter Einfluss zugesprochen. Dennoch fallen die Eta²-Werte heterogen aus. Für buchenüberschirmte Messplätze scheint der Effekt der Messphase erwartungsgemäß von besonderer Bedeutung zu sein. Er entscheidet über durchschnittlich 27,3 % mehr Unterkronenniederschlag in Messungen ohne Belaubung im Vergleich zu positions- und freilandniederschlagsähnlichen Messungen im belaubten Zustand. Nur etwa halb soviel Effektgröße ist vom Messphasenvergleich an fichtendominierten Messplätzen zu erwarten. Auch der Parameterschätzer fällt deutlich geringer aus. Die Prüfung der buchen-fichten-gemischten Überschirmung erhielt intermediäre Werte. Daneben ist trotz prinzipieller Signifikanz der Effekt der Messphase in Lückenmessungen nur sehr gering. Selbst bei Annahme eines relevanten Effektes auf die Varianz im Datensatz dieser Messplatzklasse sind nur Zuschläge von 6,9 % des Freilandniederschlages für den Unterkronenniederschlag im unbelaubten Zustand zu erwarten.

Tabelle 3-35: Teilergebnisse der einfachen Varianzanalyse zum prozentualen Unterkronenniederschlag verschiedener Messphasen.

Überschirmung	LT Sig.	Effekt Messphase Sig.	Eta²	Parameterwert für *„unbelaubt"* statt *„belaubt"* [% v. N]
Buche	0,000	0,000	0,405	+ 27,3
Fichte	0,128	0,000	0,225	+ 17,0
Lücke	0,001	0,002	0,044	+ 6,90
gemischt	0,020	0,000	0,310	+ 19,1

In die Varianzanalyse flossen nur Unterkronenniederschlagsaufnahmen ein, die einer der drei N-Klassen aus Tabelle 3-34 entsprachen. Geprüft wurden die Effekte: N-Klasse, Messplatznummer und Messphase ohne Wechselwirkungen.

Damit unterstützt die Varianzanalyse der Tabelle 3-35 die Vermutungen unzähliger Autoren, dass durch den Wegfall der Belaubung bei Buche wesentlichste Unterkronenniederschlagsveränderungen eben auch an den Niederschlagsmessplätzen unter Buchenkronen zu registrieren sein werden, während Messvergleiche unter Fichtenkronen weniger vom Jahreszeitenrhythmus beeindruckt sind.

Dennoch ließen sich auch an fichtendominierten Messplätzen Veränderungen statistisch belegen. Gestützt wird dieses Ergebnis durch die Ausgabe einer weiteren Varianzanalyse, die sich nach ähnlichem Prüfschema dem Messphasenvergleich im Parameter c (Anteil durchfallenden Niederschlages am Freilandniederschlag) widmet (Tabelle 3-36). Hierbei zeigt sich, dass die soeben bestätigte recht unerwartete Unterkronenniederschlagsabhängigkeit von der Jahreszeit unter Fichtenkronen zu großen Teilen vom Messphaseneffekt auf den durchfallenden Niederschlag gesteuert wird. Für alle drei baumartindividuellen Überschirmungen ließen sich signifikante Messphaseneffekte berechnen. Die Eta²-Werte fielen ebenso gleichartig wie die Parameterschätzer aus. Unabhängig von der Art der Messplatzüberschirmung ergaben sich im vergleichbaren Freilandniederschlagsrahmen von 0 bis 7 L/m² etwa 16 bzw. 17 Prozent mehr durchfallender Niederschlag am Freilandniederschlag. Lediglich in Lückenmessungen ließ sich ein Messphaseneffekt nicht bestätigen.

Tabelle 3-36: Teilergebnisse der einfachen Varianzanalyse zum Anteil durchfallenden Niederschlages am Freilandniederschlag verschiedener Messphasen.

Überschirmung	Effekt Parameter c		
	Sig.	Eta²	Parameterwert für „*unbelaubt*“ statt „*belaubt*“ [% v. N]
Buche	0,000	0,680	+ 17,1
Fichte	0,000	0,675	+ 16,7
Lücke	0,914	0,001	+ 0,20
gemischt	0,002	0,772	+ 15,7

Geprüft wurden die Effekte: Messpunktnummer und Messphase ohne Wechselwirkungen auf den Parameter c aus der Gleichung 2-16.

Der nach dem selben Prüfverfahren durchgeführte Vergleich der absoluten Kronenspeicherkapazitäten von Buchenkronenabschnitten ergab höchst signifikante Beziehungen hoher partieller Erklärungskraft (0,7), die bestätigen, dass das Kronenspeichervermögen unter

Buchenkronen unabhängig von der jeweiligen Position unter der Buchenkrone um durchschnittlich 2,9 L/m² im unbelaubten Zustand abnimmt.

3.2.3.2 Ableitung der absoluten Ast- und Blattspeicherkapazitäten für Messplätze unter Buchenkronen

Die Gegenüberstellung der absoluten Kronenspeichervermögen an Messplätzen unter Buchenkronen aus den Messphasen belaubt und unbelaubt ermöglicht Rückschlüsse auf das Speichervermögen der Buchenkronen in unterschiedlichen phänologischen Phasen. Da die hergeleitete absolute Speicherkapazität aus der unbelaubten Messphase die Speicherung von Niederschlägen am Astmaterial der Krone wiedergibt, muss die Differenz zum jeweiligen Wert aus der belaubten Messphase das ausschließliche Speichervermögen des Buchenlaubes abbilden. Diese Differenz wurde am expliziten Messplatz berechnet und in der Abbildung 3-43 dargestellt. Statistische Maße zu den dargestellten Verteilungen sind in der Anlage 3-5 aufbereitet. Außerdem konnte die Gleichung 3-21 parametrisiert werden.

$$K - Blatt_{relDist} = 4{,}158 + relDist * -2{,}472 \qquad R^2 = 0{,}120 \qquad Sig. = 0{,}002 \qquad (3\text{-}21)$$

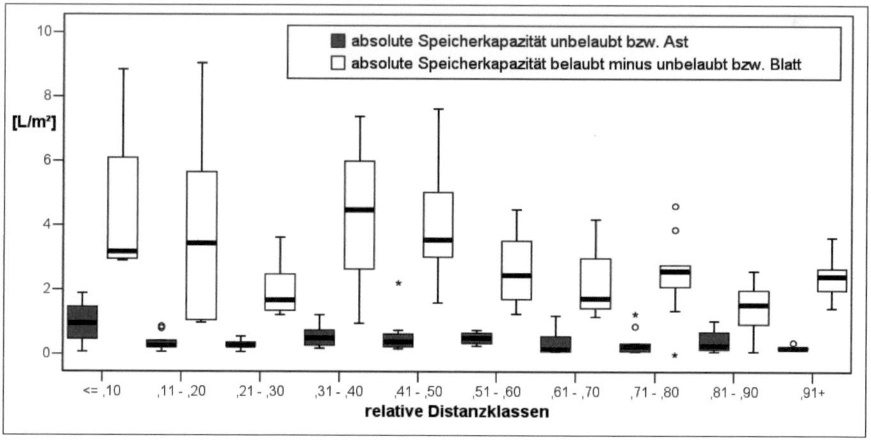

Abbildung 3-43: Boxplots der absoluten Ast- und Blattspeicherkapazitäten unter Buchenkronen differenziert nach speziellen Distanzklassen der Messplätze.

Besonders hohe absolute Blattspeicherkapazitäten wurden für Abschnitte aus dem inneren und mittleren Kronendrittel berechnet. Bis zu 8 L/m² Niederschlag können demnach je Niederschlagsereignis ausschließlich durch Buchenblätter im Kronenraum zurückgehalten werden. Im Durchschnitt ist jedoch eher mit 4 L/m² oder weniger Wasserspeicherung zu rechnen. Dies gilt insbesondere für die äußere Hälfte der Buchenkronen, in der das absolute Speichervermögen deutlich nachlässt und nur noch etwa 2 L/m² beträgt.

3.2.3.3 Ableitung der Veränderung des Anteils durchfallenden Niederschlages am Freilandniederschlag für Messplätze unter Buchenkronen

Nach sehr ähnlichem Prinzip erfolgte die Berechnung zur phänologischen Veränderung des durchfallenden Niederschlages unter Buchenkronen (vgl. Abbildung 3-44). Im Vergleich zur belaubten Messphase ist der durchfallende Niederschlag im unbelaubten Zustand der Buchen fast ständig erhöht. Damit bestätigt sich der Eindruck aus der Varianzanalyse auch in der distanzklassenspezifischen Betrachtung. Aus der Abwesenheit der Laubmasse resultiert offensichtlich ein Anstieg des Niederschlages, der ohne Kronenberührung bereits bei schwachen Niederschlagsereignissen zum Waldboden gelangt. Das Auftreten von Laubmassen verursacht besonders im inneren und mittleren Kronendrittel stärkere Reduktionen des durchfallenden Niederschlagsanteils. Am Kronenrand nimmt diese reduzierende Wirkung deutlich ab und ist im äußersten Bereich der Buchenkronen kaum noch vorhanden.

Die Ähnlichkeit dieser Beobachtung zur vorhergehenden Ableitung absoluter Blattspeicherkapazitäten lässt vermuten, dass beide Prozesse von Blattmassen- bzw. Blattflächenveränderungen innerhalb der Krone des einzelnen Baumes wesentlich bestimmt werden. Dieser Hypothese wird im Kapitel 5 nachgegangen.

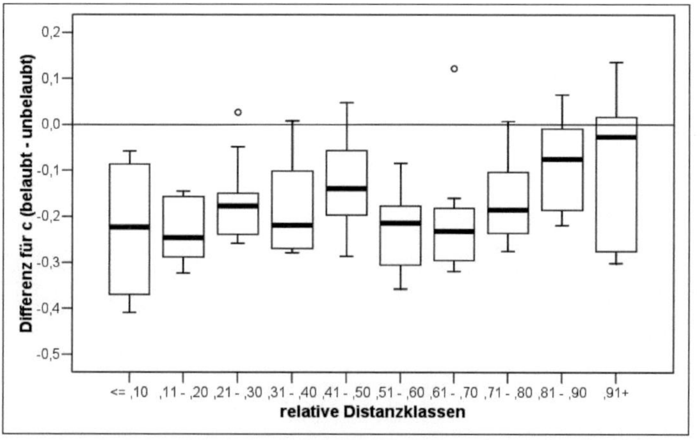

Abbildung 3-44: Boxplots zur Änderung des Anteils durchfallenden Niederschlages am Freilandniederschlag für die Überschirmungssituation Buche differenziert nach relativen Distanzklassen der Messplätze.

3.2.3.4 Unterschiede und Gemeinsamkeiten der Stammablaufmengen unterschiedlicher phänologischer Phasen

Da die Bedeutung der Freilandniederschlagsmenge, der Baumdimension und der Aststellung für die Generierung des Stammablaufes bereits verdeutlicht wurde, waren Stammablaufmengenvergleiche unterschiedlicher phänologischer Messphasen letztlich nur baumindividuell möglich und sollten sich prinzipiell vor allem auf Fälle gleichgroßer Freilandniederschlagsereignisse beschränken. Diese Konstellation war in der vorgestellten Untersuchung nicht gegeben. Deshalb muss im Messphasenvergleich die Einflussgröße Freilandniederschlag mitbeachtet werden.

Innerhalb entsprechender Punktwolken zum Stammablaufpotential einzelner Probebäume in Relation zur Freilandniederschlagsmenge sind die Resultate aus unterschiedlichen phänologischen Messphasen durch unterschiedliche Symbole kenntlich gemacht worden (vgl. Abb. 3-45 u. 3-46). An zwei willkürlich gewählten Bäumen aus dem Kollektiv der zehn Buchen, an denen Stammablauf gemessen wurde, ist gut zu erkennen, dass sich die ermittelten Stammablaufmengen der unbelaubten Messphase hervorragend in die Punktwolken aus der belaubten Messphase eingliedern lassen. Es bestehen – auch über diese Beispielbäume hinaus – keine Anzeichen dafür, dass die beprobten Buchen im laubfreien Zustand deutlich abweichende Stammablaufmengen erzeugt hätten. Selbst die Freilandniederschlagsmenge, die notwendig war, um die Stammablaufgenerierung zu initiieren, ist in der visuellen Punktwolkenanalyse als sehr ähnlich einzustufen. Letztlich bestehen im Geltungsbereich getätigter Messungen weder Indizien dafür, dass Stammablauf im unbelaubten Kronenzustand bereits bei geringeren Niederschlägen einsetzt, noch dafür, dass der Stammablauf im Betrag höher ausfällt als im belaubten Kronenzustand. Eine Unterscheidung der Stammablaufdynamiken im Jahresgang ist nicht unbedingt erforderlich.

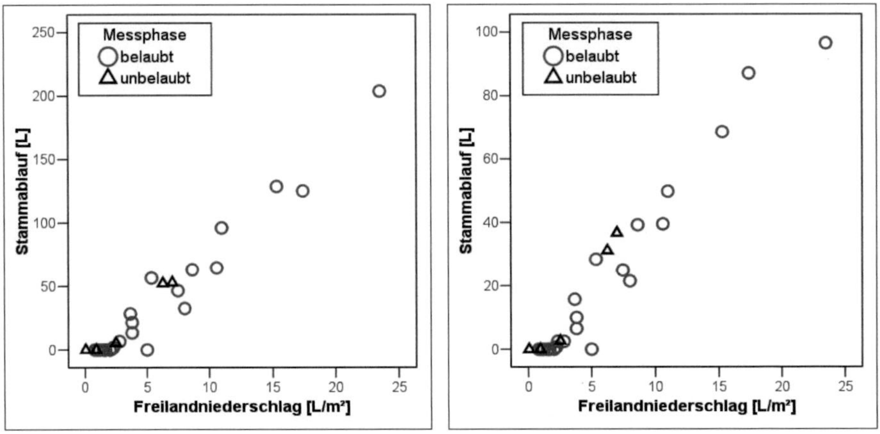

Abbildung 3-45 und Abbildung 3-46: Messwerte zur Dynamik zwischen Stammablaufmenge und Freilandniederschlagsbetrag in der belaubten (Kreisring) und unbelaubten (Dreieck) Messphase am Beispiel der Probebäume Nr. 7 (links) und Nr. 10 (rechts).

Deshalb lassen sich die Schätzfunktionen 3-22 bis 3-25 für das gesamte Punktwolkenkollektiv aller zehn Versuchsbäume, anhand aller qualitativ geeigneter Niederschlagsereignisse und beider Belaubungszustände, parametrisieren. Auch im Gütevergleich dieser Schätzfunktionen gilt wiederum, dass die Berücksichtigung der Faktoren Freilandniederschlag und Brusthöhendurchmesser zu einer besseren Schätzfunktion führt. Aufgrund der Dominanz der Stichprobe aus der belaubten Messphase fallen die Parameter der Schätzung nahezu identisch zu denen aus der belaubten Messphase aus. Das Bestimmtheitsmaß der ausschließlich freilandniederschlagsabhängigen Funktion zur Stammablaufschätzung von 0,49, lässt sich durch die Berücksichtigung des Brusthöhendurchmessers des jeweils Stammablauf generierenden Baumes auf 0,65 steigern. Durch die Hinzunahme der potenziell erklärenden Variable Astwinkel wird ein Bestimmtheitsmaß von 0,74 erreicht. Die astwinkelbedingte Oszillation der Stammablaufmenge erreicht wiederum bei etwa 34° mit etwa 21 Litern maximale Werte.

$$ST_N = 2{,}376 * N^{1{,}127} \qquad R^2=0{,}493 \qquad (3\text{-}22)$$

$$ST_{N,BHD} = BHD * 0{,}0579 * N^{1{,}176} \qquad R^2=0{,}650 \qquad (3\text{-}23)$$

$$ST_{N,BHD,AW} = BHD * 0{,}068 * N^{1{,}14} + 5{,}88 + 21{,}36 * \cos(9{,}65 * (AW - 0{,}59)) \qquad (3\text{-}24)$$

$$T = 360° / 9{,}65 = 37{,}3° \qquad \Phi = 0{,}59[rad] \text{ bzw. } 33{,}8° \qquad (3\text{-}25)$$

4 Ergebnisse zur Streu

4.1 statistische Analysen des Streufalles

4.1.1 Buchenlaubstreufall

Die Resultate zum Buchenlaubstreufall beider Versuchsflächen sind in der Tabelle 4-1 zusammengestellt. Auf beiden Flächen konnten mit etwa 200 g Trockenmasse je m² ähnlich hohe mittlere Blattstreumassen ermittelt werden. Auffällig waren die stets sehr hohen Datenstreuungen aufgenommener Stichproben. Auf der Versuchsfläche *„Solling"* stellte sich ein Variationskoeffizient von fast 60 % ein, während auf der Versuchsfläche *„Tharandt"* relative Streuungen von mehr als 30 % vorlagen. Ein möglicher Erklärungsansatz dieser Datenvariabilität ist selbstverständlich in der räumlichen Verteilung der Buchen in beiden Versuchsflächen zu vermuten. Eine entsprechende erste Prüfung auf räumliche Zusammenhänge zwischen angefallener Streumasse und Bestandessituation erfolgte durch den Vergleich der Streumassen unterschiedlicher Teilflächen in den einzelnen Versuchsflächen. Der angewendete Kruskal-Wallis-Test ergab für beide Versuchsflächen höchst signifikante Mittelwertunterschiede der Streumassen unterschiedlicher Teilflächen. Da diese Teilflächen u.a. nach dem Kriterium unterschiedlicher Buchendominanz ausgewählt wurden, war dieses Resultat weniger überraschend, es stellt aber dennoch die Ursache für räumliche Variabilitäten im Streufall – nämlich räumliche Muster der Baumartenverteilung im Buchen-Fichten-Mischbestand – bereits gut heraus.

Tabelle 4-1: Kennzahlen zum Buchenlaubstreufall beider Versuchsflächen und Resultate der Kruskal-Wallis-Tests auf signifikante Mittelwertunterschiede innerhalb einzelner Teilflächen der Versuchsflächen.

Versuchsfläche	Aufnahmezeitraum	n	$\overline{X}$ [gTM/m²]	s [gTM/m²]	KWT
„Solling"	01.09. – 30.11.2005	130	194,76	114,72	x
„Tharandt"	19.06.2006 – 18.06.2007 (1 Jahr)	99	216,72	70,49	x

x... signifikant (0,05 Signifikanzniveau)

Im Sinne räumlicher Variabilität verdeutlichen auch die Abbildungen 4-1 und 4-2, in denen die gefallenen Streumassen für die jeweiligen Versuchsflächen dargestellt sind, räumliche Zusammenhänge zwischen Baumverteilung und vorgefundener Streumenge.

Die Laubstreukarte der Versuchsfläche *„Solling"* zeigt abnehmende Streumassen im Norden und Nordwesten der Versuchsfläche. In diesen Bereichen war die Buche weitaus weniger häufig präsent als beispielsweise im Süden der Versuchsfläche.

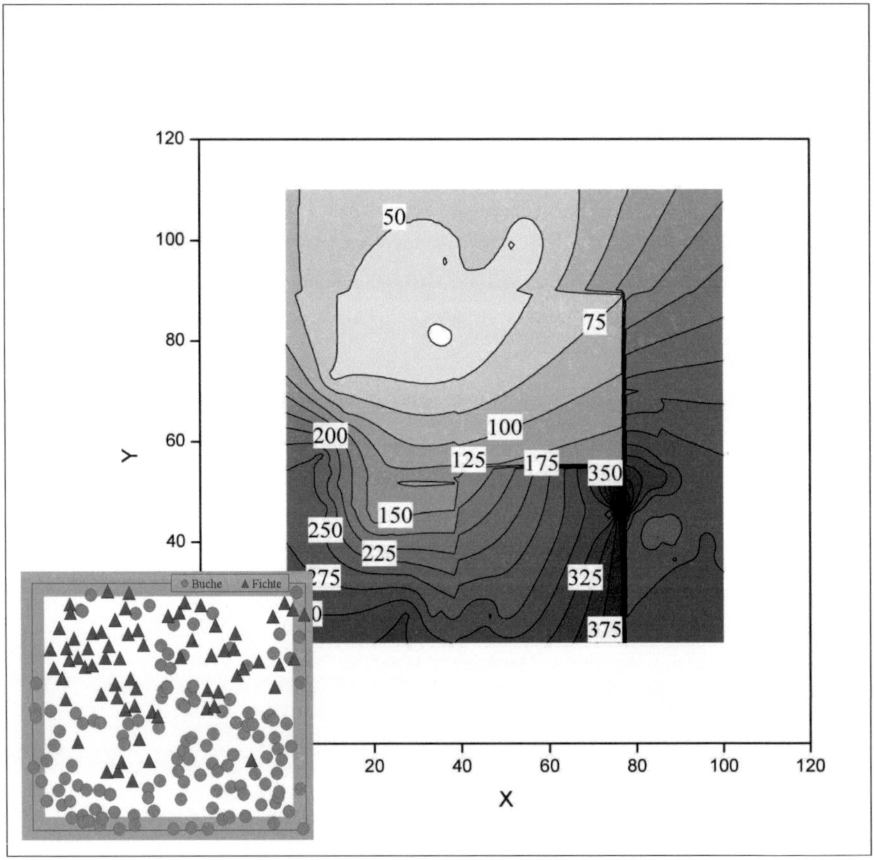

Abbildung 4-1: Karte der Buchenlaubstreuverteilung [gTm/m²] der Versuchsfläche *„Solling"*. Angaben an nicht durch Stichproben belegten Flächenbereichen wurden interpoliert mit Hilfe einer Gridding-Methode im Programm Origin 7.5G (Korrelation, 100 Spalten, 100 Zeilen, Suchradius 2, Glätte 1,0).

Da die Versuchsfläche *„Tharandt"* nicht in Richtung Norden ausgerichtet war, die gewählte Gridding-Methode im Programm Origin 7.5G aber auf vollständig erfasste rechteckige und eingenordete Flächen angewiesen ist, konnte für diese Versuchsfläche jeweils nur der passende Flächenkern dargestellt werden. Diese Darstellung für die Buchenlaubstreumassen der Versuchsfläche *„Tharandt"* visualisiert einen Gradienten der Laubeinträge von Südwest nach Nordost, der dem geringen Auftreten der Buche im Nordosten geschuldet sein dürfte.

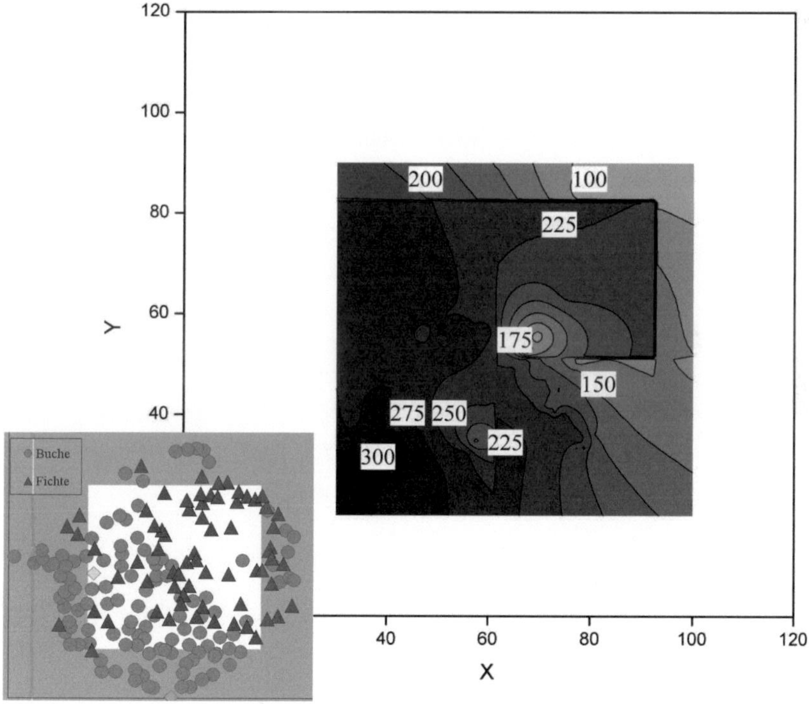

Abbildung 4-2: Karte der Buchenlaubstreuverteilung [gTm/m²] der Versuchsfläche *„Tharandt"*. Angaben an nicht durch Stichproben belegten Flächenbereichen wurden interpoliert (vgl. Abb.4-1).

Je Hektar ergeben sich aus den Mittelwerten der Streumassenermittlungen aus der Tabelle 4-1 Laubeinträge von 1,95 bzw. 2,17 Tonnen Trockenmasse in beiden Buchen-Fichten-

Mischbeständen. Eine grobe Hochrechnung auf eingetragene Laubmassen im Reinbestand kann mit Hilfe der Flächenanteile der Buche am Mischbestand aus den BWIN-Kalkulationen vorgenommen werden (0,4 bzw. 0,6; vgl. Tab.2-1 bzw. Tab.2-2). Danach entsprechen die ermittelten Laubmengen etwa 4,9 (*„Solling“*) bzw. 3,6 (*„Tharandt“*) tTM Buchenlaub je Hektar im Buchenreinbestand entsprechender Ertragstafeln. Zu beachten bleibt hierbei jedoch die sehr grobe Schätzung der Flächenanteile der Baumarten in BWIN sowie die in der Kalkulation unberücksichtigte immense Streuung der Daten um den in die Berechnung eingegangenen Mittelwert.
Für den repräsentativen Einzelbaum (hierfür angenommen wird der mittlere BHD der Buche der Versuchsfläche: *„Solling“* 37,7 cm und *„Tharandt“* 44,2 cm) lässt sich unter Berücksichtigung kalkulierter Streumassen je Hektar im Mischbestand und der Baumanzahlen die abgeworfene jährliche Laubmasse des einzelnen Baumes abschätzen. Die durchschnittliche Buche der Versuchsfläche *„Solling“* warf im Herbst des Jahres 2005 16,5 kg Laubtrockenmasse ab, während die Buchen der Versuchsfläche *„Tharandt“* im Folgejahr durchschnittlich 15,6 kgTM Laub trugen und im Herbst verloren. Diese Berechnung berücksichtigt die vorgelegene Datenstreuung z.B. in Abhängigkeit von der jeweiligen BHD-Verteilung der Buchen im Bestand allerdings nicht.

Vollständig isolierte Buchen konnten in beiden Versuchsflächen nicht gefunden werden, so dass der reale Streufall einzelner Bäume nicht entkoppelt vom Einfluss umstehender Buchenindividuen betrachtet werden konnte. Da auf beiden Flächen in den relativ reinen Fichtenpartien und in den Bestandeslücken Buchelaubstreu vorgefunden wurde, kann jedoch von Reichweiten des Laubstreufalles über 20 m ausgegangen werden.

4.1.2 Fichtennadelstreufall

Die Streusammlungen ergaben für die Versuchsfläche *„Solling“* einen herbstlichen Fichtennadelfall von durchschnittlich 30 gTM/m² (Tabelle 4-2). Die Messung des einjährigen Fichtennadelfalles auf der Versuchsfläche *„Tharandt“* ergab eine mittlere gefallene Nadeltrockenmasse von fast 140 gTM/m². In beiden Aufnahmen konnten erhebliche Standardabweichungen registriert werden, die Variationskoeffizienten von 100 % bzw. 60 % entsprachen. Im Vergleich zur Datenstreuung im Buchenlaubstreufall war die Datenvariabilität in den Aufnahmen zur Fichtennadeltrockenmasse noch deutlicher ausgeprägt.

Der, verglichen mit der Aufnahme *„Tharandt"*, relativ geringe Mittelwert der Masse abgeworfener Fichtennadeln im *„Solling"* erklärt sich durch den Zeitraum durchgeführter Streusammlungen. Multipliziert man den Quartalswert der Versuchsfläche *„Solling"* mit dem Faktor 4, so liegen auch für diese Versuchsfläche mit ca. 120 gTM/m² ähnlich hohe Jahresnadelmasseneinträge vor. ELLENBERG et al. beschäftigten sich 1986 mit der zeitlichen Dynamik des Nadelfalles der Fichte. Dabei wird deutlich, dass der Fichtennadelstreufall des Herbstes tatsächlich etwa ¼ des Jahresbetrages ausmacht.

Tabelle 4-2: Kennzahlen zum Fichtennadelstreufall beider Versuchsflächen und Resultate der Kruskal-Wallis-Tests auf signifikante Mittelwertunterschiede innerhalb einzelner Teilflächen der Versuchsflächen.

Versuchsfläche	Aufnahmezeitraum	n	$\overline{X}$ [gTM/m²]	s [gTM/m²]	KWT
„Solling"	01.09. – 30.11.2005	130	30,09	30,14	x
„Tharandt"	19.06.2006 – 18.06.2007 (1 Jahr)	99	135,80	84,89	x

x... signifikant (0,05 Signifikanzniveau)

Die Mittelwerte jährlicher Fichtennadelstreumassen erlauben die Kalkulation zu erwartender Nadelmasseneinträge je Hektar und Jahr. In beiden Buchen-Fichten-Mischbeständen fallen neben den bereits erörterten Laubmassen zusätzlich 1,20 bzw. 1,36 Tonnen Fichtennadeltrockenmasse an. Für den Fichtenreinbestand ergeben sich auf Basis der in BWIN kalkulierten Flächenanteile der Fichte an den Mischbeständen (0,6 bzw. 0,4; vgl. Tabelle 2-1 bzw. 2-2) jährliche Nadelmasseneinträge von 2,0 bzw. 3,4 Tonnen/ha. Auf den durchschnittlichen Fichteneinzelbaum der Versuchsfläche *„Solling"* (BHD 63,1 cm) entfallen jährlich abgeworfene 18,2 kgTM Nadeln. Der repräsentative Einzelbaum der Versuchsfläche *„Tharandt"* (BHD 42,6 cm) verliert im gleichen Zeitraum hingegen etwa 20,9 kg Nadeltrockenmasse. Analog zur Überschlagsbildung bei Buchenlaub gelten auch für die obigen Angaben zur Fichtennadelmasse Einschränkungen hinsichtlich der Kalkulation auf Mittelwertbasis und grober Richtzahlen aus der zugrunde liegenden BWIN-Ausgabe.

Indizien zur räumlichen Variabilität des Fichtennadelstreufalles ließen sich wiederum sowohl in höchst signifikanten Mittelwertunterschieden einzelner Teilflächen als auch im visuellen Abgleich der Karten der Fichtennadelmassen mit den Stammverteilungsplänen finden (Abbildung 4-3 und 4-4). Die Nadeltrockenmasse war auf der Versuchsfläche *„Solling"* im

Norden hoch, während im Süden fast keine Einträge vorlagen. Auf der Versuchsfläche *„Tharandt"* wurden Fichtennadeln in größeren Massen vor allem im fichtendominierten Nordosten der Fläche registriert.

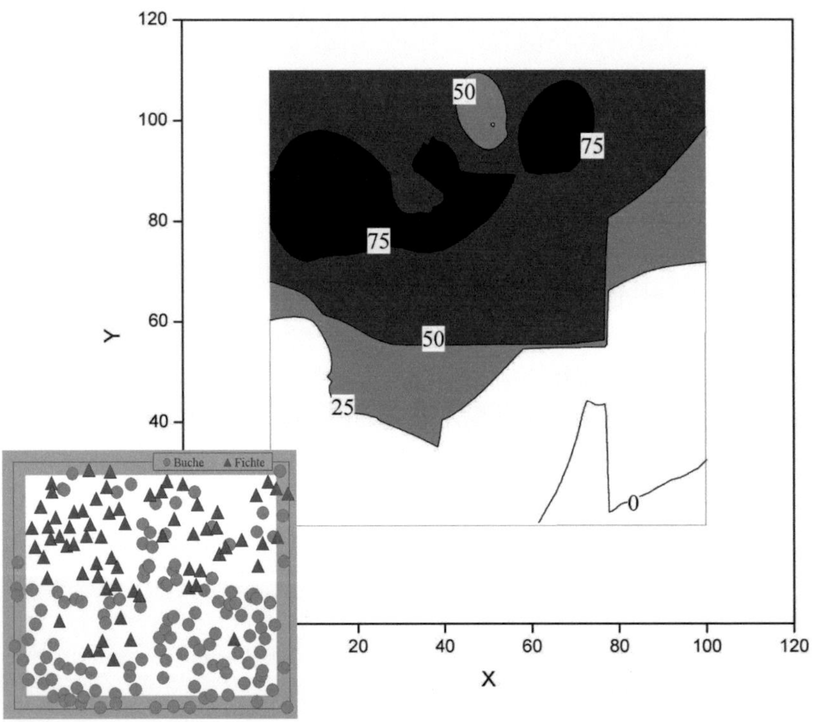

Abbildung 4-3: Karte der Fichtennadelstreuverteilung im Zeitraum 01.09. – 30.11.2005 [gTm/m²] der Versuchsfläche *„Solling"*. Angaben an nicht durch Stichproben belegten Flächenbereichen wurden interpoliert (vgl. Abb.4-1).

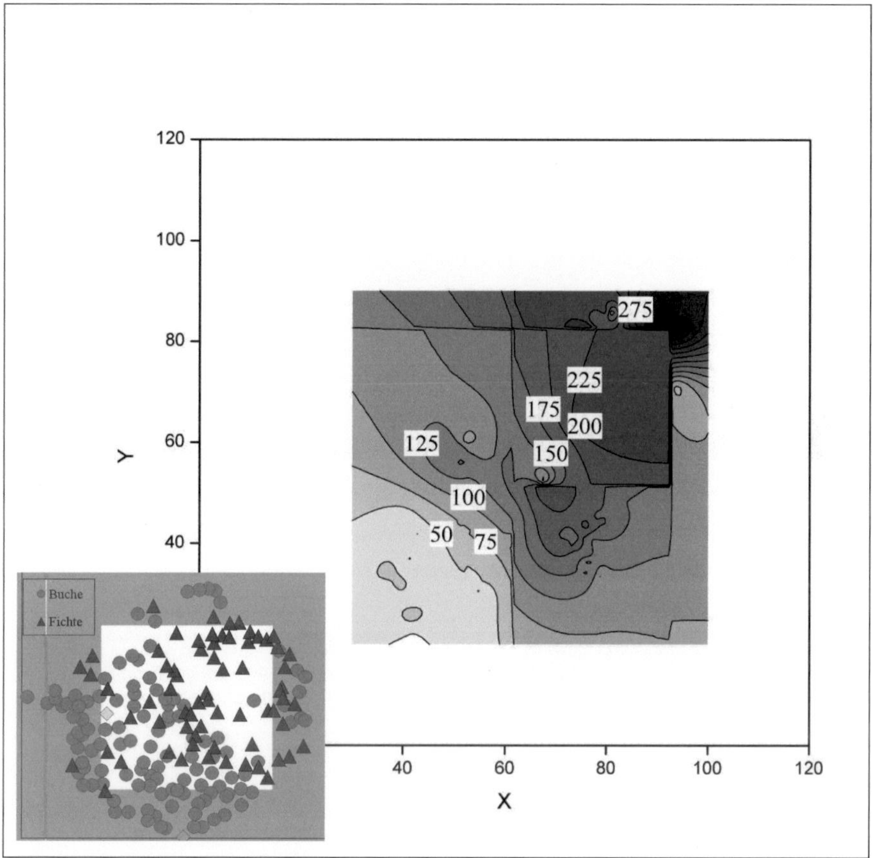

Abbildung 4-4: Karte der jährlichen Fichtennadelstreuverteilung [gTm/m²] der Versuchsfläche *„Tharandt"*. Angaben an nicht durch Stichproben belegten Flächenbereichen wurden interpoliert (vgl. Abb.4-1).

Innerhalb der Versuchsfläche *„Solling"* bot sich die detailliertere Betrachtung des herbstlichen Fichtennadelstreufalles an einer einzelnen Fichte an. Im Südosten der Versuchsfläche konnte eine isolierte Fichte (BHD 61,4 cm) beprobt werden. Die distanzabhängige Ausprägung des Fichtennadelstreufalles ist in der Abbildung 4-5 aufbereitet. Hohe Nadelmasseneinträge lagen in Stammfußnähe der Fichte vor. Die höchsten Nadelmassen betrugen in Distanzen unter 5 m etwa 10 gTM/m². Bereits wenige Meter entfernt sank der Nadelmasseneintrag rasch ab. Insbesondere in Distanzen über 10 m stellten sich jedoch erhebliche Messwertstreuungen ein, die u.a. auf den beginnenden Streufalleinfluss weiter entfernt stehender Fichten im Norden der Teilfläche zurückzuführen sein könnten. Auf die Punktwolke der Abbildung 4-5 wurde die Lognormal-Funktion angewendet. In der Tabelle 4-3 und in der Abbildung 4-5 sind die Regressionsresultate dargestellt. Trotz des nur mäßigen Bestimmtheitsmaßes wird der charakteristische Verlauf der Fichtennadelstreuverteilung des Einzelbaumes durch das Gleichungssystem akzeptabel abgebildet. In weiten Distanzen ist jedoch auch im Regressionsresultat dieser *„Einzelfichte“* mit einem Einfluss weiterer Bäume zu rechnen.

Mit dem angepassten Parameter m wird in der Regressionsanalyse der Vorschlag formuliert, dem Einzelbaum eine Gesamtmasse abgefallener Nadeln während der beprobten Zeitspanne von 8,66 kgTM zuzuordnen. Die in Kapitel 2.3.3.2 dargestellte Berücksichtigung einer allometrischen Beziehung zwischen Baumdimension und m kann in Analysen an isolierten Bäumen entfallen. Dennoch soll betont werden, dass der geschätzte Wert für m vermutlich in engem Zusammenhang zur Dimension dieses speziell betrachteten Baumes steht.

Auf der Versuchsfläche *„Tharandt“* waren Fichten und Buchen so innig gemischt, dass eine separate Beprobung isolierter Fichteneinzelbäume unterbleiben musste.

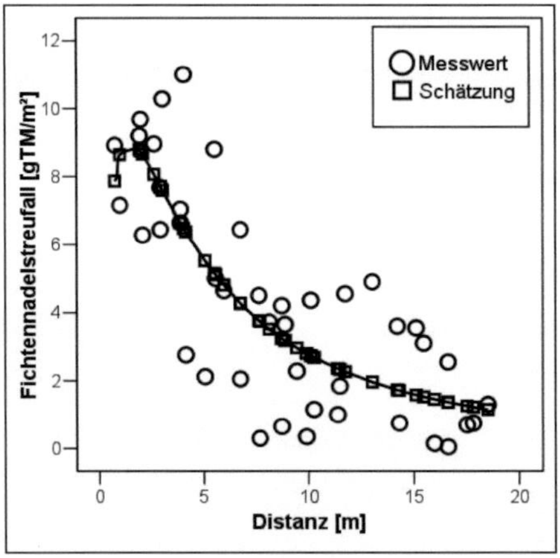

Abbildung 4-5: Fichtennadelstreufall und Regressionsschätzung für eine isolierte Fichte (BHD 61,4 cm) der Versuchsfläche *„Solling“* im Zeitraum 01.09. – 30.11.2005.

Tabelle 4-3: Ergebnis der Anpassung der Lognormal-Funktion auf den Fichtennadelstreufall im Umkreis der isolierten Fichte (BHD 61,4 cm) der Versuchsfläche *„Solling“* im Zeitraum 01.09. – 30.11.2005.

m [gTM]	μ	δ	R^2
8.659	3,50	1,25	0,639

4.2 räumliche Modelle des Streufalles

4.2.1 räumliche Modelle des Buchenlaubstreufalles

Die Datensätze beider Versuchsflächen zum jährlichen Buchenlaubstreufall konnten erfolgreich in *Waldstat* zur räumlichen Modellierung des Streufalles des Einzelbaumes verwendet werden. Für Einzelbäume des Brusthöhendurchmessers 45 cm wird der Buchenlaubstreufall entsprechend der Abbildung 4-6 prognostiziert.

In beiden Lognormal-Modellen liegen höchste Laubmassen in Stammnähe vor. Nach dem Erreichen maximaler Buchenlaubmassen von ca. 15 bzw. 35 gTM/m² schon innerhalb des 10 m-Umfeldes um den Baum, sinkt die Laubstreudichte sehr rasch ab und ist in Distanzen über 40 m kaum noch relevant. Obwohl Abbildung 4-6 den Eindruck hinterlässt, dass die Buchenlaubstreuverteilung des Einzelbaumes der Versuchsfläche *„Solling"* im Betrag höher ausfällt, beweisen die Parameterangaben der Tabelle 4-4, dass die Modellunterschiede eher gering sind. Insbesondere die Werte für m_{Ref} sind in beiden Modellen mit 19,7 und 21,4 kgTM je Einzelbaum ähnlich hoch. Während im Modell der Versuchsfläche *„Solling"* 50 % dieser Masse im Umkreis von 13,60 m um den Einzelbaum verteilt werden (vgl. $Dist_{Med}$ in Tabelle 4-4), erfolgt die Verteilung der Laubmasse um den Einzelbaum der Versuchsfläche *„Tharandt"* in weiteren Entfernungen und damit auch etwas großflächiger (vgl. vergrößerte Darstellung in der Abbildung 4-6). Beste Modellgüten wurden bei ß-Werten von 2,75 bzw. 3,0 erreicht. Dies entspricht überdimensionalen Zunahmen der Laubmasse am Einzelbaum in Relation zur Zunahme des Brusthöhendurchmessers.

Tabelle 4-4: Modellparameter, -güte und abgeleitete Kennzahlen des Buchenlaubstreufalles der Versuchsflächen *„Solling"* und *„Tharandt"* (standardisiert auf den Einzelbaum mit BHD 45 cm).

Versuchsfläche	Modellparameter				abgeleitete Kennzahlen			Modellgüte
	m_{Ref} [gTM]	μ	δ	ß	$Dist_{Med}$ [m]	$Dist_{\bar{x}}$ [m]	$Dist_{Max}$ [m]	K
„Solling"	21.430	2,61	0,82	3,00	13,60	19,03	6,94	0,945
„Tharandt"	19.770	3,14	0,99	2,75	23,10	37,72	8,67	0,927

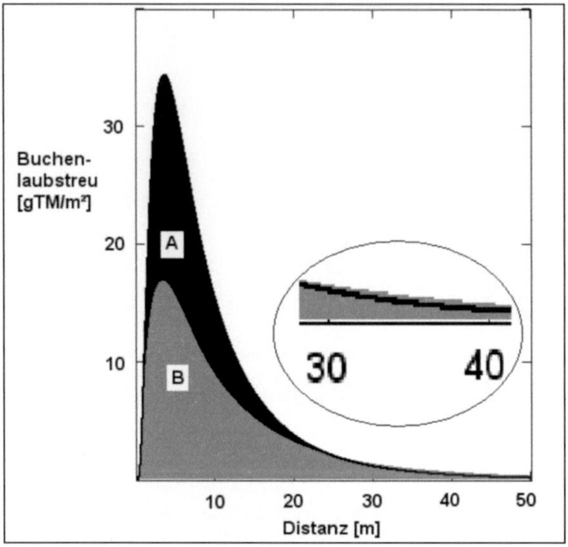

Abbildung 4-6: Einzelbaummodelle des Buchenlaubstreufalles der Versuchsflächen *„Solling"* (A) und *„Tharandt"* (B). Standardisiert auf den Einzelbaum mit BHD 45 cm. Der Distanzbereich 30 bis 40 m ist zusätzlich stark vergrößert dargestellt.

Mit den Datensätzen beider Versuchsflächen konnten vergleichbare inverse Modellierungen durchgeführt werden, die, nicht zuletzt unterstützt durch die Güte der Modelle selbst, sowohl plausible Schätzungen der Laubmasse am Einzelbaum als auch des Bestandes zulassen. Zusätzlich durchgeführte anisotrope Inversmodellierungen führten weder zu Laubstreumodellen höherer Plausibilität noch zu wesentlich höheren Modellgüten. Selbst bei geringfügigen Verbesserungen der Korrelationswerte zwischen Messwerten und Modellprognosen in anisotropen räumlichen Modellierungen resultierte der Vergleich der Akaike und Bayes´schen Strafterme stets in der Ablehnung der komplexeren anisotropen Modelle.

4.2.2 räumliche Modelle des Fichtennadelstreufalles

Der Datenpool zum herbstlichen Fichtennadelstreufall der Versuchsfläche *„Solling"* ergab in räumlichen Modellierungen mit *Waldstat* ein Einzelbaummodell ausgezeichneter Güte. Die Korrelation zwischen Eingabedatensatz und Modellprognose betrug 0,956 (vgl. Tabelle 4-5). Ca. 3,2 kg Trockenmasse Fichtennadeln am Einzelbaum mit dem Brusthöhendurchmesser 45 cm gelangen überwiegend in unmittelbarer Stammnähe zum Waldboden. In 7,5 m Distanz zum Baumzentrum sind 50 % der Nadelmasse zu finden ($Dist_{Med}$ = 7,54 m). Außerhalb dieser intensiven Streufallzone nimmt die Nadelstreu mit zunehmender Entfernung rasch ab und ist bereits ab etwa 15 Meter relativ gering (vgl. Abbildung 4-7).

Sehr ähnliche Fichtennadelstreufallverteilungen ergaben sich in den räumlichen Modellierungen der Datenreihen der Versuchsfläche *„Tharandt"*. Erwartungsgemäß ähneln sich Modell (Abbildung 4-7), Modellparameter und Kennzahlen (Tabelle 4-5) der Herbstaufnahmen aus dem *„Solling"* und aus *„Tharandt"*. Die um 2½ Monate längere Aufnahmezeitspanne auf der Versuchsfläche *„Tharandt"* (19.06. – 30.11.06) äußert sich mit 5,6 kg Nadeltrockenmasse am Einzelbaum lediglich im höheren Betrag m_{Ref}'s und entsprechender größerer Amplitude der Verteilung in der Abbildung. Normiert man die Nadelstreufallmassen beider Versuchsflächen auf Durchschnittswerte je Monat, so ergeben sich nahezu identische 1,0 kgTM je Monat.
Das zweite unterjährige Streufallmodell der Versuchsfläche *„Tharandt"* aus dem Messzeitraum 01.12.06 bis 18.06.07 zeigt hingegen etwa 2 bis 3 Meter weitere Distanzen des Nadelstreufalles um den Einzelbaum an. Dennoch ist auch der winterliche bis frühsommerliche Nadelstreufall in Baumdistanzen über 20 m eher unbedeutend.
Das Summenmodell beider unterjähriger Streufalleinzelbaummodelle der Versuchsfläche *„Tharandt"* lässt erahnen, mit welchen erheblichen jährlichen Nadelmassen am Waldboden im direkten Umfeld der Stammzone von Fichten zu rechnen ist. Bis zu 50 gTM/m² Fichtennadeln können sich in 2-5 m Entfernung vom Stammfuß 45 cm starker Fichten einstellen und Akkumulationen der ohnehin schlecht zersetzlichen Fichtenstreu zusätzlich verstärken (vgl. FINZI et al., 1998; AUGUSTO et al., 2002; PRESCOTT, 2002; FUJINUMA et al., 2005).
Insgesamt verlor die Fichte mit BHD 45 cm etwa 14 kg Nadeltrockenmasse im beobachteten Jahresgang. Auch die Hochrechnung des Herbstmodells für das Jahr 2005 aus der Versuchsfläche *„Solling"* mit dem bereits begründeten Faktor 4 ergibt ähnlich hohe Nadelmassen. Die im Kapitel 4.1.2 durchgeführten Überschlagsrechnungen zur Abschätzung der jährlichen Nadelstreumasse am Einzelbaum weichen nur geringfügig von m_{Ref} ab.
Im Gegensatz zur Modellierung des Buchenlaubstreufalles wurden für den Fichtennadelstreufall stets beste Modellergebnisse bei der Verwendung eines Allometrieparameters von 1 erzielt. Das Setzen von ß *„gleich eins"* mündet in Nadelstreufallmassenzu- bzw. abnahmen in der gleichen Relation, wie sich der Brusthöhendurchmesser des Einzelbaumes im Verhältnis zum Referenzbaum ändert. Für Fichten ist demnach Linearität in der Relation der Baumdimension und der Assimilatmasse zu vermuten, während Buchen bei Dimensionszunahmen überdimensional mehr Blattmasse anlegten.

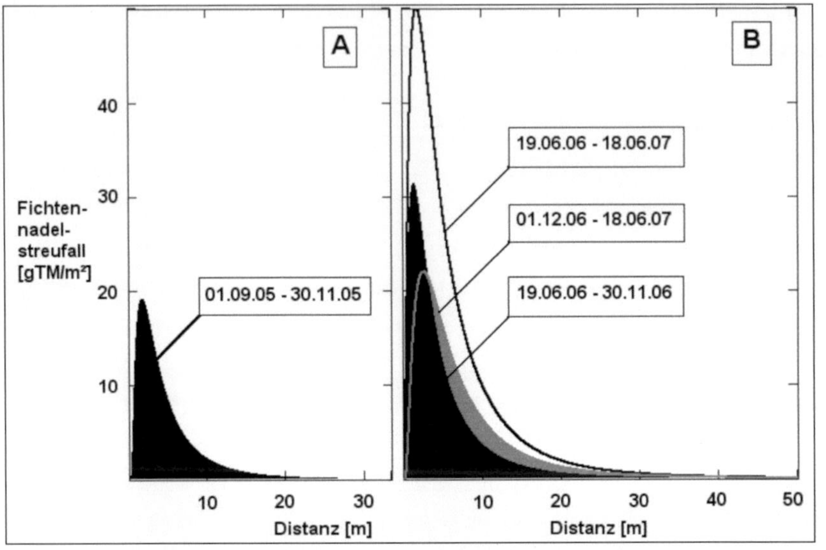

Abbildung 4-7: Unterjährige Modelle des Fichtennadelstreufalles der Versuchsflächen *„Solling"* (A) und *„Tharandt"* (B). Standardisiert auf den Einzelbaum mit BHD 45 cm. Das Jahresmodell des Fichtennadelstreufalles der Versuchsfläche *„Tharandt"* ergibt sich aus der Summe beider unterjähriger Modelle.

Tabelle 4-5: Modellparameter, -güte und abgeleitete Kennzahlen des Fichtennadelstreufalles der Versuchsflächen *„Solling"* und *„Tharandt"* (standardisiert auf den Einzelbaum mit BHD 45 cm).

Versuch-fläche	Zeitraum	Modellparameter				abgeleitete Kennzahlen			Modell-güte
		m_{Ref}	μ	δ	ß	$Dist_{Med}$	$Dist_{\bar{x}}$	$Dist_{Max}$	K
		[gTM]					[m]		
„Solling"	**01.09.05 – 30.11.05**	3.212	2,02	0,88	1,00	7,54	11,10	3,48	0,956
„Tharandt"	**19.06.06 – 30.11.06**	5.557	2,18	0,98	1,00	8,85	14,30	3,39	0,755
„Tharandt"	**01.12.06 – 18.06.07**	8.448	2,41	0,86	1,00	11,13	16,12	5,31	0,828
„Tharandt"	**1 Jahr**	14.005							

4.3 weitere Ergebnisse zur Streu

4.3.1 Ergebnisse der Ratioermittlungen für Buchenlaub- und Fichtennadelstreu

In der Tabelle 4-6 sind die Ergebnisse der Aufnahmen spezifischer Buchenblatt- und Fichtennadelmassen beider Versuchsflächen aufbereitet. Obwohl unterschiedliche Anzahlen an Unterstichproben bzw. Blättern und Nadeln in den Unterstichproben in die Auswertung einflossen, sind die jeweiligen Mittelwerte der Versuchsflächen durchaus vergleichbar hoch. Dies gilt besonders für die Angaben zur spezifischen Nadelmasse. Während in der Stichprobe der Versuchsfläche *„Solling"* spezifische Nadelmassen von 3,5 mgTM/Nadel ermittelt wurden, lagen in der Stichprobe der Versuchsfläche *„Tharandt"* 3,3 mgTM/Nadel vor. KURTH (1999) schlägt Richtwerte spezifischer Nadelmassen von ca. 2 mg vor, denen in der vorliegenden Aufnahme zweimal in etwa gleicher Höhe widersprochen wird. Spezifische Blattmassen wurden in der Wertespanne von 63 bis 80 mgTM/Blatt ermittelt.

Die Variationskoeffizienten beider Massenbestimmungen befinden sich zwischen 5 und maximal 13,5 % und sind damit durchaus akzeptabel ausgefallen. Die jeweils höhere Streuung lag in den Stichproben der Versuchsfläche *„Solling"* vor.

Tabelle 4-6: Mittelwerte und Standardabweichungen spezifischer Blatt- bzw. Nadelmassen der Aufnahmen beider Versuchsflächen bei unterschiedlicher Anzahl von Unterstichproben (UST) und Blättern bzw. Nadeln in der gesamten Analyse.

Versuchsfläche	n_{UST}	$n_{Blätter}$	sLM $\overline{X}$ [gTM/Blatt]	sLM s [gTM/Blatt]	n_{UST}	n_{Nadeln}	sNM $\overline{X}$ [gTM/Nadel]	sNM s [gTM/Nadel]
„Solling"	10	6.662	0,06334	$6{,}756 \cdot 10^{-3}$	10	5.452	0,00349	$0{,}474 \cdot 10^{-3}$
„Tharandt"	15	3.750	0,07991	$3{,}996 \cdot 10^{-3}$	15	7.500	0,00330	$0{,}228 \cdot 10^{-3}$

Die an den Stichproben beider Versuchsflächen durchgeführten Flächenbestimmungen für Buchenblätter ergaben mittlere spezifische Blattflächen von 15 bzw. 20 cm² (Tabelle 4-7). Aus den Mittelwertangaben spezifischer Blattmassen und Blattflächen ließen sich spezifische Blattmasseflächen von 23,9 bzw. 25,6 m²/kgTM berechnen. Die jeweiligen Unterschiede in den Massen- und Flächenbestimmungen beider Versuchsflächen gleichen sich in der Angabe spezifischer Blattmassenflächen somit weitestgehend aus. Die im Durchschnitt etwas schwereren und deutlich größeren Blätter der Versuchsfläche *„Tharandt"* wiesen nur noch geringfügig höhere Blattflächen je Masseneinheit auf als die Blätter der Versuchsfläche *„Solling"*.

Tabelle 4-7: Mittelwerte und Standardabweichungen spezifischer Blattflächen und resultierende spezifische Blattmassenflächen der Aufnahmen beider Versuchsflächen bei unterschiedlicher Anzahl von Unterstichproben (UST) und Blättern in der gesamten Analyse.

Versuchsfläche	n_{UST}	$n_{Blätter}$	sLA		sLMA
			$\overline{X}$	s	$\overline{X}$
			[cm²/Blatt]		[m²/kgTM]
„Solling"	10	500	15,162	1,361	23,94
„Tharandt"	15	1.500	20,467	2,564	25,61

Für beide Versuchsflächen lässt sich auf Basis der Ratiowerte für das Buchenlaub u.a. der mittlere LAI (ausschließlich für Buche) der Flächen berechnen. Hierzu muss auf die mittlere Streumasse je Quadratmeter aus der Tabelle 4-1 zurückgegriffen werden. Im Buchen-Fichten-Mischbestand der Versuchsfläche *„Solling"* beträgt der durchschnittliche LAI etwa 4,6 bei einem Buchenanteil von ca. 40 % am Bestand. Für die Versuchsfläche *„Tharandt"* errechnet sich ein LAI-Wert von 5,6 (etwa 60 % reine Buchenfläche am Bestand, vgl. Tabelle 2-2).
Viel interessanter erscheint hingegen die Option, Ratiowerte mit der parametrisierten Allometriefunktion aus der Tabelle 4-4 zu kombinieren. Während sich hierbei durch die spezifische Blattmasse Blattanzahlen von ca. 250 – 340.000 Stück je Referenzbaum abschätzen lassen, ergeben sich unter Zuhilfenahme der spezifischen Blattmassenfläche nahezu identische 510 m² Blattfläche am Einzelbaum mit dem Brusthöhendurchmesser 45 cm für beide Versuchsflächen. Insgesamt eröffnet die integrierte Allometriefunktion die Schätzung der Blattanzahlen und Flächen an Einzelbäumen unterschiedlicher Brusthöhendimensionen.

4.3.2 Ergebnisse der Bestimmung der Fichtennadeljahrgänge

An 10 durch das Orkantief *„Kyrill"* geworfenen und gebrochenen Fichten vergleichbarer Dimension der Versuchsfläche *„Tharandt"* konnte die Verteilung der Nadeljahrgänge an Fichten abgeschätzt werden. Die Stichprobe verweist auf häufiges Auftreten von 4 bis 6 Nadeljahrgängen. Lediglich je einmal konnten auch 7 und 8 Nadeljahrgänge beobachtet werden. Weniger als 4 benadelte Triebe aufeinander folgender Jahre wurden nicht gefunden. Deskriptive Analysen ergaben einen Mittelwert von 5,4 Nadeljahrgängen. Aufgrund der geringen Stichprobe und im Wissen um die Variation dieser Beobachtung wurde jedoch der Median (5,0 Jahrgänge) für weitere Kalkulationen bevorzugt.

Die fehlende eigene Ermittlung spezifischer Nadelflächen und die lediglich sehr grobe Abschätzung tatsächlicher Nadeljahrgänge erschwert die Kalkulation des NAI aus Streusammlerwerten bzw. am Einzelbaum definierter Dimension erheblich. Die angegebene Spanne projizierter und allseitiger spezifischer Nadeloberflächen der Literatur ist so weit gefasst, dass beispielsweise die Schätzung projizierter NAI-Werte auf Basis der um die Nadeljahrgänge faktorisierten Streumassen aus den Streusammlern in sehr großen Wertespannen mündet (2,0 bis 5,6). Mit akzeptabler Sicherheit lässt sich lediglich die Nadelmasse des Einzelbaumes aus der Jahres- bzw. Herbstaufnahme – erweitert um den Nadeljahrgangsfaktor - auf tatsächliche Nadelmassen am stehenden Baum berechnen. Danach trägt der Referenzbaum etwa 65 bis 70 kgTM reine Nadeln. Das entspricht 18,5 bis 20 Millionen Nadeln am Einzelbaum. Diese Größenordnung wurde auch von KURTH (1999) geschätzt.

5 Ergebnisse aus räumlichen Konkretisierungen und Zusammenhangsanalysen

5.1 Ergebnisse zum Zusammenhang zwischen Kronenradius und Brusthöhendurchmesser

Bereits mit Hilfe einfacher linearer Funktionen, die durch den Koordinatenursprung verliefen, konnten Zusammenhänge zwischen dem Kronenradius und dem Brusthöhendurchmesser für beide Baumarten der Versuchsfläche *„Tharandt"* mit Bestimmtheitsmaßen von etwa 0,5 verallgemeinert werden (vgl. Gleichung 5-1 und 5-2). Durch komplexere Exponential- und Logarithmusfunktionen konnten abschließend keine wesentlich besseren Anpassungen erreicht werden.

$$Kr - Buche_{BHD} = 0{,}1081 * BHD \qquad Sig.=0{,}000 \qquad R^2=0{,}540 \tag{5-1}$$

$$Kr - Fichte_{BHD} = 0{,}0665 * BHD \qquad Sig.=0{,}000 \qquad R^2=0{,}433 \tag{5-2}$$

5.2 Ableitung absoluter räumlicher Effekte der Kronenspeicherkapazität

Anhand der vorgefundenen Beziehungen zwischen Kronenradius und Brusthöhendurchmesser sind die bisherigen räumlichen Modelle zum Bestandesniederschlag in Relation zur relativen Distanz räumlich konkretisierbar (vgl. Gleichung 5-3), sofern Baumart, Messplatzdistanz und Baumdurchmesser bekannt sind. Daneben werden über Integralberechnungen auch Summenbildungen möglich, die beispielsweise den gesamten räumlichen Effekt einer angenommenen kreisrunden Kronenschirmfläche abschätzen lassen.

Von besonderer Bedeutung ist dabei die Zuordnung absoluter räumlicher Effekte für den Stammablauf i.S.d. nachgewiesenen lateralen Flusses und für das Kronenspeichervermögen. So lässt sich z.B. die im Kapitel 3.2.1.6 vorgestellte Schätzformel der Kronenspeicherkapazität der Fichte in diesem Sinne ergänzen durch die Gleichung 5-3. Außerdem kann über das Integral der eigentliche räumliche Effekt aufsummiert werden (Gleichung 5-4). Dadurch wird letztlich das durchschnittliche räumliche Wirkfeld des artspezifischen Einzelbaumes hinsichtlich unterschiedlicher Baumdimensionen individualisiert.

$$relDist = \frac{Dist}{Kr} = \frac{Dist}{0{,}0665 * BHD} \qquad ,wenn\ Dist \leq Kr \tag{5-3}$$

$$\sum K_{BHD} = \int_0^{Kr(=0{,}0665*BHD)} (-4{,}3156 * \frac{Dist}{0{,}0665 * BHD} + 8{,}0551) * 2 * \Pi * Dist\ dDist \tag{5-4}$$

Nach diesem Prinzip wurden die absoluten Blatt-, Ast- und Kronenspeicherkapazitäten von Buchen- und Fichteneinzelbäumen im Brusthöhendurchmesserbereich von 20 bis 60 cm bzw. daraus abgeleiteten Kronenradienbereichen berechnet und in der Tabelle 5-1 aufbereitet.

Je nach Baumdimension sind demnach bis zu 400 Liter Kronenspeicherkapazität am Bucheneinzelbaum sehr wahrscheinlich. Der weitaus überwiegende Anteil dieses potenziell zurückgehaltenen Niederschlagswassers bleibt an Buchenblättern haften. Im unbelaubten Kronenzustand vermag auch der stark dimensionierte Bucheneinzelbaum nur bis zu etwa 50 Liter Niederschlagswasser an Astoberflächen zurückzuhalten.

Starke Fichten erreichen insgesamt etwa 250 Liter Kronenspeicherkapazität. Trotz deutlich höherer absoluter Kronenspeicherkapazität je Quadratmeter überschirmter Bestandesfläche fällt die summarische Kronenspeicherkapazität des Fichteneinzelbaumes insgesamt vielfach geringer aus als die des Bucheneinzelbaumes bei gleicher Dimension. Gründe hierfür lassen sich in dem geringeren Kronenradius bzw. der kleineren Kronenschirmfläche gleichstarker Fichten im Vergleich zur ausladenden Krone der Buche finden.

Tabelle 5-1: Kalkulierte Blatt-, Ast- und Kronenspeicherkapazitäten von Buchen- und Fichteneinzelbäumen mit unterschiedlichen Brusthöhendurchmessern.

BHD	Einzelbaumspeicherkapazität			
	Blatt (Buche)	Ast (Buche)	Blatt & Ast (Buche)	Nadel & Ast (Fichte)
[cm]	[L]			
20	36,9	5,9	42,7	28,8
25	57,6	9,2	66,8	45,0
30	82,9	13,3	96,2	64,7
35	112,9	18,0	130,9	88,1
40	147,4	23,6	171,0	115,1
45	186,6	29,8	216,4	145,7
50	230,4	36,8	267,2	179,8
55	278,7	44,5	323,3	217,6
60	331,7	53,0	384,7	259,0

Die Beziehungen zwischen abgeleiteter summarischer Kronenspeicherkapazität und Brusthöhendurchmesser je Einzelbaum ließen sich ausgezeichnet durch Exponentfunktionen verallgemeinern (vgl. Gleichung 5-5ff). Folgt man diesen Funktionen, so haben Änderungen des Brusthöhendurchmessers zumeist überdimensionale Auswirkungen auf die Speicherkapazität der Krone bzw. der Blätter. Lediglich die Astspeicherkapazität bei Buche weicht davon deutlich ab (vgl. Gleichung 5-6). Diese Beziehung wies den größten Fehler auf und erreichte lediglich ein Bestimmtheitsmaß von 0,75.

$$\sum K - Blatt(Buche)_{BHD} = BHD^{1,3899} \qquad R^2=0,935 \qquad (5\text{-}5)$$

$$\sum K - Ast(Buche)_{BHD} = BHD^{0,9099} \qquad R^2=0,757 \qquad (5\text{-}6)$$

$$\sum K - Blatt + Ast(Buche)_{BHD} = BHD^{1,4282} \qquad R^2=0,943 \qquad (5\text{-}7)$$

$$\sum K - Nadel + Ast(Fichte)_{BHD} = BHD^{1,3257} \qquad R^2=0,919 \qquad (5\text{-}8)$$

5.3 Ableitung spezifischer Speicherkapazitäten und räumlicher Blattflächenmodelle

Aus den Modellierungen und statistischen Analysen zum Streufall ist bekannt, welche Blatt- bzw. Nadelmassen, -anzahlen und -flächen Fichten- und Bucheneinzelbäume spezieller Brusthöhendurchmesser auf der Versuchsfläche *„Tharandt“* erreichen. Diese Angaben lassen sich den expliziten Speicherkapazitäten entsprechend dimensionierter Bäume gegenüberstellen und daraus letztlich spezifische Speicherkapazitäten je Mengen-, Flächen- und Gewichtseinheit festlegen.

Danach steht die Wasserspeicherkapazität an den Buchenblättern verschieden dimensionierter Einzelbäume im engen Zusammenhang zur berechneten Blattfläche dieser Bäume, die aus der Blattmassenschätzung und der spezifischen Blattmassenflächenermittlung hervorgegangen ist (Abbildung 5-1).

Aus dieser höchstsignifikanten Beziehung und den spezifischen Umrechnungen zwischen Blattfläche, -masse und -anzahl konnten die spezifischen Blattspeicherkapazitäten der Tabelle 5-2 für Buche abgeleitet werden. Demnach ist mit hoher statistischer Sicherheit davon auszugehen, dass je Quadratmeter Buchenblattfläche mehr als 0,3 Liter Niederschlagswasser zurückgehalten werden können. BENECKE (1984) leitet für Buche etwa 0,4 Liter je Quadratmeter Blattfläche her.

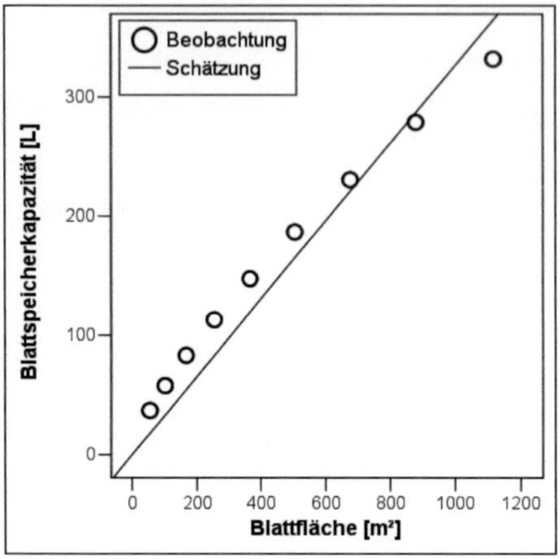

Abbildung 5-1: Zusammenhang und lineare Anpassung zwischen geschätzter Blattspeicherkapazität und Blattfläche an Buchen unterschiedlicher BHD-Dimension (20 bis 60 cm).

Tabelle 5-2: Spezifische Speicherkapazität von Buchenblättern je Blattfläche, Blattmasse und Blattanzahl.

spezifische Speicherkapazität (sK) je:		
Blattfläche [L/m²]	**Blattmasse [L/g]**	**Blattanzahl [L/Stck]**
0,3262	0,0083551	0,0006677

Aufgrund dieser konstanten Beziehungen sind die bereits vorgestellten Modelle zur räumlichen Variabilität der Kronenspeicherkapazität anwendbar, um Analogien zur räumlichen Variabilität der Blattfläche, -masse und -anzahl im Kronenbereich einzelner Buchen zu schließen. Im entsprechenden Modell zur Variabilität des Blattflächenindexes am Bucheneinzelbaum mit zunehmender Entfernung vom Stammfuß (Abb. 5-2) wird dies vertretend für Blattmasse und Blattanzahl deutlich. Die Grafik gleicht der Abbildung zur Blattspeicherkapazität der Buche. Diesmal wurden die Literangaben lediglich ersetzt durch die Blattflächen, die sich aus der Relation zur spezifischen Blattspeicherkapazität je Blattfläche ergeben haben.

Demnach können im inneren Kronenbereich von Buchen durchaus LAI-Werte von über 25 erreicht werden. Mit zunehmender Entfernung vom Stammfuß nimmt der LAI stetig ab, um am Kronenrand Werte im Bereich von null bis zehn einzunehmen. Die Mittelwerte aus den verschiedenen Distanzklassen deuten konstante LAI-Werte zwischen 10 und 12 in der inneren Kronenhälfte an, fallen danach jedoch ab auf Werte bei etwa 5.

Solche Modelle – lediglich mit abweichenden Skalen und Einheiten – lassen sich auch für die räumliche Variabilität der Blattmasse bzw. der Blattanzahl innerhalb der Krone des Bucheneinzelbaumes aufstellen. So schwanken die Blattmassen am Einzelbaum nach identischem Schema im Bereich von 1.000 bis zu 0 g/m². Diese Schwankungen werden durch bis zu 13,5 Tausend Blätter je Quadratmeter erzeugt.

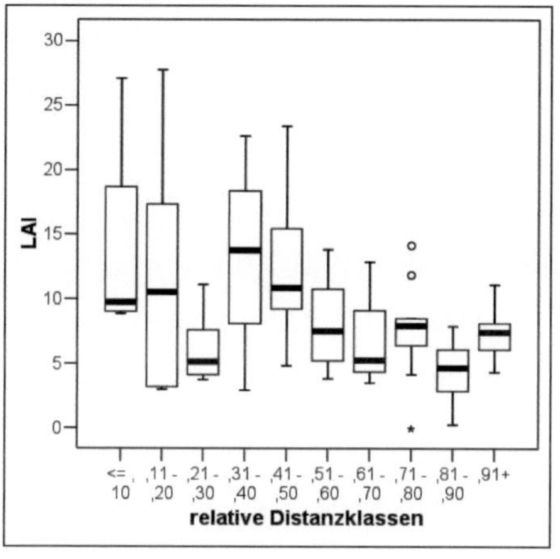

Abbildung 5-2: Boxplots zur räumlichen Variabilität des LAI von Buchen.

Die analoge Bestimmung der einzelbaumbasierten räumlichen Variabilität des NAI, der Nadelmasse und -anzahl für Fichte anhand der verschiedenen Speicherkapazitäten des Niederschlagswassers scheitert daran, dass für Fichte keine reinen Ast- und Nadelspeicherkapazitäten ermittelt werden konnten. Die Zurückhaltung von Niederschlagswasser in der Krone von Fichten war im Messprogramm und im Versuchsdesign stets das Ergebnis eines unbekannten Zusammenspieles von Nadeln und Astmaterial. Zudem konnten Nadelflächen nicht zweifelsfrei bestimmt und abgeleitet werden. Deshalb ist es wenig verwunderlich, dass die Gegenüberstellung der Kronenspeicherkapazitäten von Fichten unterschiedlicher Dimensionen beispielsweise zur geschätzten Nadelmasse dieser Einzelbäume schwer zu interpretierende nichtlineare Zusammenhänge abbildet (vgl. Abb. 5-3). Eine gleich bleibende spezifische Niederschlagsspeicherung an einer fixen Einheit von Fichtennadeln müsste sich dagegen in einer stabilen Relation beider Größen im Diagramm widerspiegeln. Tatsächlich schwankt die Relation jedoch erheblich (0,9-2,7 L/kg).

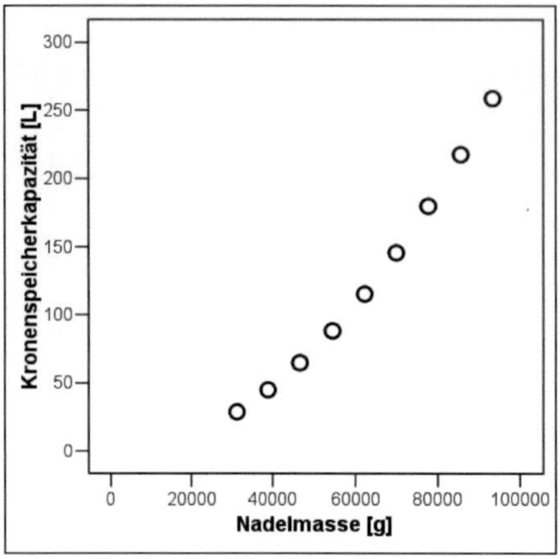

Abbildung 5-3: Zusammenhang zwischen geschätzter Kronenspeicherkapazität und Nadelmasse an Fichten unterschiedlicher BHD-Dimension (20 bis 60 cm).

5.4 Ableitung absoluter räumlicher lateraler Flüsse zur Generierung von Stammablauf an Buchen

Auch die Erkenntnisse zur räumlichen Variabilität des lateralen Flusses in Buchenkronen lassen sich anhand der Baumdimension, daraus abgeleiteter Kronenradien und -schirmflächen und hinsichtlich unterschiedlichster Freilandniederschlagsmengen individualisieren. Per Integralrechnung konnten daraus Summen des erwarteten lateralen Flusses für den einzelnen Baum festgelegter Dimension gebildet werden. Die Abbildung 5-4 gibt einen entsprechenden Überblick zur Gesamtheit der jeweiligen Niederschlagsentzüge per lateralem Fluss bei Freilandniederschlägen zwischen 0 und 50 L/m² an Buchen unterschiedlicher Brusthöhendurchmesser.

Die Flusssumme ist, wie erwartet, hinsichtlich beider Prädiktoren variabel. Es werden Stammablaufsummen von bis zu 800 Liter geschätzt. Höchste Wassermengen ergeben sich bei sehr stark dimensionierten Buchen im Anschluss an besonders hohe Niederschlagsereignisse. Der dargestellte Zusammenhang lässt sich relativ gut durch die Gleichung 5-9 mit einem Bestimmtheitsmaß von 0,9 ersetzen.

$$Summe\,v.F - Entzug_{BHD,N} = BHD * 0{,}0611465 * N^{1{,}326711} \quad (5\text{-}9)$$

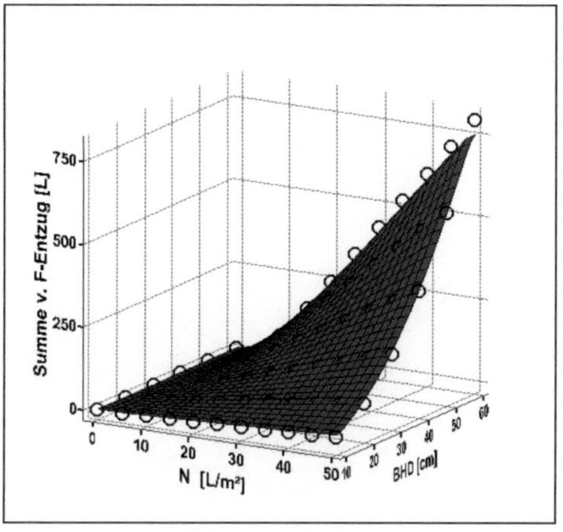

Abbildung 5-4: Zusammenhang zwischen Brusthöhendurchmesser, Freilandniederschlagshöhe und dem 3-D-Integral zum lateralen Fluss (nur Wasserentzug) von Buchen. Das räumliche Flussmodell wurde anhand der Beziehung zwischen BHD und Kronenradius räumlich konkretisiert und individualisiert.

Die Anwendung dieser Schätzung auf den tatsächlich realisierten Datensatz aller Stammablaufmessungen bei unterschiedlichen Freilandniederschlägen in der Spannweite der Brusthöhendurchmesser der Probebäume macht deutlich, dass die Stammablaufschätzung per kronenradiensensitive Integralbildung des lateralen Flusses durchaus in der Lage ist, tatsächliche Messwerte und Prozesse zu schätzen.

Der aufsummierte laterale Wasserentzug aus der Krone des Einzelbaumes korreliert höchstsignifikant mit dem tatsächlich registrierten Stammablauf an den zehn Buchen aus beiden Messphasen (Korrelationskoeffizient nach Pearson = 0,8). In der Abbildung 5-5 sind die Residuen aus der Stammablaufmessung und der Stammablaufschätzung aufbereitet worden. Die Stammablaufschätzung per räumlich konkretisiertes und hinsichtlich Baumdimension individualisiertes Modell des lateralen Flusses kann die Stammablaufmenge besonders bei schwachen bis mittleren Niederschlagsereignissen gut wiedergeben. Erst bei Freilandniederschlägen von mehr als 40 L/m² waren Residuen entstanden, die deutlich mehr als 100 Liter betrugen.

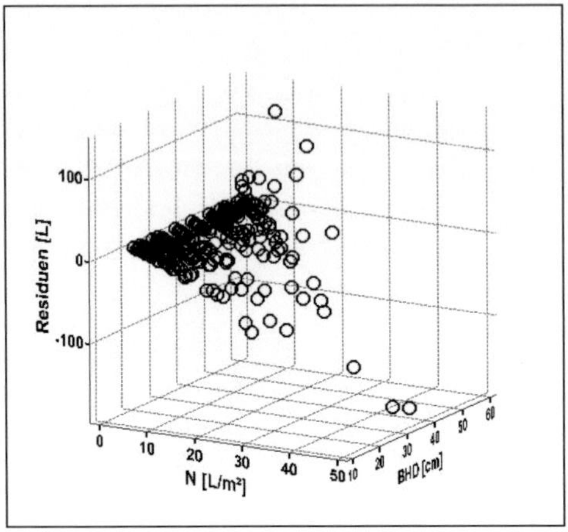

Abbildung 5-5: Residuen aus tatsächlichen Stammablaufmessungen und der Stammablaufschätzung per räumlich konkretisiertes und hinsichtlich Baumdimension individualisiertes Modell des lateralen Flusses für Buche.

6 Diskussion

6.1 Der Baum als Ökosystemingenieur

Arten, die Ökosysteme (um)gestalten, werden seit JONES et al. (1994) unter dem Begriff des *„ecosystem engineers"* zusammengefasst. JONES et al. definieren Ökosystemingenieure dabei als Organismen, die Ressourcenverfügbarkeiten im Ökosystem direkt oder indirekt modifizieren. Durch physische Änderungen biotischer oder abiotischer Umweltbedingungen werden Habitate anderer Arten erschaffen, verändert oder auch im *Status Quo* erhalten (JONES et al., 1997).
Bäume erfüllen diese Definition z.B. durch den Abwurf und die Verteilung einzelner Baumorgane – wie Laub, Äste oder Diasporen – jedoch noch nicht (JONES et al., 1994). Hierzu bedarf es nach FACELLI und PICKETT (1991) weiterführender allogener Prozesse, wie Humuszersetzung (vgl. hierzu z.B. BARKMAN, 1992 oder BROWN, 1992) oder Streuinterzeption (BALAZS, 1983; VAN ELEWIJCK, 1989 b; CHANG, 2003; ANDERS und MÜLLER, 2005), die sich im Anschluss an den ursprünglichen Effekt des Baumes auf Ressourcenverfügbarkeiten auswirken. Einvernehmlich wird aber der Rückhalt und die Steuerung der Niederschlagsressource durch das Baumkronendach als eine Variante autogener Ökosystemgestaltung durch Bäume verstanden. Hierbei bedarf es jedoch eines Blickwinkels, der über einfache inner- und zwischenartliche Wasserkonkurrenzen und Wasserumverteilungen hinausgeht und komplexere ökosystemare Verlinkungen zu Flora und Fauna im Allgemeinen zulässt (vgl. hierzu z.B. diverse räumlich hoch aufgelöste Studien in Agroforstsystemen, wie PURI und BANGARWA, 1992; YADAV et al., 1993). Zumindest zur Veränderung der Bodenvegetation durch darüber stehende Bäume, ist der Begriff des Ökosystemingenieurs daher eng mit dem des *„Edifikators"* verwandt, wie ihn HORNSCHUCH und RIEK (2007) verwenden. Sie verstehen darunter: *„Baumarten, die [...] das Ökosystem durch spezifische Struktureigenschaften, Stoffflüsse und Prozessabläufe prägen."* (S. 152).

6.2 Räumliche Effekte von Ökosystemingenieuren

JONES et al. (1997) und WRIGHT et al. (2002) verweisen auf die sehr unterschiedlichen Wirkdistanzen diverser Ökosystemingenieure. Die prinzipielle Eigenschaft, im Rahmen des *„ecosystem engineering"* in definierten Distanzen Ressourcenverfügbarkeiten zu beeinflus-

sen, äußert sich jedoch nahezu immer diversitätserhöhend im Ökosystem (WRIGHT et al., 2002). Auch, wenn JONES et al. betonen, dass Ökosystemingenieure prinzipiell nicht an ihrer häufigen positiven Wirkung auf das Ökosystem gemessen werden sollen und WRIGHT et al. auch negative Beispiele finden, steht der Distanz- oder allgemeiner der räumliche Effekt des Ökosystemingenieurs oft im Zentrum der Forschungen. JONES et al. verwenden hierfür 1994 und 1997 den Termini des beeinflussten Landschaftsbestandteiles. Insbesondere für den wohl populärsten allogenen Ökosystemingenieur – den Biber – ist diese Begriffswahl durchaus zutreffend. Der Dammbau des Bibers modifiziert Grundwasserstufen, Strömungsverhalten und Sedimentationsprozesse. Letztlich ergeben sich daraus großflächig veränderte Artenverbreitungen gewässer- und landbewohnender Pflanzen- und Tierarten im betroffenen Landschaftsteil.
Im Gegensatz dazu sind hügelbauende Waldameisen oder auch Lumbriziden durch Modifikationen bodenphysikalischer Parameter und z.B. daraus resultierende Förderungen bestimmter Bodenpflanzen bekannt (HERLITZIUS, 1985; JONES et al., 1994), deren Wirkung im Verhältnis zu der des Bibers auf einen sehr kleinen Aktionsraum beschränkt bleibt. Der Begriff des beeinflussten Landschaftsbestandteiles lässt sich in solchen Fällen also auch auf wenige Quadratdezimeter im Waldbestand herunter brechen. Im Fall der Waldameisen ist darüber hinaus davon auszugehen, dass die Wirkintensität mit zunehmender Distanz zum Ameisenhügel Veränderungen unterliegt (vgl. ALTENKIRCH et al., 2002 oder WELLENSTEIN, 1990 zum horizontalen und vertikalen Hügelaufbau einschließlich Sandauswurfzone). Weitere flächige Unterteilungen des beeinflussten Landschaftsbestandteiles je nach Wirkgrad sind daher nicht nur denkbar sondern konsequent.

Eben deshalb ist es kaum verwunderlich, dass sich auch Forschungen zu Stoffflüssen und Ökosystemprozessen im Waldbestand längst nicht mehr damit begnügen, Unterschiede und Gemeinsamkeiten verschiedener Baumarten z.B. aus Aufnahmen in Reinbeständen dieser Baumarten abzuleiten. Über Plotvergleiche zwischen verschiedenen Mischbestandesstrukturen und erste Transektlegungen innerhalb des konkreten Bestandes ist in den letzten Jahrzehnten die Tür aufgeschlagen worden für räumlich-konkrete Forschungen und Modellbildungen, in deren Zentrum sehr häufig der einzelne Baum und dessen Wirkung auf seine Umwelt steht. Auch dieser einzelne Baum beeinflusst Landschaftsbestandteile im ihn umgebenden Raum. Häufig wird dieser Einfluss mit dem Begriff des *„ökologischen Feldes“* umschrieben (FORD und DIGGLE, 1981; WU et al., 1985; MOU et al., 1993). Solche räumlichen Zusammenhänge zwischen Einzelbaum und seinem Umfeld gilt es, zu ergründen, um z.B. bestandesinterne Ressourcen- oder allgemeiner Datenvariabilitäten zu verstehen (SEILER und MATZNER, 1995), Mischbestandes- und Strukturforschungen abstrahieren zu können (SPELLMANN, 1995; RADEMACHER et al., 2001; ROTHE und BINKLEY, 2001; WAGNER, 2008) oder komplexere kausale Zusammenhänge zu erschließen (vgl. z.B. METTIN, 1985; LÜCKE und SCHMIDT, 1997; ROTHE 1997; HEINZE et al., 2001; REINHARDT und MAKESCHIN, 2001 zur Wirkung eingemischter Rotbuchen in Fichtenbeständen). OKLAND et al. (1999) nutzen räumliche Einzelbaummodelle zur Schätzung des Auftretens von Bodenpflanzen im Fichtenbestand über den Weg der Ressourcenverknappung und -verfügbarkeit unter Einzelbäumen und innerhalb derer intraspezifischen Konkurrenzen. TISCHER weist 2009 kleinräumig zunehmende Stetigkeiten des feuchteliebenden Lebermooses in Fichtenbeständen dort nach, wo Birken im Bestand eingemischt sind. WALKER et al. (1989) erschließen räumliche Zusammenhänge zwischen oberständigen Einzelbäumen und deren Wirkungen auf räumliche Muster der darunter befindlichen Grasflur. In Agroforstsystemen hinterfragen z.B. PURI und BANGARWA (1992) oder YADAV et al. (1993) den räumlichen Einfluss oberständiger Einzelbäume auf die Produktivität verschiedener Feldfrüchte.

Derartige Beeinträchtigungen des Umfeldes sind primär oft genug in der Anordnung, Ausbildungsstärke und Saisonalität der Baumorgane lokalisiert (z.B. bei BARKMAN, 1992; WAGNER et al., 2004 b). WU et al. (1985) und auch MOU und FAHEY (1993) klassifizieren die Veränderungen ökologischer Messgrößen in der Einzelbaumumgebung deshalb als wurzel-, kronen- oder stammgeprägt. Durch Baumkronen verursacht sind nach FLEMMING (1967), WHITEHEAD et al. (1990), BARKMAN (1992), TER-MIKAELIAN et al. (1997), FINZI et al. (1998 a & b), BUSSIERE et al. (2002), HAGEMEIER (2002) z.B. Beschattungsintensitäten, Streuakkumulation, Wasserabfluss, Depositionseintrag und Leaching, Interzeption, Bodentemperatur, Bodenchemie, Wind und Allelopathien. Der Stamm beeinflusst die Verjüngung durch Raumverluste, führt zu Rindenstreueinträgen und Stammabfluss. Wurzeln und deren Verteilung beeinträchtigen Wasserangebot, Humusgehalt und Bodenphysik (BÜCKING, 1987; AUSSENAC, 2000; AMMER und WAGNER, 2002; OGLE et al., 2004; ANDERSEN et al., 2005).

Seit WU et al. (1985) und WALKER et al. (1989) werden ökologische Felder unterschieden nach (I) ihrer Distanz zum Einzelbaum, (II) der Feldintensität bzw. Dichte, (III) der funktionalen Beziehung zwischen Distanz und Intensität und (IV) den vielfältigen Möglichkeiten, wie einzelne ökologische Felder unterschiedlicher Einzelbäume miteinander interagieren können. Da jeder Pflanzen- bzw. Baumart mindestens aufgrund artindividueller

Strukturen, Architekturen und Prozessen eine gewisse Individualität bei der Erzeugung ökologischer Felder zugesprochen werden kann, unterscheiden sich deren Felder zusätzlich noch mindestens von Baumart zu Baumart (V). Weitere Spezifizierungen verschiedener Geno- und Phänotypen sind denkbar.

Trotz dieser potenziellen Unterschiedlichkeiten sind bisher bereits erfolgreich diverse ökologische Felder zur Pollen- und Diasporenverbreitung (CHAMBERLAIN, 1953; KELLOMÄKI et al., 1987; DEGEN et al., 1993; ARADOTTIER et al., 1995; BRUNNER et al., 2004; WAGNER und LUNDQVIST, 2005 u.v.m.), zum Streufall (WILKE et al., 1993; FERRARI und SUGITA, 1996; STAELENS et al., 2004), zur Absorption von Strahlung (MOU et al., 1993; YASTREBOV, 1996; STADT et al., 2005; WÄLDER et al., 2009), zur Wasser- und Nährstoffverfügbarkeit (WU et al., 1985; KOCH und MATZNER, 1993; MOU et al., 1993; BREDEMEIER, 2006) oder auch zur Wurzelverteilung (FÖLSTER et al., 1991; MOU und FAHEY, 1993; VAN NOORDWIJK et al., 1996; AMMER und WAGNER, 2005; MEINEN, 2008) modelliert und parametrisiert wurden. Die Vielfalt der durch Bäume realisierten Distanzen, Feldfunktionen und Interaktionen zwischen einzelnen Feldern ist vermutlich schier unendlich. Bereits ein Überblick zu bisher erfolgreich angewendeten funktionalen Beziehungen zwischen Felddichtewert und Distanz macht deutlich, wie viel Wert einerseits auf genügende Plausibilität bei der Wahl einer passenden Funktion gelegt werden sollte und wie vielfältig andererseits die Resultate trotz ähnlicher Funktionenwahl ausfallen können. Möglich und bereits realisiert sind lineare Beziehungen zur Distanz ebenso wie Polynome n-ten Grades, exponentielle Modelle, logistische und logarithmische Funktionen oder speziellere Eigenkonstruktionen passender Formeln (CHAMBERLAIN, 1953; NIELSEN und MACKENTHUN, 1991; RIBBENS et al., 1994; DEGEN et al., 1996; FERRARI und SUGITA, 1996; PACALA et al., 1996; VAN NOORDWIJK et al., 1996; YASTREBOV, 1996; GREENE et al., 2004; MEINEN, 2008 u.v.m.). Die innerhalb der vorliegenden Arbeit parametrisierten Lognormalfunktionen (vgl. STOYAN und WAGNER, 2001) für den Streufall von Buchenlaub und Fichtennadeln können diese Menge früherer Arbeiten nur um eine weitere Parametrisierung anhand neuer, zusätzlicher Datensätze ergänzen, nicht jedoch im Sinne eines einzigen *„richtigen“* Modells reduzieren. Auch hier gilt, Modelle sind Abstraktionen der Wirklichkeit. Und verschiedene Modelle können gleich gut zu deren Abstraktion geeignet sein.

6.2.1 Streufall aus Buchen- und Fichtenkronen

In Anlehnung an die Systematik bei STAELENS et al. (2004) konnten für die Baumarten Buche und Fichte jeweils für die Versuchsfläche *„Solling"* und *„Tharandt"* kleinräumige Streufallaufnahmen dazu verwendet werden, um zuerst in Teilflächenvergleichen innerhalb der jeweiligen Versuchsfläche oder durch Transektauswertungen schrittweise Indizien für einzelbaumbasierte räumliche Datenvariabilitäten zu sammeln und zuletzt Einzelbaummodelle des Streufalls durch die Inversmodellierung mit Hilfe des Programms *Waldstat* zu parametrisieren. Darüber hinaus wurden in Unterstichproben Ratiowerte zur Blatt- und Nadelmasse und -fläche ermittelt. Streufallmodelle und -ratiowerte waren wichtige Bausteine zur Ableitung und räumlichen Konkretisierung spezieller Kronenmorphologien (z.B. des LAI) aus dem beobachteten Verhalten beider Baumarten im Niederschlagsumverteilungsprozess.

Wie bei STAELENS et al. (2004) lassen sich im Mischbestand durch Stichprobennahmen für verschiedene artspezifische Streuarten und Streufraktionen – gemeint sind in Anlehnung an KLOIDT (1989) Blätter und Nadeln aus der Gesamtmenge möglicher oberirdischer Fallstreuarten wie Blätter, Blüten, Knospen, Früchte, Rinde, Zweige – Variationskoeffizienten im Datensatz von 30 % (Buchenblätter der Versuchsfläche *„Tharandt"* im Kapitel 4.1.1) und bis zu 100 % (Fichtennadeln der Versuchsfläche *„Solling"*, vgl. Kapitel 4.1.2) finden. Die unsicheren Mittelwerte solcher Datenaufnahmen lassen sich letztlich auch kaum für sichere Hochrechnungen z.B. zur Streumasse je Hektar oder je Einzelbaum gebrauchen. Das wurde auch in der vorliegenden Arbeit sichtbar. Ursachen für hohe Datenstreuungen um den Zentralwert der Streufallmessung sind zuvorderst in der Präsenz bzw. Absenz oder spezieller in der Entfernung einzelner Messpunkte zum Baumindividuum der entscheidenden Art als relevante Streuquelle zu suchen.

In Anlehnung an die Theorie ökologischer Felder wurden Nadel- und Blattstreufall daher als einzelbaumverursachte Phänomene verstanden und Streufahnen durch Modelle sehr hoher Güte parametrisiert und abgebildet. Buchenblattstreu fällt danach in nennenswerter Menge im kreisrunden Umkreis von ca. 20 m um den abwerfenden Baum, kann aber auch Distanzen über 50 m erreichen. Am Bucheneinzelbaum mit dem Referenzbrusthöhendurchmesser von 45 cm befinden sich jeweils vor dem Laubfall etwa 20 kg Laubtrockenmasse. ROTHE und KREUTZER (1998) schätzen etwa 16 kg Laubstreueintrag in Distanzen bis zu 25 m um Bucheneinzelbäume. Für Fichte konnte im Jahresgang für die Versuchsfläche *„Tharandt"* der Nadelfall von etwa 14 kg Trockenmasse am Referenzbaum und mit mittleren Distanzen von etwa 10 m modelliert werden. ROTHE und KREUTZER (1998) schlagen deutlich weniger, nämlich nur 8 kg Nadeltrockenmasse je Fichteneinzelbaum vor. Distanzen über 30 m werden nur selten überschritten. Zum Gelingen der Modellparametrisierungen haben auch Beobachtungen beigetragen, die an einer weitestgehend isoliert stehenden Fichte der Versuchsfläche *„Solling"* gemacht werden konnten. Fichtennadelmassen waren auch bei diesem isolierten Exemplar unmittelbar am Stammfuss besonders hoch und nehmen bereits ab fünf Meter Distanz stark ab.

Die Vorkenntnisse und Erfahrungen aus der Streufallanalyse und -aufnahme der Versuchsfläche *„Solling"* haben darüber hinaus eine Reduktion des Stichprobenumfanges von 130 auf 100 möglich gemacht, ohne dass Modellgüten oder -parametrisierungen der Streumodelle der Versuchsfläche *„Tharandt"* im darauf folgenden Jahr darunter gelitten hätten.
Einzelbaumausfälle bei der Fichte auf der Versuchsfläche *„Tharandt"* durch den Sturm *Kyrill* konnten durch getrennte Streumessperioden und separate, aktualisierte Stammverteilungspläne in Streumodellierungen berücksichtigt werden, ohne dass Resultate mit größeren Methoden- und Messfehlern belastet werden mussten.

Sowohl für Fichten als auch für Buchen wurden anisotrope Streufallmodelle getestet. Die Annahme anisotroper Streufahnen führte aber weder zu Modellen mit höherer Plausibilität noch zu wesentlich besseren Modellgüten. Anisotrope Streu-, Samen- und Pollenmodelle wendeten z.B. CHAMBERLAIN (1953), HILLEBRAND (1998), STAELENS et al. (2004) und WAGNER et al. (2004 a) erfolgreich an. Diese positiven Befunde beschränken sich aber häufig auf Windeinwirkungen auf Solitärbäume, auf Waldränder im ansonsten freien Gelände oder auf Baumarten, die sich auf Windverbreitung einzelner Streufraktionen spezialisiert haben (vgl. WILKE et al., 1993; WAGNER et al., 2004 a). Beide Versuchsflächen der hier vorliegenden Arbeit befanden sich windgeschützt im Zentrum ausgedehnter Waldkomplexe und wiesen keine kleinklimatischen oder reliefbedingten Besonderheiten auf, die augenscheinliche Windwirkungen aus spezifischen Himmelsrichtungen verursacht hätten. Insgesamt ist in der Länge jeweiliger Sammelzeiten der Streu selbst eine starke Zusammenfassung mikro- und mesoskaliger Variabilitäten der Windrichtungen und -geschwindigkeiten zu vermuten, in deren Konsequenz durchaus ein allgemeineres isotropes Modell kurzzeitig relevanten potenziellen anisotropen Modellen überlegen sein kann.
Nichtsdestotrotz können Distanzunterschiede im Vergleich der Streumodelle einzelner Versuchsflächen und Aufnahmeperioden prinzipiell sehr wohl anhand abweichender

Windregime erklärt werden. So sind mittlere Distanzen der Blatt- und Nadelverteilung der Versuchsfläche *„Solling"* aus dem Messjahr 2005 stets geringer als die der Vergleichsmodelle der Fläche *„Tharandt"*. Daneben ist die Nadelverteilung der Fichte der Versuchsfläche *„Tharandt"* aus dem Winter und Frühjahr weitstreichender als die des Sommers und Herbstes. Hierzu könnten höhere Windgeschwindigkeiten beigetragen haben, die speziell im zweiten Vergleich im laubfreien Stadium des Buchen-Fichten-Mischbestandes auftreten konnten. ELLENBERG et al. (1986) ergänzen zwar, dass einzelne besondere Windereignisse auch den zeitlichen Verlauf des Streufalls am Einzelbaum mitbestimmen können. Nicht jeder Einzelbaum im Bestand muss aber zwangsläufig das Blattwerk zur gleichen Zeit und während des einzelnen Windereignisses verlieren.

Wesentlichstes Ergebnis und für Niederschlagsbetrachtungen weiter verwendeter Fakt der Streuaufnahmen und Streumodellierungen ist jeweils die allometrische Beziehung zwischen Blatt- bzw. Nadelmasse und Brusthöhendurchmesser des betreffenden Baumes. Die geschätzte Gesamtmasse der Streu am Fichten- und Bucheneinzelbaum ließ sich bereits gut mit den Angaben von ROTHE und KREUTZER (1998) vergleichen. Andere Autoren geben meist Massenwerte für den Hektar im Reinbestand an. Für Vergleiche mit diesen Angaben wäre die Hochrechnung eigener Einzelbaumwerte z.B. per Brusthöhendurchmesser und Stammzahlhaltung über Ertragstafeln in einem eng begrenzten Altersrahmen notwendig.
Im voll bestockten Buchenreinbestand würden sich auf Basis der Ertragstafel nach SCHOBER (1967) in erster Ertragsklasse unter Verwendung der auf beiden Versuchsflächen ermittelten Werte für m_{Ref} und ß jährliche Laubeinträge in 75 bis 125 Jahre alten Beständen von 1,8 bis 3,6 Tonnen TM/ha einstellen. Das entspricht weitestgehend den Angaben, die z.B. von ELLENBERG et al. (1986), BÜCKING (1987), MOSCHEFRI et al. (1993 a), HOFMANN und JENSSEN (1997) oder auch von AUGUSTO et al. (2002) gemacht wurden und ähnelt den überschlägigen Kalkulationen auf Basis des Flächenmittelwertes und der Baumartenanteile an der Gesamtfläche (3,6 bzw. 4,9 Tonnen TM/ha). Lediglich HILLEBRAND (1998) geht von Streumassen zwischen 3,9 und mehr als 5 Tonnen TM/ha aus. In Mastjahren neigt die Buche zu geringeren Blattmassen und demzufolge auch geringeren Streumengen (im langjährigen Vergleich bei ELLENBERG et al., 1986 um 0,5 Tonnen reduziert).
Die Ertragstafel für Fichte nach WIEDEMANN (1936/42) zur starken Durchforstung in erster Ertragsklasse bot Kennzahlen zur Stammzahlhaltung und zum Durchmesser des Grundflächenmittelstammes an, die gemeinsam mit den vorgeschlagenen Allometrien zu Hochrechnungen auf Nadelstreueinträge je Hektar herangezogen werden konnten. Insbesondere in den

auf Jahreswerte extrapolierten Nadelmassen auf Basis des Modells der Versuchsfläche *„Tharandt"* wird deutlich, dass die vorgeschlagenen Einzelbaumnadelmasseneinträge und Allometrieparameter in 75ig bis 125ig jährigen Fichtenreinbeständen zu flächigen Nadelstreumengen von 3 bis 4,7 tTM/ha*a führen würden. Die Kalkulationsergebnisse lassen sich erfolgreich direkten Aufnahmen im Bestand gegenüberstellen, die Nadelmasseneinträge von etwa 3 bis 5,7 tTM/ha*a angeben (METTIN, 1986; BÜCKING, 1987; HILLEBRAND, 1998; AUGUSTO et al., 2002) oder über alle Nadeljahrgänge hinweg ca. 15 tTM/ha im 85jährigen Fichtenreinbestand bilanzieren (ETTL und GÖTTLEIN, 2007). Die hohe Stammzahlhaltung bei WIEDEMANN (1936/42) für die Fichte in der Jugend führt in Kombination mit der ermittelten linearen Brusthöhendurchmesser-Nadelmassen-Relation zur Kalkulation besonders hoher Nadelmasseneinträge in der Jugendphase.

Angaben zu vorfindbaren Fichtennadeljahrgängen decken sich gut mit eigenen Spannen und mittleren Werten. PFREUND (1988) kalkuliert mit bis zu 7 Nadeljahrgängen am Baum bei abnehmenden Übergangswahrscheinlichkeiten mit zunehmendem Alter auf Basis dort zitierter Arbeiten. Darin wird auch über vier komplette Nadeljahrgänge am Baum berichtet.

Die Ausgangsdatenlage zur Brusthöhendurchmesservielfalt in beiden Beständen lässt darauf hoffen, dass die angewendete Allometrie zwischen Brusthöhendurchmesser und Laub- bzw. Nadelmasse auch auf Brusthöhendurchmesserspreitungen zwischen ca. 20 und 80 cm anwendbar ist. Schließlich war der Brusthöhendurchmesser jedes Baumes im Versuchsbestand wesentliche Eingangsgröße zur Parametrisierung artspezifischer Streufahnen und zugleich Ansatzpunkt zur Gestaltung baumstärkenabhängiger Trockenmassen.

Inwieweit solche Allometrien zwischen Stammquerschnitt und Assimilatmasse jedoch auch über verschiedenste Alter hinweg stabil sind, bleibt dabei fraglich. Plausibler erscheint da doch schon eine gleich bleibende Relation zur tatsächlich wasser- und nährstoffleitenden Querschnittfläche, die wiederum altersübergreifend nicht zwingend Linearität zum Stammquerschnitt aufweisen muss. Die Vordenker solcher Relationen (SHINOZAKI et al., 1964 a und b) halten nach Untersuchungen zur *„Pipe Model Theory"* an Birke, Lärche und Tanne altersunabhängige konstante Beziehungen durchaus für möglich. MUUKKONEN (2007) betrachtet zwar nicht unterschiedliche Baumalter, dafür aber die immense Brusthöhendurchmesserspanne von 0 bis 100 cm.

Im Gegensatz zum Brusthöhendurchmesser dieser Arbeit benutzen SHINOZAKI et al. (1964 b) jedoch den Stammquerschnitt in der Baumhöhe des tiefsten Astansatzes als erfolgreichen Predictor der Laubmasse. Doppelt logarithmierte Beobachtungswerte stehen danach in einer linearen Beziehung zueinander. Die Steigung innerhalb dieser Beziehung beträgt 1. Exponenten auf Basis des Brusthöhendurchmessers aus früheren Arbeiten waren dagegen je nach Autor und Baumart variabel im Bereich von 1,85 bis 2,6. WEST et al. (1999) und ENQUIST und NIKLAS (2001) veröffentlichen ihren Vorschlag einer globalen Allokationsregel und suggerieren, dass diese Relation universal in der Pflanzenbiologie ist. Grundlage für diese Annahme ist die Idee, dass geometrische und hydrometrische Prinzipien des Transportes essentieller Nährstoffe für den Zellmetabolismus auf maximale Beziehungen beschränkt sind, die aus Gründen der Effizienz in der pflanzlichen Anatomie angestrebt werden (NIKLAS, 1994). ANZOLA-JÜRGENSON (2002) listet eine Vielzahl ähnlicher Ansätze auf, die z.B. zur Konstruktion von Pflanzenarchitekturen wesentliche Prozessbeschränkungen des Wassertransfers innerhalb der Pflanze nutzen. WEST et al. (1999) und ENQUIST und NIKLAS (2001) schlussfolgern, dass die allometrische Theorie stets der Relation $y \infty BHD^{8/3}$, also dem Exponent 2,667, folgt.

Für die Buche wurde im Rahmen der vorliegenden Arbeit in Anlehnung an diese früheren Studien ein plausibler Exponent gefunden, mit dem jede Änderung des tatsächlichen Brusthöhendurchmessers im Vergleich zum Brusthöhendurchmesser des Referenzbaumes in Laubmasse umgesetzt wird (ß = 3 für *„Solling“*, ß = 2,75 für *„Tharandt“*). Für die Nadelmasse der Fichte widerspricht der Exponentenwert der eigenen Arbeit deutlich dem Prinzip von WEST et al. (1999) und ENQUIST und NIKLAS (2001). Jede Änderung des Brusthöhendurchmessers sollte sich nach den eigenen Ergebnissen in gleichartigen Änderungen der Nadelmassen wieder finden (ß = 1).

Auch MUUKKONEN (2007) lässt in eigenen Generalisierungen allometrischer Beziehungen die Parameter der Allometrie artspezifisch und darüber hinaus auch für unterschiedliche Klimazonen individuell approximieren. Er folgt hierzu den Prinzipien der Metaanalyse von Literaturdaten durch generierte Pseudobeobachtungen nach IYENGAR (1991), PASTOR et al. (1983/1984) und ZIANIS und MENCUCCINI (2003). Obwohl er auf 14 Originalbeziehungen der Literatur zugreift und über 308 Pseudobeobachtungen generiert, erreicht er anhand der modellierten streuungsfreien Ausgangsdaten lediglich ein Bestimmtheitsmaß von 0,69 für die Abhängigkeit der Fichtennadelmassen vom Brusthöhendurchmesser in der temperierten Zone mit einem Exponent von 2,0. Erfolgreicher ist er bei etwa gleicher Datenausgangslage bei der Parametrisierung der Relation für die boreale Fichte. Die angepasste Gleichung berücksichtigt einen Exponent von 1,37 und entspricht damit längst nicht der erwarteten 8/3-Regel. Sie gleicht jedoch hinsichtlich des Exponenten und auch hinsichtlich angenommener Nadelmassen am Einzelbaum mit dem Referenzbrusthöhendurchmesser von 45 cm den Resultaten der vorgestellten eigenen Schätzung. Für Buche stellt sich bei MUUKKONEN ein Exponent von fast 2,5 ein, der in Analogie zur eigenen Untersuchung deutlich macht, dass stärkere Buchenexemplare überdimensional mehr Laub tragen können als schwache Bäume. Ähnliche Ergebnisse und Wertespannen präsentierten ZIANIS und MENCUCCINI (2004). Sie schlussfolgern, dass der artspezifisch empirisch ermittelte ß-Wert eine höhere Glaubwürdigkeit genießen sollte, als der theoretische Wert von WEST et al. (1999).

Trotz der Fortschritte, die durch die Anwendung von Einzelbaummodellen in der Streuschätzung und Streufallanalyse erzielt werden können, ist natürlich auch diese Methode mit Mängeln behaftet. Obwohl im Zentrum der Betrachtung ein kleinräumiger Bezug zum streuverursachenden Einzelbaum steht, bleibt beispielsweise ungeklärt, welchen Einfluss die explizite Position der Streu innerhalb der Baumkrone vor ihrem Fall auf den Waldboden einnimmt. Transektartige Beobachtungen, Vergleiche mit dem Stammverteilungsplan, Semivariogrammanalysen und zuletzt die Inversmodellierung von Streuverteilungen weisen Streumengen jeweils einer einzigen festen Koordinate im Raum – meistens dem Stammfusspunkt des Baumes – zu, ohne zu beachten oder vielleicht sogar erschließen zu können, aus welchem Bereich der Baumkrone die gefallene Streu tatsächlich stammt.
Angaben zu maximalen und mittleren Distanzen sind damit stets nur wahr mit dem Unsicherheitsbereich maximaler Kronendurchmesser und Kronenlängen streuverursachender Einzelbäume. Hier wird ebenso ein mittlerer Wert aller potenziell möglichen Einzelbeobachtungen angenommen, wie bspw. aus Sicht des zeitlichen Verlaufes des Streufalles innerhalb der vertikalen und horizontalen Kronenausbreitung. So haben ELLENBERG et al. (1986) beobachten können, dass der Blattfall bei Buche in der Sonnenkrone beginnt. Die Schattenkrone und zwischen- oder unterständige, beschattete Buchen tragen ihr Laub dagegen meistens etwas länger.
Daneben ist die Inversmodellierung mit dem Programm *Waldstat* leider sensitiv hinsichtlich der eingegebenen Menge potenziell partizipierender Einzelbäume. Weiträumige Stammverteilungspläne mit vielen, auch entfernt stockenden Bäumen können in Modellparametrisierungen dazu beitragen, dass Verteilungsdistanzen unplausibel weit ausfallen und dass das verwendete Computermodell entfernte Einzelbäume fälschlicherweise berücksichtigt (vgl. CANHAM und URIATE, 2006). Ergebnisse müssen daher stets auf Plausibilität geprüft werden. Hier ist auch das Programm *Waldstat* noch in einer Erprobungsphase. Idealerweise sollte der Versuchsbestand daher isoliert sein von weiteren Individuen und Waldflächen, die Einfluss auf die jeweilige Messgröße nehmen könnten. Da solche Fälle nur selten vorgefunden werden und

sich auch nur selten durch Eingriffe herstellen lassen, ist der Modellierer häufig gezwungen, gutachterlich zu handeln. In der vorgestellten Arbeit wurde in diesem Sinne festgelegt, welche Einzelbäume im Rahmen eines Eingabedatensatzes für den Stammverteilungsplan in *Waldstat* in Streufallmodellen berücksichtigt werden sollen. In Relation zu Messpunkten am Versuchsflächenrand waren das stets auch alle Bäume außerhalb der Versuchsflächen, deren Stammfusspunkte bis ca. 30 m entfernt waren. Berechnete Distanzen der Blatt- und Nadelverteilungen lassen erahnen, dass auf Streumesspunkte am Rand der Versuchsflächen wohl noch weiter entfernt positionierte Einzelbäume geringen Einfluss genommen haben dürften. Streumaxima und mittlere Streudistanzen der vorgefundenen Verteilungen sind jedoch immer geringer als diese festgelegte Distanz, so dass unberücksichtigte Randwirkungen weiterer Bäume das prinzipielle Modellergebnis weniger stark beeinträchtigen sollten.

Wer diese Fehlerquelle trotzdem vermeiden möchte, kann prinzipiell einen anderen Weg einschlagen und weitstreichende Stammverteilungspläne in das Programm einspeisen. Da *Waldstat* in diesem Fall versuchen wird, jeden Einzelbaum im Rahmen der Inversmodellierung zu berücksichtigen, bedarf es diesmal jedoch einzelner Grenzwertfestlegungen im Iterationsprozess für die Parameter der Modelle. In *Waldstat* ist dafür bereits ein Tool entwickelt worden. Ob begrenzte Parametrisierungen von Modellen mit mehreren Parametern zielführend sind, sollte jedoch stets hinterfragt werden.

Ratiowerte für Buchenblatt- und Fichtennadelmasse, -fläche und -anzahl sind trotz unterschiedlicher Stichproben jeweils im Vergleich der Aufnahmen beider Versuchsflächen und Versuchsjahre sehr ähnlich und lassen sich gut anderen Angaben aus der Literatur gegenüberstellen. Die erstellten Ratiowerte eignen sich daher durchaus dazu, Mengenangaben z.B. zur Blattmasse am Bucheneinzelbaum definierter Dimension zu ersetzten z.B. durch Blattflächensummen am selben Baum.

Die ermittelte spezifische Blattmasse zwischen 63 und 80 mgTM/Blatt bestätigt die Angaben von HAGEMEIER (2002). Aus den Mittelwertangaben spezifischer Blattmassen und Blattflächen ließen sich spezifische Blattmasseflächen von 23,9 bzw. 25,6 m^2/kgTM berechnen. Diese Werte ähneln den Angaben von JOCHHEIM et al. (2007) für Buche (22 m^2/kgTM) und übertreffen erwartungsgemäß bekannte spezifische Blattmassenflächen besonders trockenstresstoleranter Stadtbäume (< 6 m^2/kgTM bei ROLOFF et al., 2010).

Es wurde jedoch nicht nach dem Aspekt des Blattdimorphismus zwischen Sonnen- und Schattenblatt unterschieden. Schließlich galt es, einen guten Mittelwert zu finden und diesen auf eine Gemengelage beider Blattformen aus der Massenaufnahme und -modellierung

anzuwenden. Spezifische Blattflächen der Mischprobe aus Sonnen- und Schattenblättern liegen daher letztlich wenig überraschend auch im Grenzbereich zwischen beiden Blattformen der Buche, wie sie z.B. von ELLENBERG et al. (1986) oder von HAGEMEIER (2002) auf Basis der Blattgröße (mehr bzw. weniger als 15 cm^2) oder dem Verhältnis von Blattfläche zu Blattmasse (mehr bzw. weniger als 5 $mgTM/cm^2$) angegeben werden.
Obwohl das spezifische Nadelgewicht mit etwa 3,5 mgTM den Angaben bei METTIN (1986), KURTH (1999) und KÜßNER (1999) sehr ähnlich ist, sei daran erinnert, dass sich auch bei der Fichte Assimilatorgane aus Licht- und Schattenkrone signifikant unterscheiden und Nadelmassen zudem mit dem Jahrgangsalter veränderlich sind (vgl. PFREUND 1988; KÜßNER, 1999). Auch diese Unterscheidungen mussten unberücksichtigt bleiben. Einzelne weitere Stressfaktoren, die eventuell Einfluss auf die Blatt- und Nadelmenge, -fläche oder -masse genommen haben könnten, wurden ebenfalls nicht berücksichtigt.

6.2.2 Baumeffekte auf den Niederschlag

Etwas weniger divers sind dagegen die Modelle dieser und früherer Arbeiten zum Bestandesniederschlag. Schließlich sind sie zumindest hinsichtlich potenzieller Modelldistanzen *a priori* beschränkt worden auf die Kronenprojektionsfläche (Unterkronenniederschlag) oder noch deutlich kleinere Bereiche im Kronenzentrum (Stammabfluss). Gerade deshalb eignen sich zur Untersuchung und Abbildung kleinräumiger Unterschiede im Niederschlagsumverteilungsprozess Einzelbaummodelle mit feststehender und im Modell bekannter Distanz. Dies haben bereits GEIGER (1961), WALKER et al. (1989) und MOU und FAHEY (1993) betont und KITTREDGE et al. (1941), DUROCHER (1990) sowie GOMEZ et al. (2002) im Sinne des hier angewendeten Ansatzes relativer Distanzen zum Kronenradius praktiziert.
Da damit – zumindest während windunbeeinflusster Regenereignisse – die Distanz als potenzielle Unbekannte in den Modellen wegfiel, vereinfachten sich Modellfindung und Modellparametrisierung insoweit, als dass für die hier vorgestellten räumlichen Niederschlagsmodelle – im Gegensatz zu den Streufallmodellen – keine inverse Modellierung per Nachbarschaftsanalysen (CANHAM und URIATE, 2006) mehr nötig war. Die Modellfindung für die räumliche Verteilung des Bestandesniederschlages unter Buchen- und Fichtenkronen fand dementsprechend trotz Versuchsanordnung im horizontal stark strukturierten Mischbestand beider Baumarten baumartspezifisch und nach dem generellen Prinzip isolierter Einzelbäume statt. Nicht artreine Messungen und Ableitungen an expliziten Messpunkten in Lücken und

Mischungen aus Buchen- und Fichtenkronen konnten dabei nicht zu räumlichen Modellen beitragen, sondern lediglich im Sinne eines Teilflächen-, Kategorien- bzw. Plotdesigns (z.B. auch bei HOJJATI et al., 2009) zur Konkretisierung und Plausibilitätsprüfung beitragen.
Für funktionale Zusammenhänge zwischen bekannter Distanz und jeweiligem Dichtewert des Unterkronenniederschlages wurden stets einfache lineare Beziehungen angewendet. Dies galt im Rahmen praktizierter Varianzanalysen ebenso – dort war die relative Distanz Kovariate im Modell – wie bei der linearen Verallgemeinerung der distanzabhängigen Kronenspeicherkapazitäten und den Anteilen des Freilandniederschlages für abtropfenden sowie durchfallenden Niederschlag und für den lateralen Fluss. Da alle Komponenten des Unterkronenniederschlages *a priori* nicht über die Kronenperipherie hinweg auftreten konnten, galten die gewählten linearen Beziehungen nicht unbegrenzt im Raum, sondern stets stufig und abrupt auf Null abfallend außerhalb der jeweiligen Kronenprojektionsfläche. Hierzu wurde entsprechenden Ansätzen von WU et al. (1985), WALKER et al. (1989), MOU und FAHEY (1993) und von DE SCHRIJVER et al. (2004) gefolgt.
In den räumlichen Modellen zum Niederschlag wurden mögliche Interaktionen benachbarter Bäume oder genauer derer ökologischer Felder nicht berücksichtigt, obwohl z.B. ZINKE (1962), HIRABUKI (1991) oder auch SAETRE und BAATH (2000) im Allgemeinen darauf hinweisen, dass am Kronenrand Wirkungsbereiche verschiedener Individuen aufeinander treffen können. Kronenüberlappungen und -interaktionen könnten sich im speziellen Fall des Bestandesniederschlages beispielsweise in den Daten, Ableitungen und Teilmodellen des Unterkronenniederschlages an der Kronenperipherie beider Baumarten einfinden. Obwohl im Rahmen der Messplatzansprachen keine Anzeichen dafür vorlagen, dass Kronenkontakte und -überlagerungen häufig und massiv im Versuchsbestand und insbesondere im Transektdesign aufgetreten sind, lässt sich nicht gänzlich ausschließen, dass am Kronenrand Kronenspeicherkapazitäten, laterale Flüsse, abtropfende und durchfallende Niederschläge kombinierte Werte aus dem Umverteilungsprozess mehrerer, am Kronenrand interagierender Baumkronen sind. FRECH et al. (2003) betonen im Gegensatz zur eigenen Annahme, dass gerade im artenreichen Mischbestand zahlreichste Interaktionsformen zwischen Baumkronen vorliegen. HILLEBRAND zeigt 1998 in Anlehnung an MITSCHERLICH (1970) für Fichte und Buche, dass sich mehrfache Kronenüberlappungen in der Jugendphase häufen, im höheren Bestandesalter aber rasch lösen und aus Kronenkomplexen zunehmend Einzelkronen hervorgehen. Sollten Kronen zudem in der Vertikalen deutlich überlappen, wären summarische Betrachtungen zu Interaktionen einzelner Bäume auf den Bestandesniederschlag sogar zunehmend ungeeignet. Hier müssten speziell für die Niederschlagskomponenten des Unterkronenniederschlages, die von der

Freilandniederschlagsmenge abhängig sind, andere Berechnungen vorgenommen werden. Schließlich steht der unterständigen Krone nur der Niederschlagsinput zur Verfügung, der sich aus der Niederschlagsumverteilung der darüber befindlichen Krone ergeben würde. Dazu müssten dann Multiplikationen jeweiliger Anteilswerte (iterative Produkte demonstrieren OKLAND et al., 1999) einbezogen werden, die letztlich aber der Idee einer modellhaften Vereinfachung des räumlichen Niederschlagsumverteilungsprozesses entgegengestanden hätten.
Dennoch muss an dieser Stelle betont werden, dass durch die Nichtberücksichtigung möglicher Kronenüberlappungen und Feldinteraktionen die entstandenen Modelle und Ableitungen keinesfalls so interpretiert werden dürfen, als gäben sie die Verhältnisse unter isolierten Einzelbäumen auf der ansonsten unbestockten Freifläche wieder. Dies ist wohl eher auch prinzipiell nicht zu erwarten im Rahmen einer Messkampagne im geschlossenen Versuchsbestand, in dem sich die einzelnen Bestandesmitglieder ohnehin durch bisherige und jetzige Standraum- und Ressourcenkonkurrenz anders entwickelt haben als auf der Freifläche. Das vorliegende räumliche Modell gibt im Gegensatz dazu vielmehr den Eindruck gut wieder, der sich im Rahmen unzähliger Niederschlagsmessungen in ähnlichen Versuchsbeständen fortgeschrittenen Bestandesalters erreichen lassen würde und versucht die typischen Datenstreuungen innerhalb solcher Messungen wenigen Einflussgrößen zuzuordnen. Der Begriff *„Kronenperipherie“* bzw. die äußerste relative Distanzstufe ist in diesem Sinne eher als eine besondere Bestandessituation zu verstehen, die sich im mehr oder weniger geschlossenen Waldbestand häufig einstellen kann, in der letztlich die beobachteten und modellierten Niederschlagsverhältnisse vorherrschen werden und z.B. kleinräumige Konditionen für nachfolgende Prozesse stellen.

Trotz solcher Vereinfachungen und Einschränkungen sind selbst die vorgestellten räumlichen Modelle zum Unterkronenniederschlag aus der Varianzanalyse oder zu deren einzelnen Komponenten aus der Regressionszerlegung noch sehr aufwendig und vielfältig. Schließlich galt es, im Rahmen der Arbeit auch Unterschiede verschiedener Baumarten, Saisonalitäten bzw. Belaubungsphasen und variabler Freilandniederschläge abzuleiten.
Anspruch der Arbeit war es dabei, den räumlichen Modellansatz mit hydrologischen Modellen zu verbinden. Ausgehend von einfachen empirischen, stochastischen Modellen und Analysen zum Unterkronenniederschlag, beispielsweise im Vergleich der Bestandessituationen Buche, Fichte, Lücke oder gemischt, wurde der Schritt zu deterministischen, physikalisch basierten Modellen gewagt (zu Typisierungen hydrologischer Modelle vgl. z.B. DIN 4049-1,

1992; SHUGUANG, 1997; HINKELMANN, 2005 b), in denen der Umverteilungsprozess des Niederschlages auf Messplatzebene in nichtlineare Sättigungsprozesse und dynamische, lineare Niederschlagsumleitungen und -weitergaben zerlegt wurde. Die Beachtung des räumlichen Aspektes eröffnete im Anschluss einerseits Rückschlüsse auf die räumliche Verteilung interzeptions- und damit niederschlagsrelevanter Baumorgane (vgl. DUROCHER, 1990 zu multilayer Modellen der Interzeption), andererseits aber auch den überprüfenden Vergleich zwischen dem räumlichen Teilmodell zum lateralen Fluss in Buchenkronen und der Stammablaufdynamik der Buche im Sinne eines kleinräumigen Wassereinzugsgebietes im Zentrum der Buchenkrone (siehe HINKELMANN, 2005 a und b). Streufallmodellierungen waren dabei – wenngleich auch vielfach aufwendiger – ebenso wie die Aufstellung von Brusthöhendurchmesser-Kronenradien-Allometrien lediglich ergänzende Aufnahmen, die zur Konkretisierung des eigentlichen hydrologischen Modells beitragen sollten.

6.2.2.1 Einschränkungen zur Gültigkeit der Ergebnisse und Modelle aus unternommenen Datenkontrollen und Datenauswahlen

Durch einfache Verteilungsvergleiche und Tests im Unterkronenniederschlag aller registrierten Niederschlagsereignisse der Versuchsflächen *„Solling"* und *„Tharandt"* aus den Messphasen belaubt und unbelaubt lässt sich der bisherige, typische Wissensstand zum Niederschlagsumverteilungsprozess bei beiden Baumarten und in deren Mischbeständen rekonstruieren und durch die eigenen Aufnahmen ergänzen. In beiden Buchen-Fichten-Mischbeständen wurden 60 bis 65 % (belaubt) bzw. 60 bis 80 % (unbelaubt) Kronendurchlass als Flächendurchschnittswerte ermittelt, sofern das angewendete Stichprobendesign den Anforderungen zur Ermittlung eines solchen Durchschnittswertes genügt. Diese Angaben stehen im Einklang mit den Rechercheergebnissen aus PECK (2004) zu Buchen- und Fichtenbeständen, wie sie in der Abbildung 1-1 in der Einleitung dieser Arbeit aufbereitet wurden. Mit Ausnahme der wenigen Aufnahmen aus der unbelaubten Messphase auf der Versuchsfläche *„Solling"* ist auf beiden Versuchsflächen in Lücken mit höchsten Unterkronenniederschlägen zu rechnen, gefolgt von Messplatzwerten unter Buchenschirm und geringeren Werten unter Fichtenschirm und buchen-fichten-gemischten Schirmsituationen. Diese Reihenfolge konnten beispielsweise auch HOJJATI et al. (2009) innerhalb eines ähnlichen Versuchsdesigns feststellen.

Je nach vorhandener Datenlage lassen sich diese Reihenfolgen gelegentlich auch statistisch untermauern und vorliegende Datenstreuungen beispielsweise in ersten Annäherungen an die räumliche Fragestellung den Messplatzpositionen im inneren, mittleren oder äußeren Kronendrittel zuordnen. Ähnliches erreichen auch BREDEMEIER et al. (2004) im Datenpool einzelner Transekte zwischen Buche und Fichte im Mischbestand aus beiden Baumarten.
Die Aussagekraft der hier vorgestellten einfachen Verteilungsvergleiche und Tests bleibt jedoch leider sehr beschränkt. Sind doch weder lange Zeiträume beobachtet worden, noch die Fülle möglicher Niederschlagsregime ausreichend berücksichtigt worden. Wie viele Versuche vor diesem, geraten die einfachen Auflistungen vorgefundener Unterkronenniederschlagsverhältnisse rasch an die Grenze einer möglichen Übertragbarkeit, weil sie eben das Ergebnis vielfältiger Einflussfaktoren sind (vgl. hierzu 1.1.2ff). Von diesen potenziellen Einflussgrößen wurden im Rahmen der Studie insbesondere die Freilandniederschlagsmenge, die Waldstruktur und kleinräumige Variationen der einflussnehmenden Vegetation beleuchtet. Dagegen wurden weitere meteorologische Faktoren wie Wind, Luftfeuchte, Regenintensität und -dauer u.a.m. nicht berücksichtigt.

Die Datenkontrolle und -auswahl im Vorfeld intensiverer Analysen und Modellierungen innerhalb der Niederschlagsdaten der Versuchsfläche *„Tharandt"* ist in diesem Sinne als eine wichtige Vorauswahl zu verstehen, durch die letztlich aus der Gesamtheit registrierter Niederschlagsereignisse die ausgewählt wurden, die den typischen, allgemeinen Niederschlagsumverteilungsprozess wiedergeben können. Hierbei fällt zuvorderst das Problem intensiven Windes während des Niederschlagsereignisses auf. BUSSIERE et al. (2002) arbeiteten innerhalb ihres DROP-Modells (distribution of rainfall on plants) am Beispiel von Maispflanzen gut heraus, dass es für die räumliche Parametrisierung und Prognose des Bestandesniederschlages elementar ist, ob der Freilandniederschlag senkrecht auf das System einwirkt und Pflanzenbewegungen während des Redistributionsprozesses ausgeschlossen werden können. RUDNICKI et al. (2001) simulieren und modellieren Baumausladungen durch Windschwankungen. Windverursachtes Abschütteln von Haftwasser aus der Baumkrone einerseits (BALAZS, 1983) und der horizontal verlagerte Wassertransport durch Baumschwankungen andererseits stehen der Modellierung durchschnittlicher Niederschlagsprozesse im Umkreis von Einzelbäumen klar entgegen. Aus diesen Gründen wurde auch in der eigenen Analyse der Faktor Wind soweit wie möglich ausgeschlossen. Um den Datensatz dabei nicht zu stark einzukürzen, bot sich die Grenzwertfestlegung am 95 %-Perzentil des Gesamtdaten-

satzes zu Windgeschwindigkeiten und Niederschlägen der unabhängigen Aufzeichnungen der Messstation *„Buchhübel"* an.
Da für die Messstation nur mittlere Windgeschwindigkeiten aus zehnminütigen Messintervallen vorlagen, lässt sich letztlich jedoch nicht ausschließen, dass innerhalb dieses zusammengefassten Zeitraumes kurzzeitige, hohe Windspitzen aufgetreten sein können. Dieses Manko wurde in Kauf genommen. Schließlich kann man umgekehrt auch nicht davon ausgehen, dass die Niederschlagsmenge während des betreffenden Zeitintervalls im zeitlichen Zusammenhang zum jeweiligen Maximalwert der Windgeschwindigkeit gestanden hat.

Die übrigen drei Datenkontrollen und -auswahlen dienten weitestgehend dazu, das jeweils einwirkende Regenangebot hinreichend exakt zu quantifizieren (vgl. die Methode im Kapitel 2.3.2.1). Bereits im Literaturüberblick der Einleitung wurde deutlich, wie wichtig diese Einflussgröße für hydrologische Modellierungen sein wird. Es galt, das Regenereignis sowohl im Betrag als auch räumlich und zeitlich hinreichend gut zu beschreiben bzw. mangelhafte Beschreibungen aus Analysen auszuschließen.
Mit zunehmender Aggregierung mehrerer Einzelniederschläge war mit der Verwischung klarer Umverteilungsprozesse zu rechnen (vgl. HUTCHINSON und ROBERTS, 1981). Deshalb sind z.B. auch CAPE et al. 1991 der Meinung, dass sich ihre zweiwöchentlich erhobenen Daten nicht eignen, um Bezüge zwischen Unterkronen- und Freilandniederschlag abzuleiten. ABOAL et al. (1999), KURAJI et al. (2001) und JOCHHEIM et al. (2007) sehen dies weniger kritisch und fassen wöchentliche Regenmengen zusammen. BRECHTEL erkennt zwar das Problem und teilt deshalb schon 1962 die Niederschlagsmengen aufgenommener Messperioden durch die Anzahl der eigentlichen Regentage. Die dabei berechnete mittlere Regenmenge pro Regentag dürfte sich aber wohl eher ungenügend eignen und einige Verwirrung bei den Modellinterpretationen stiften. Insbesondere für Regressionen zwischen Freiland- und Unterkronenniederschlag plädiert zumindest HOFFMANN (1999) im Sinne der hier vorgelegten Arbeit ebenfalls dafür, ausschließlich einzelne, deutlich trennbare Niederschlagsereignisse zu betrachten.
LEVIA (2000) und XIAO et al. (2000) definieren in Anlehnung an HAMILTON und ROWE (1949) dazu ein Regenereignis als eine Regenperiode, die von wenigstens vier Stunden Trockenheit begrenzt wird. Dieser Definition wurde uneingeschränkt gefolgt. Die Freiheit zu dieser Entscheidung gibt die DIN 4049-3 (1994), in der ein Niederschlagsereignis als ein Niederschlagsgeschehen definiert ist, dessen Dauer, Verlauf und räumliche Verteilung natürlich gegeben ist bzw. nach eigener Fragestellung festgelegt werden kann. Betrachtet man

sich allerdings den Verlauf des abgebildeten Regenereignisses in XIAO et al. (2000), so wird rasch deutlich, dass selbst diese recht streng gewählte Abtrennung eines Regenereignisses nur Fehler minimieren aber nicht ausschließen kann. Auch scheinbar klar abgrenzbare Regenereignisse sind in sich aus mehreren Einzelereignissen zusammengesetzt. Zwischen diesen Ereignissen sind stets kurzzeitige Verdunstungs- und damit Abtrocknungsvorgänge zu erwarten, die diesmal – wie vielfach zuvor auch – unberücksichtigt bleiben mussten.

Unzweifelhaft falsch wäre es dagegen gewesen, wie MARTINEZ-MEZA und WHITFORD (1996) direkt nach dem Regenereignis Messungen vorzunehmen. Hier blieb unbeachtet, dass Stammablauf und Kronentraufe auch nach dem Regen auftreten. Es besteht die Gefahr, durch zu frühes Messen einen Messfehler zu erzeugen. GEIGER meint bereits 1961 dazu: *„Wenn der Regen aufgehört hat, setzt sich im Bestand das Abtropfen fort. Es kann noch bis zu 2 Stunden dauern, was bei der Messung einzelner Regenfälle nicht übersehen werden darf.“* (S. 346). KITTREDGE et al. (1941) ermitteln exemplarisch, dass selbst neun Stunden nach dem Regenende noch Verdunstungs- und Ableitvorgänge auftreten können. KLAASEN et al. (1998) klären in einem eigens dafür konzipierte Versuch, dass die tatsächlich gewählte Zeitspanne der Trockenphase – verglichen wurden 2, 4 und 12 Stunden – nur marginal auf die Messergebnisse wirkt.

Selbstverständlich unterscheiden sich auch einzelne Regenereignisse gleichen Betrages mitunter erheblich. Hier kommt der Zusammenhang zwischen Regenintensität und Wirkzeit zum tragen. Die DIN 4049-3 (1994) fasst unterschiedliche Niederschlagsereignisse in Intensität, Zeit und räumlicher Ausbreitung in den Begriffen Schauer (kurz, intensiv aber variabel und lokal) und Dauerniederschlag (länger als sechs Stunden, gleich bleibend, weiträumig) zusammen und deutet damit ebenfalls darauf hin, wie vielgestaltig Niederschlagsereignisse sein können. BALAZS (1983) ist deshalb der Meinung, dass die ausschließliche Berücksichtigung der Regenmenge in Modellen zum Bestandesniederschlag unzulässig ist, weil damit eine Vielzahl unterschiedlichster Regenintensitäten und Wirkzeiten gleichgesetzt wird. Allerdings bietet er keine Ansätze für eine differenziertere Auswertung an.

Auch Unstimmigkeiten im Betrag und in der räumlichen Konstanz des Freilandniederschlages mussten unbedingt zu Datenausschlüssen aus nachfolgenden Modellbildungen führen. Zweifellos verbergen sich Fehlerquellen in der Freilandreferenzbestimmung bei zunehmender Entfernung der Referenzmessung zum eigentlichen Versuch (KELLMAN und ROULET, 1990), im Rahmen unterschiedlicher Messhöhen (BENECKE, ohne Jahr) und durch räumliche Variabilitäten innerhalb des als konstant angenommenen Niederschlagsgeschehens bzw. -

gebietes (BALAZS, 1983). Eine strenge Prüfung zur Übertragbarkeit der Freilandreferenz auf die Versuchsfläche und auf möglichst geringe räumliche Variabilitäten der Freilandniederschlagsmenge war deshalb Grundvoraussetzung für nachfolgende Analysen und Modellbildungen zum Niederschlagsumverteilungsprozess unter Berücksichtigung der Freilandniederschlagsmenge als die wesentlichste Einflussgröße.
Im eigenen Versuchsdesign kamen je fünf Freilandniederschlagssammler in etwa 150 m Entfernung zur Versuchsfläche zum Einsatz. Selbige durften nur geringe Streuungen im ermittelten Freilandniederschlagsbetrag aufweisen. Diese Freilandreferenz musste sich außerdem – im Rahmen variabler Akzeptanzschranken für Messabweichungen je Freilandniederschlagsmenge – in ausgewählten großen Bestandeslücken nachweisen lassen. Nicht selten wurden Freilandniederschläge in früheren Versuchen ebenfalls mit fünf (FORD und DEANS, 1978) oder mit noch weniger Sammlern ermittelt (z.B. zwei Stück bei KITTREDGE et al. (1941); drei bei MARTINEZ-MEZA und WHITFORD (1996)) oder sie wurden von einzelnen Messtürmen aus scheinbar günstigen Entfernungen zur Versuchsfläche bezogen (BALAZS, 1983; ABOAL et al., 1999; JOCHHEIM et al., 2007). Dabei wurden Abstände zwischen Freilandreferenz und Versuchsfläche von wenigen Metern (ABOAL et al., 1999; KURAJI et al., 2001) bis zu mehreren Kilometern (BALAZS, 1983; NAVAR und BRYAN, 1990; JOCHHEIM et al., 2007) in Kauf genommen, um das mutmaßlich konstante Niederschlagsgebiet möglichst genau und dennoch mit vertretbarem Aufwand zu quantifizieren.

Widmen sich die Ausführungen der hier vorgelegten Studie kausalen Zusammenhängen und ursächlichen Datenvariabilitäten ausschließlich aus *„idealen"* Regenereignissen bei wenig Wind und hinreichend genau feststellbaren und flächig homogenen Niederschlagsinput, so ist sicherlich ohne Schwierigkeiten nachzuvollziehen, dass die tatsächliche Variabilität des Bestandesniederschlages im Wald noch deutlich höher sein dürfte, sobald alle möglichen Niederschlagsereignisse Berücksichtigung finden. So werden z.B. gelegentlich räumliche Anisotropien im Umverteilungsprozess des Niederschlages beobachtet. Indizien hierfür stammen meist aus Untersuchungen solitärer Bäume (XIAO et al., 2000), an Waldrändern (FLEMMING, 1967) oder aus Modellannahmen (CAPE et al., 1991). Sie geben z.B. die Leewirkung des Baumes wieder, wenn Regen schräg einfällt. Daneben können anisotrope Unterkronenniederschlagsfelder durch starken Windeinfluss auf Baumkronen oder durch prinzipiell anisotrope Ausbildungen relevanter Baumkronen entstehen (belegt bei GUERICKE (2001) für Rotbuche und Lärche; vgl. auch ARADOTTIR et al., 1995; ROUVINEN und

KUULUVAINEN, 1997). Diese unregelmäßigeren Muster ergänzen und diversifizieren die Erkenntnisse und Modelle dieser Arbeit zusätzlich, standen jedoch nicht in deren Mittelpunkt.

6.2.2.2 Messgenauigkeiten und potenzielle Messfehler

Den verwendeten Niederschlagssammlern wurde hinsichtlich Praktikabilität und Messgenauigkeit volles Vertrauen ausgesprochen. Verdunstungsfehler konnten aufgrund der raschen Ablesung im Nachgang des Niederschlagsereignisses und wegen der vor direkter Einstrahlung geschützten Konstruktion von Sammler und PVC-Ständer weitestgehend ausgeschlossen werden.

Nur in wenigen früheren Arbeiten wurde intensiv über Verdunstungsverluste zwischen Regenereignis und Ablesung der Regenmenge geforscht. Allerdings quantifiziert BRECHTEL (1962) Verdunstungen von bis zu 44 % des Freilandniederschlages. Diese hohen Werte wurden jedoch nur in heißen Sommerperioden ermittelt. Über die Form verwendeter Niederschlagssammler und die Verweildauer des Niederschlages im Gefäß wird nichts berichtet.

Die Aufstellhöhe der Totalisatoren entsprach wissenschaftlichen Standards (vgl. hierzu BALAZS, 1983; HILLEBRAND, 1998; GOLDBERG, 2002 u.a.) und die Fehlerquellen, die sich aus ungenügender vertikaler Ausrichtung der Sammler ergeben können (CHANG, 2003), waren bekannt und wurden vermieden.

Mit Auffangflächen von 50 cm² bewegen sich die zur Anwendung gekommenen Totalisatoren im Rahmen länderspezifischer Normen (CHANG, 2003) und diverser wissenschaftlicher Studien (BRECHTEL, 1962; SHUGUANG, 1997; GOMEZ et al., 2002 u.a.). Dennoch bleibt zu erwähnen, dass die Auffangfläche des typischen Niederschlagsschreibers nach Hellmann 200 cm² beträgt (HINKELMANN, 2005 a). In Klimastationen kamen gelegentlich auch Messvorrichtungen mit abweichenden, allerdings zumeist größeren Auffangflächen zur Anwendung (vgl. GOLDBERG, 2002). Die Analyse zur Datenstreuung der Freilandreferenz aus den Aufnahmen der fünf Niederschlagssammler und 13 unterschiedlichen Niederschlagsereignisse aus dem Vorversuch der Versuchsfläche *„Solling“* sollte aber deutlich gemacht haben, dass mit den verwendeten Totalisatoren und deren Auffangflächen unabhängig von der Stärke des Niederschlagsereignisses Datenstreuungen bei unter 3 % eingehalten werden können.

Weitaus wichtiger als die Wahl der korrekten Auffangfläche erscheint nach der Sichtung vergleichbarer Studien beispielsweise aus anderen Ländern eine gewisse Konstanz bei der Nutzung von Sammlergefäßen sowie die normierte, industrielle Fertigung und Skalierung derselben. Auf beides wurde in der vorliegenden Arbeit ausdrücklich geachtet, wenngleich andere Studien nicht selten mit Sammelwannen, einfachen Eimern und Töpfen unterschiedlicher Herkunft, Produktion, Materialien und folglich Mess- und Verdunstungsfehlern auf ein- und derselben Versuchsfläche hantieren.

6.2.2.3 Stichprobenanzahlen, Messwiederholungen und Pseudoreplikationen

Mit Hilfe einheitlicher Niederschlagssammler und -aufsteller wurden in der Versuchsfläche *„Tharandt"* 36 bzw. 13 Niederschlagsereignisse im belaubten bzw. unbelaubten Zustand des Buchenkronendaches an bis zu 175 Messplätzen registriert. Zusätzlich erfolgten jeweils Stammablaufmessungen an 10 Buchen des Versuchsbestandes. 26 bzw. 7 dieser Niederschlagsereignisse bestanden die selbst definierte Daten- und Qualitätskontrolle und konnten zur Analyse der typischen Niederschlagsumverteilung im Buchen-Fichten-Mischbestand der Versuchsfläche *„Tharandt"* bei wenig oder gar keinem Wind und bei definiertem Niederschlagsinput herangezogen werden.
Die Anzahl der damit im eigenen Versuch einbezogenen Einzelmessungen von Freilandniederschlag und Unterkronenniederschlag an speziellen Messplätzen ist als relativ hoch einzustufen. Ähnlich hohe Anzahlen verschiedener, separater Regenereignisse erreichten LOUSTAU et al. (1992 b) mit insgesamt 33 und KITTREDGE et al. (1941) mit 40 Stück. Explizit für wiederholende Stammablaufmessungen sind Beispiele mit 17 (NAVAR, 1993) und 10 bis 20 (BALAZS, 1983) Niederschlagswiederholungen bekannt. Größere Datenmengen entstammen z.B. aus Loggeraufzeichnungen mit feststehender – jedoch meist unbrauchbarer – zeitlicher Taktung (wochenweisen Wiederholungen bei DRAAIJERS und ERISMAN, 1995 sowie bei ABOAL et al., 1999) und darüber hinaus fast immer aus künstlichen Beregnungsexperimenten wie bei NAVAR und BRYAN (1990) und bei NAVAR (1993).

Innerhalb eines einzelnen Bestandes wurde bereits mehrfach durch messplatzorientierte Aufnahmen der Variabilität und den Ursachen dieser Variabilität im Bestandesniederschlag nachgegangen. Z.B. legten KITTREDGE et al. (1941), BREDEMEIER et al. (2004) und auch JOCHHEIM et al. (2007) Messtransekte an. BALAZS (1983), DUROCHER (1990), LOUSTAU et al.

(1992 b) und HOJJATI et al. (2009) verteilten Messplätze zufällig oder hinsichtlich spezifischer Messplatzüberschirmungen systematisch im Bestand. Dazu wurden zwischen 15 und 52 Messplätze innerhalb einzelner Studien im jeweiligen Versuchsbestand installiert. STAELENS et al., prüfen 2007 Variationen der chemischen Zusammensetzung des Unterkronenniederschlages unterhalb einer einzelnen Buchenkrone durch 12 Probennahmen im 3x3m-Verband. Die in dieser Arbeit benutzte Anzahl einzelner Messplätze im Bestand kann demnach bereits als ungewöhnlich hoch gelten. Lediglich GOMEZ et al. (2002) erreichen innerhalb einer Olivenplantage vergleichbare Anzahlen, wobei einzelne Olivenbäume mit 36 Sammlern in sternförmigen Transekten versehen werden. BREDEMEIER et al. (2004) verwenden ca. 100 Messplätze in Mischungen von Buche und Fichte.

Stammablaufkonstruktionen und -messungen konzentrierten sich im hier vorgestellten Versuch bewusst auf die Baumart Buche und nicht auf die Fichte, da bei der Buche Stammablauf eine wesentliche Komponente des Bestandesniederschlages darstellt (PECK, 2004). Ein größeres Problem der Versuche, Stammabflussraten mit mehreren Baummerkmalen zu verschneiden, um deren Prognosenfähigkeit und Kausalität für die Stammablaufgenerierung zu überprüfen, besteht im notwendigen Stichprobenumfang derartiger Ansätze. Dem steht ein ausgesprochen hoher Aufwand zur Konstruktion der Messvorrichtungen für den Stammablauf gegenüber. Bei der Fichte wurde deshalb konsequent auf Stammablaufmessungen verzichtet. Stammablauf ist im Niederschlagsumverteilungsprozess der Fichte nahezu unbedeutend (vgl. hierzu z.B. die Zusammenfassung in PECK, 2004).
Innerhalb eines aus Sicht des Freilandniederschlagsbetrages als konstant annehmbaren Raumes (z.B. eines Bestandes) ist es ohne Zweifel schwer, Baummerkmale in einer guten und ausreichend weiten Spannbreite aufzufinden und zu berücksichtigen. Im hier vorgestellten Versuch konnten immerhin aus 20 Stammablaufanwärtern einer Baumart 10 Probebäume so ausgewählt werden, dass die bestandesinterne Variation potenziell stammablauferklärender Baummerkmale, wie Brusthöhendurchmesser und Astwinkelstellung, bestmöglich berücksichtigt war. CROIZIER und BOERNER (1986) rechtfertigen ihr Stichprobendesign mit maximal drei Wiederholungen je Baumart mit der Tatsache, dass andere Arbeiten eher noch weniger oder sogar nur Einzelmessungen ohne Wiederholungen vornahmen. Tatsächlich sind häufig Arbeiten mit sehr geringen Stichprobenumfängen zu finden. KURAJI et al. (2001) arbeiten an lediglich vier Bäumen einer Art. JOCHHEIM et al. (2007) beproben insgesamt fünf Buchen. KITTREDGE et al. (1941) und LOUSTAU et al. (1992 b) prüfen immerhin 12 Bäume der gleichen Art. KELLMAN und ROULET (1990), MARTINEZ-MEZA und WHITFORD (1996) und

NAVAR (1993) realisierten Stichprobenanzahlen von mehr als zehn Individuen einer Baum- oder Buschart. DUROCHER (1990) erreichen per Loggerunterstützung insgesamt 26 Bäume. Beispiele für Stichprobenauswahlen anhand vorevaluierter Baum- bzw. Buschmerkmale finden sich dabei jedoch äußerst selten, wobei dann fast ausnahmslos stets der Brusthöhendurchmesser zur Zufallsauswahl herangezogen wird (BALAZS, 1983; MARTINEZ-MEZA und WHITFORD, 1996; ABOAL et al., 1999).

Um die verschiedenen Möglichkeiten statistischer Analyse anwenden zu können, sind wiederholende Messungen grundsätzlich unumgänglich. Erst durch wiederholende Messungen wird es möglich, die Stochastizität im beobachteten Prozess oder in der interessierenden Messgröße abzubilden (HURLBERT, 1984). Im Rahmen messender und / oder manipulierender Experimente können durch den Versuchsansteller jedoch unbewusst Pseudoreplikationen verursacht werden. Unechte oder mangelhafte Wiederholungen entstehen in abhängigen Datensätzen, also durch zeitliche oder räumliche Abhängigkeiten, in verbundenen Stichproben oder durch Wiederholungen innerhalb ein und derselben Behandlungseinheit. HURLBERT unterscheidet zwischen einfachen, Verlust- und zeitlichen Pseudoreplikationen. Er schätzt anhand von Literaturrecherchen selbst, dass mehr als 25 Prozent aller durch ihn gesichteten ökologischen Veröffentlichungen unter Pseudoreplikationen leiden. Der tatsächliche Anteil dürfte wohl noch höher liegen, da nicht alle durch ihn geprüften Veröffentlichungen schließende Statistik angewendet hatten. Insbesondere dort, wo es logistische Handicaps zu überwinden gilt (z.B. Probanden- oder Behandlungsmangel, ungenügende Zeit- und Finanzausstattung), laufen Forschungen Gefahr, sich in Pseudoreplikationen zu verlieren (JAMES, 2002). Treten Pseudoreplikationen auf, so erfolgen varianzbasierte Tests auf mögliche Behandlungseffekte im durchgeführten Experiment mit einem unsachgemäßen Fehlerterm, auf den die Hypothese eigentlich Rücksicht nehmen sollte.

Zur bloßen Bestimmung eines sicheren Mittelwertes sind Pseudoreplikationen nach Meinung von JAMES (2002) allerdings unschädlich. HURLBERT (1984), MCGREGOR (2000), MORRISON und MORRIS (2000) und HURLBERT (2004) sind sich aber einig darin, dass mehrfaches Messen innerhalb einer Experimentiereinheit nicht zur gewünschten Erhöhung der Freiheitsgrade beiträgt. Für statistische Analysen kann dann nicht die Menge an Einzelwerten benutzt werden, sondern lediglich deren Mittelwert. Der in die Statistik einfließende Stichprobenumfang reduziert sich dadurch letztlich rapide.

In der hier vorgelegten Studie wurde speziell zur varianz- und regressionsanalytischen Untersuchung räumlicher und regenmengenabhängiger Bestandesniederschläge davon ausgegangen, dass Pseudoreplikationen nicht vorgelegen haben. Am jeweiligen Messplatz führte jede Bestandesniederschlagsmessung zu einem unabhängigen Messwert der individuellen Behandlungseinheit: *„Freilandniederschlagsmenge x Baumart x Baumindividuum x Distanzklasse bzw. individuelle Distanz“*. Weitere relevante Differenzierungen ergaben sich durch die Anlage verschiedener Transekte unter einzelnen Bäumen, die letztlich Synonyme für verschiedene Himmelsrichtungen darstellten. Mehr als 90 % aller im Rahmen der Transektvorgabe zufällig gewählten Messplätze befanden sich unter unterschiedlichen Bäumen, Distanzklassen und Himmelsrichtungen. Die Belegung absolut identischer Distanzen war *de facto* ausgeschlossen. Behandlungseinheit war demnach weder der Versuchsbestand (potenzielle einfache Pseudoreplikation), die Teilfläche im Bestand (Verlust-Pseudoreplikation) oder die kumulierte Freilandniederschlagsmenge (zeitliche Pseudoreplikation), sondern stets die individuelle Kombination aus Freilandniederschlag und dem 1 m² repräsentierenden speziellen Standort im Bestand. Jeder Messwert war im Bezug zu dieser regenhöhenabhängigen und räumlichen Betrachtung mit einem individuellen Fehlerterm versehen. ROTHE und BINKLEY schlagen im Sinne des hier praktizierten Ansatzes 2001 sogar vor, die experimentfreie Wissenslücke zur Mischbestandesvielfalt und deren Dynamik auf Nährstoffkreisläufe zukünftig nicht mehr über mühsame und dennoch kaum vergleichbare Replikationen aus unterschiedlichen Versuchsbeständen zu füllen, sondern sich dem Instrument räumlicher Einzelbaummodelle ganz bewusst zu öffnen. SEILER und MATZNER befürworten in diesem Sinne bereits 1995 räumliche Modellierungen, um mit diesem Vorwissen zukünftige Stichprobendesigns optimieren zu können.

Bedenklicher erscheint dagegen schon, dass jeder Regensammler vom gleichen Versuchsansteller in gleich bleibender Reihenfolge des Kontrollganges abgelesen wurde und im Anschluss an den Ablesevorgang stets von derselben Person entleert wurde. Hier beginnen die Grenzen zwischen ordnungsgemäßer Replikation und unsachgemäßer Pseudoreplikation zu verwischen. Ähnliche Beispiele möglicher gleichgerichteter Fehlertermbeeinflussung zählen MORRISON und MORRIS (2000) auf. JAMES (2002) betont, dass es daneben fast unmöglich ist, zeitliche Fragestellungen zu beantworten, ohne die Gefahr der zeitlichen Pseudoreplikation einzugehen. Er fordert daher zu einer ausgewogenen Milde auf, damit Versuche zukünftig nicht unrepliziert angestellt bzw. vorgestellt oder sogar ohne schließende Statistik präsentiert werden, um die Härten des Reviewverfahrens zu vermeiden. Auch OKSANEN (2001) befürchtet, dass die Diskussion um und die Vermeidung von Pseudoreplikationen zur Stigmatisierung statistischer Lösungen und Designs in ökologischen Forschungen führt und erwidert, dass gute ökologische Forschung die gleichzeitige Probennahme hinsichtlich räumlicher und zeitlicher Effekte erwartet. Dem widersprechen allerdings HURLBERT (2004) und HARGROVE und PICKERING (1992). Die Debatte zum Umgang mit Pseudoreplikationen ist noch nicht abgeschlossen. Grundsätze und Leitlinien zur Vermeidung unsachgemäßer Replikationen fehlen. Nicht selten muss sich der publizierende Wissenschaftler hierzu mit seinem Manuskript der Gutachtermeinung unterwerfen, selbst wenn diese nicht von ihm geteilt wird. OKSANEN (2001) resümiert: *„Let us face it. If the concept pseudoreplication is used in the broader sense, including compound treatments, then all experiments are pseudoreplicated, though we do not always have enough information to understand how."* (S.33). Er erinnert aber auch daran, dass ein scharfer Umgang mit pseudoreplizierten Experimenten gar nicht von Nöten ist, da prinzipiell jeder Wissenschaftler zur umfassenden Interpretation und Diskussion seiner statistischen Ergebnisse angehalten ist. Selbstverständlich zählt darunter auch der sorgfältige Austausch zu möglichen Fehlern und Fehlertermen im Experiment und dessen nachfolgender statistischer Auswertung.

6.3 Ergebnisdiskussion

6.3.1 Diskussion erster Ergebnisse aus Varianzanalysen zum Unterkronenniederschlag

Bereits im Rahmen sehr einfacher Varianzanalysen ließ sich im gesamten Datensatz der Versuchsfläche *„Tharandt"* sowohl in der unbelaubten wie in der belaubten Messphase zeigen, dass in Bestandeslücken über alle Niederschlagsereignisse und -mengen hinweg eine signifikante Tendenz dazu besteht, auf höhere Niederschlagsmengen zu stoßen als in überschirmten Bestandesbereichen. Dieses Ergebnis ist nicht besonders überraschend. Dennoch resultiert aus dem simplen Umstand, dass Niederschlagsmessungen der Versuchsfläche gelegentlich unter okular erkennbaren Bestandeslücken stattfinden, bereits 10 bis 25 % der Datenstreuungen im gesamten Niederschlagsdatensatz. Solch eine eindeutige Unterscheidung des Unterkronenniederschlages in Überschirmungen durch Vegetation und in solche unter größeren Lücken ergibt sich z.B. bei HOJJATI et al. (2009) oder bei BREDEMEIER et al. (2004) auf Versuchsflächen im Solling nicht, obwohl ihr Versuchsdesign dem hier vorgestellten sehr ähnlich ist.

Der in anderen Arbeiten gern visualisierte oder manchmal auch nur beschriebene Effekt rasch ansteigender Niederschlagsmengen, so bald man sich aus der Kronenprojektionsfläche in Richtung Lücke bewegt (vgl. z.B. JOHNSON, 1990; GOMEZ et al., 2002), kann im Rahmen der hier vorliegenden Arbeit generell bestätigt werden, soweit ereignisgetrennte Daten verglichen werden. Dass der zusätzliche Unterkronenniederschlag auf der Bestandeslücke im Kapitel 3.2.1.4 mit 1,7 (belaubt) bzw. 1,0 L/m² (unbelaubt) vom Varianzanalysemodell beziffert wird, ist hingegen ein Resultat der Eingangsdaten bzw. deren Verteilung auf unterschiedliche Freilandniederschlagsereignisse und darf keinesfalls überbewertet werden.

Innerhalb der eindeutigen Zuordnung von Niederschlagsmessplätzen zur Überschirmung durch Buche oder Fichte steht als Resultat einer Reihe initialer varianzanalytischer Prozeduren fest, dass die Menge des jeweils am Messplatz der Versuchsfläche *„Tharandt"* registrierten Unterkronenniederschlages:

- abhängig ist vom jeweiligen Feilandniederschlag im speziellen Niederschlagsereignis,
- bestimmt wird von der Überschirmung durch Buchen oder Fichten und
- variiert wird durch die Entfernung des Niederschlagssammlers zum Stammfuß des ihn überschirmenden Baumes.

Im Rahmen der spärlichen Möglichkeiten zum Vergleich der Unterkronenniederschläge aus unbelaubter und belaubter Messphase ließen sich außerdem höhere Unterkronenniederschläge während der unbelaubten Messphase statistisch belegen.

Am Ende dieser Berechnungen stehen bereits einfache räumliche, hydrologische Modelle, die – angetrieben von den Größen: Freilandniederschlag, Überschirmung und relative Distanz – saisonal unterschiedliche Variabilität im Unterkronenniederschlag der Versuchsfläche zu mehr als 90 bzw. 75 % erklären können. Durch die Parameterschätzer der entsprechenden Varianzanalysen sind dabei bereits erste prognosefähige Modelle entstanden. Zudem ist die absolvierte Signifikanzprüfung mit positiven Bescheid ein genereller Aufruf dazu, ermittelte Unterkronenniederschlagsverteilungen stets im Kontext eingetragener Freilandniederschläge, registrierter und untersuchter Belaubungsunterschiede und Schirmsituationen zu diskutieren und zu präsentieren. Bereits an dieser Stelle sollte deutlich geworden sein, dass sich im Mess- und Versuchsdesign der Vielzahl verfügbarer forstmeteorologischer Aufnahmen sehr häufig schon so starke Zusammenfassungen ansonsten guter und interessanter Einzeldaten finden lassen, die der Vergleichbarkeit ermittelter Werte, Relationen und Verteilungen so gravierend gegenüberstehen, dass deren veröffentlichte Angaben zum Bestandesniederschlag zu bloßen Einzelfallberichten abgewertet werden müssen. Dies gilt selbstverständlich auch für die in dieser Arbeit vorgestellten Aufnahmen, sofern sie stark aggregiert werden. Sie könnten sich zukünftig z.B. in Auflistungen wie der von PECK (2004) wieder finden als ein Fallbericht unter vielen zu durchschnittlichen summarischen oder auch prozentualen Unterkronenniederschlägen in- und außerhalb der Vegetationszeit zweier Buchen-Fichten-Mischbestände. Wirklich vergleichbare Angaben zum Unterkronenniederschlag bedürfen nach den Erfahrungen dieser Arbeit dagegen mindestens gleicher bzw. kontrolliert variabler und ausführlich dokumentierter:

- Bestockungssituationen,
- Belaubungssituationen,
- Messplatzpositionen in Relation zur Stammfußdistanz und zum Kronenradius sowie
- Niederschlagsmengen und -regime.

Ein womöglich sogar systematischer Verzicht auf Messergebnisse aus der Vielfalt potenzieller Einflussgrößen, wie er z.B. aus einer Messvorschrift zum Bestandesniederschlag unter stets dem gleichen Kronenbereich hervorgehen könnte, würde die tatsächliche Variabilität der so ermittelten Messgröße im Bestand unverhältnismäßig und eventuell sogar systematisch und einseitig eingrenzen. Daneben wäre es insbesondere für solche Arbeiten, die sich mit dem kleinräumigen tatsächlichen Niederschlagsinput im Wald beschäftigen wollen, grundsätzlich falsch, bloße Mittelwerte aus zumeist eben doch nicht vergleichbaren Einzelfallstudien abzuleiten oder z.B. Wasserhaushaltsmodellierung zu bedienen, die allzu oft an derartigen einzelnen Studien parametrisiert wurden.

6.3.2 Prozessorientierte Ansätze zur Niederschlagsumverteilung statt einfacher Verteilungsvergleiche und Varianzzerlegungen

Hinterlegte Prozesse in der Niederschlagsumverteilung werden weder in solchen Einzelfallsammlungen wie der von PECK (2004) noch innerhalb der vorgestellten varianzanalytischen Schätzung verstanden oder gar berücksichtigt. Solchen Prozessen wurde diesmal zuerst auf Messplatzebene (f_N) und anschließend allgemeiner auf räumlicher Ebene ($f_{relDist}$) nachgegangen. Erst im Anschluss daran erfolgten Verallgemeinerungen ($f_{N,relDist}$). Eine ausreichende Vielfalt an eingetragenen Freilandniederschlagsmengen lag dabei vor allem innerhalb der Aufnahmen aus der belaubten Messphase vor, so dass komplexere räumliche, hydrologische Modelle zuvorderst für diese wichtige Zeitspanne des Jahres aufgestellt werden konnten.

Prinzipiell wurde hierzu das bisherige Wissen zur Abhängigkeit der Komponenten des Bestandesniederschlages von der Menge des Freilandniederschlages benutzt. Wertvolle Vorleistungen fanden sich z.B. bei KITTREDGE et al. (1941), BALAZS (1983) und MARKART (2000). Sie sind bereits im Kapitel 1.1.2.2 demonstriert worden. Neu ist diesmal lediglich die Annahme, dass auf Messplatzebene im Gegensatz zu den allgemeineren durchschnittlichen Niederschlagsdynamiken auf Bestandesebene laterale Flüsse berücksichtigt werden müssen. Laterale Flüsse treten in den Punktwolken zwischen Unterkronen- und Freilandniederschlagsmenge auf Messplatzebene entweder gar nicht, oder durch Mehr- oder Mindereinträge in Erscheinung. Folgt man der Hypothese, dass nach der Sättigung der Kronenspeicherkapazität alle weiteren Niederschlagsmengen gleichmäßig – also linear – an den durchfallenden oder abtropfenden Niederschlag oder den lateralen Fluss weitergegeben werden, lässt sich die jeweilige Punktwolke registrierter Unterkronen- und Freilandniederschläge einerseits ausgezeichnet durch Regressionen verallgemeinern, andererseits aber auch leicht zerlegen in die relevanten Größen des Bestandesniederschlages (vgl. hierzu 2.3.2.3). Was letztlich je Messplatz bleibt, sind mathematische Antworten auf folgende Fragen zum Unterkronenniederschlag:

- Bei welcher Freilandniederschlagsmenge ist der messplatzindividuelle Sättigungsprozess des Kronenspeichers abgeschlossen?
- Wie groß ist der messplatzindividuelle Kronenspeicher?
- Zu welchen Anteilen wird jede weitere Niederschlagsgabe im Anschluss an die Sättigung des Kronenspeichers an abtropfenden Niederschlag und lateralen Fluss weitergereicht?
- Welcher Anteil des Freilandniederschlages wird stets unabhängig vom Sättigungsprozess als durchfallender Niederschlag zum Waldboden abgegeben?

Erst im Rahmen räumlicher Zusammenfassungen dieser einzelnen Resultate der Regressionsanalysen auf Basis der Varianten der Überschirmungssituationen und der relativen Distanz unter Buchen- und Fichtenkronen wurde deutlich, wie verblüffend gleichgerichtet und gleichstark die einzelnen Niederschlagskomponenten im Versuchsbestand auftraten. Darüber hinaus bleiben Beweisführungen zur Richtigkeit des angewendeten Prinzips bedauerlicherweise einerseits auf die ausgezeichnete gesamte Prognosefähigkeit des letztlich entstandenen räumlichen, hydrologischen Modells und andererseits auf die Bilanzierung lateraler Wasserentzüge im Inneren von Buchenkronen und ihre Gegenüberstellung zu Stammablaufmengen beschränkt. Varianz- und Prozessmodell erreichen jeweils Bestimmtheitsmaße über 0,9. Im Gegensatz zu dem Varianzanalysemodell wird das Regressionsmodell dabei auch den Ansprüchen zur kausalen Abtrennung einzelner Prozesse der Niederschlagsumverteilung gerecht. Eine ausschließlich zur unmittelbaren Validierung angelegte Zufallsstichprobe in der Nähe zur Versuchsfläche *„Tharandt"* wurde durch den Sturm *Kyrill* stark in Mitleidenschaft gezogen und musste daraufhin verworfen werden.

Insgesamt gewinnt die regressionsanalytische Zerlegung der messplatzinternen Punktwolke aus Unterkronen- und Freilandniederschlag in einzelne Komponenten des Unterkronenniederschlages auch in dem Moment an Glaubwürdigkeit und Gewicht, in dem man sich vergegenwärtigt, welche plausiblen Resultate bei zugleich überraschend geringer Streuung der Einzelwerte diese Technik für Messplätze in Bestandeslücken erbracht hat. An solchen Messplätzen – immerhin 15 Stück an verschiedensten Orten des Versuchsbestandes – findet (a) der Sättigungsprozess der Kronenspeicherkapazität praktisch nicht statt, (b) treten nur geringfügig laterale Flüsse auf, (c) gelangen durchschnittlich deutlich mehr als 80 % des Freilandniederschlages als durchfallender Niederschlag zum Waldboden und liegt (d) der Anteil abtropfenden Niederschlages per Regressionsanalyse stets unter 20 %. Dieser Befund aus der belaubten Messphase lässt sich innerhalb des Datensatzes zur unbelaubten Messphase weitestgehend wiederholen.

6.3.2.1 Ursachen und Ausmaße absoluter Kronenspeicherkapazitäten

Obwohl die linearen Beziehungen zwischen relativer Distanz und dem jeweiligen Parameter der Niederschlagskomponenten aus der Freilandniederschlagsdynamik für buchen- und fichtenüberschirmte Messplätze eher schwach sind, wurde per Signifikanzprüfung darüber entschieden, sie dennoch als Basis räumlicher Modelle im Umfeld des Einzelbaumes zu nutzen.

So beträgt die Kronenspeicherkapazität in den räumlichen Modellen für Buche 5, für Fichte hingegen fast 10 L/m² im Kroneninneren und nimmt bei beiden Arten zum Kronenrand hin ab, ohne jedoch zu Nullwerten zu gelangen. In Herleitungen und Messungen anderer Studien, die zumeist Reinbestände unterschiedlichster Waldstrukturen und -dichten nutzten, stellten sich für Buche Werte zwischen 2 und 4 L/m² ein (BENECKE, 1984; ELEND, 2000). Für Fichte werden 0,6-4,0 L/m² (HILLEBRAND, 1998), 4,7 L/m² (ELEND, 2000) und zwischen 4,7 und 7,6 L/m² (HOFFMANN, 1999) angegeben. Für Kiefernstandorte in Nordorstdeutschland leitet

GREIFFENHAGEN (2005) 2,8 L/m² ab und findet ähnlich hohe Schätzungen in vergleichbaren Arbeiten.

Unmittelbare Vergleiche dieser Flächendurchschnittswerte mit den abgeleiteten räumlich-konkreten Kronenspeicherkapazitäten verbieten sich selbstverständlich. Erst die räumliche Konkretisierung der eigenen Ergebnisse hinsichtlich spezieller Kronenradien und hinsichtlich räumlicher Konstellationen zu wählender Einzelbaumanzahlen auf der eigentlichen Fläche würde es erlauben, ebenfalls einen Flächendurchschnittswert für konstruierte Reinbestände beider Baumarten abzuleiten. Diese Angaben blieben dennoch mindestens variabel hinsichtlich Bestockungsgrad bzw. Stammzahlhaltung und Konkurrenzreaktion in der Kronenschicht. Trotzdem widersprechen sich die Literaturwerte und die hier abgeleiteten Werte zur messplatzindividuellen absoluten Kronenspeicherkapazität kaum. Verblüffend hoch ist allerdings die Spreitung absoluter Kronenspeicherkapazitäten je nach betrachtetem Messplatz im gesamten Mischbestand. Diese Variabilität war auf Basis der Flächenmittelwerte aus der Literatur nicht zu erwarten. Hier wird deutlich und nachvollziehbar, wie durch stimmige und gleichartige Flächendurchschnittswerte eigentliche Datenvariabilitäten in Vergessenheit geraten können.

Zur vollständigen Speisung der absoluten Kronenspeicherkapazität sind meist etwa doppelt so hohe Freilandniederschläge notwendig. Insbesondere im inneren Drittel von Fichtenkronen ließen sich notwendige Freilandniederschlagsmengen von z.T. mehr als 40 L/m² ableiten, während in Buchenkronen 15-20 L/m² ausreichten, um die Kronenspeicherkapazität vollständig zu sättigen. Diese Ergebnisse führten letztlich zu der Gewissheit, dass die Niederschlagsdynamiken der unbelaubten Messphase, anhand des erreichten Niederschlagsdatensatzes mit maximal 7 L/m² Freilandniederschlag in der Studie, nicht zur Gänze abgebildet werden können. Nach entsprechenden Plausibilitätskontrollen in den Regressionsresultaten verblieben nur Auswerteansätze für buchendominierte Messplätze und solche in Bestandeslücken sowie gelegentlich für gemischte Überschirmungen. Die Kronenspeicherkapazität der unbelaubten Buchenkrone beträgt nach den verbliebenen Regressionsresultaten maximal 2,0 L/m² im Kroneninneren und tendiert zu Nullwerten am Kronenrand.

Zumindest für die Buche ist damit durch den Vergleich zwischen den Kronenspeicherkapazitäten im belaubten und unbelaubten Zustand der Krone eine Trennung absoluter Ast- und Blattspeicherkapazitäten möglich geworden und letztlich im Rahmen der Arbeit auch praktiziert. Allein durch die Blattmasse werden demnach in der inneren Hälfte der Krone durchschnittlich 4 L/m² Niederschlagswasser zurückgehalten. Einzelne Messungen, Berechnungen und Ableitungen ergaben sogar Blattspeicherkapazitäten bis zu 8 L/m². In der äußeren Kronenhälfte sinkt die Blattspeicherkapazität schließlich auf 1 bis 2 L/m², ohne jedoch vor Erreichen des Kronenrandes bereits Nullwerte anzunehmen.

Nach der Konkretisierung dieser räumlichen Dynamik mit Hilfe der ermittelten Zusammenhänge zwischen Brusthöhendurchmesser und Kronenradius ließ sich einerseits abschätzen, welche absoluten Ast-, Blatt- bzw. Kronenspeicherkapazitäten verschieden dimensionierte Fichten und Buchen entwickeln können. Andererseits ergaben sich speziell für die Buche in Kombination mit den Resultaten aus der Streufallanalyse und -modellierung einige Möglichkeiten zur Berechnung sehr wahrscheinlicher räumlicher Unterschiede der Blattflächenverteilung innerhalb der Krone einzelner Bäume. Die dazu notwendig gewordene Schätzung spezifischer Blattflächenspeicherkapazitäten kam zu Ergebnissen, die früheren Berechnungen von BENECKE (1984) sehr ähnlich sind. Je Quadratmeter ausschließliche Blattfläche nahm BENECKE damals spezifische Speicherkapazitäten von etwa 0,4 Liter an. In der hier vorliegenden Arbeit wurden 0,33 Liter berechnet.

Die Anwendung dieser berechneten Größe auf die Befunde zur räumlichen Verteilung der absoluten Blattspeicherkapazitäten ergab letztlich durchschnittliche LAI-Werte in den Buchenkronen der Versuchsfläche *„Tharandt“* zwischen 5 und 10. Im Kronenzentrum können dabei jedoch erhebliche Streuungen auftreten. Maximale Werte bewegten sich bei einem LAI von 25. In der äußeren Kronenhälfte streuen die berechneten LAI-Werte dagegen vielfach weniger und fallen in Richtung Kronenrand von 10 auf etwa 5 ab.

Phytometrische Forschungen zur räumlichen Anordnung der verschiedenen Baumorgane am Einzelbaum genießen seit ROSS (1981) einen zunehmenden Bekanntheitsgrad. Parallel hierzu widmen sich andere Autoren unterschiedlichen Methoden zur Bestimmung bestandesspezifischer Werte vorrangig für NAI und LAI seltener auch für den WAI beispielsweise über Strahlungsmessungen und bekannte Gesetzmäßigkeiten der Strahlungstransmission (vgl. z.B. KÜßNER, 1999; CROCKFORD und RICHARDSON, 2000; MARISCAL et al., 2000; MAYER et al., 2002; RHOADS et al., 2004; WAGNER et al., 2004; WAGNER und HAGEMEIER, 2006) oder über flächenrepräsentative Streufallaufnahmen und -analysen (MARKART, 2000; HAGEMEIER, 2002; WIDLOWSKI et al., 2003). Zunehmend verlassen diese Arbeiten aber die Bestandesebene und konzentrieren sich auf kleinere Flächeneinheiten im Bestand. Die direkte Eignung dieser Methoden für Einzelbäume oder sogar bauminterne Dynamiken ist jedoch umstritten, weil Rückschlüsse aus Streufall- oder Strahlungsprozessen z.B. durch diverse Fehlerquellen, Variationen im Wind und die unterschiedlichsten Sonnenstände behindert werden. Neben wenigen tatsächlichen Messverfahren und optischen Ableitungen zur räumlichen Anordnung der einzelnen Organe des Baumes (MÜLLER-DOMBOIS und ELLENBERG, 1974; ROUVINEN und KUULUVAINEN, 1997; SINOQUET und RIVET, 1997; GODIN, 2000; HAGEMEIER, 2002) dominieren daher eher 3-D-Modellierungen mit Hilfe geometrischer Körper (CANHAM et al., 1994; BIBER, 1996; PACALA et al., 1996; LEBLANC et al., 1999; PRETZSCH, 2001; MOTTUS et al., 2006), kausaler Zusammenhänge der Kronenarchitektur (WHITEHEAD et al., 1990; DELEUZE et al., 1996; ANZOLA-JÜRGENSON, 2002; GROTE, 2002) oder angenommener horizontaler und vertikaler Biomasseverteilungen (KINERSON und FRITSCHEN, 1971; MATSUDA und BAUMGARTNER, 1975; KOPPEL und OJA, 1984; PFREUND, 1988; BARTELINK, 1998), die sich häufig nur schwer durch reale Messserien validieren lassen. Dort, wo Strahlungsaufnahmen dreidimensionalen Assimilatmassen-, Kronen- oder Baummodellen und deren Strahlungstransmissionsberechnungen gegenüber gestellt werden, ergeben sich zumeist Plädoyers für einzelbaumbezogene horizontale- und vertikale Variabilität der Baumorgane, für deutliche räumliche Klumpungen und für Bereiche im Kronenraum ohne nennenswerte Assimilatmasse (WANG und JARVIS, 1990; PUKKALA et al., 1991; SINOQUET und RIVET, 1997; KULL et al., 1999; SMOLANDER und STENBERG, 2003; STADT et al., 2005).

Nachweise horizontal variabler LAI-Werte innerhalb des Einzelbaumes finden sich bei SINOQUET und RIVET (1997) an einem solitären Wallnussbaum, bei COHEN und FUCHS (1987) und COHEN et al. (1995) in einem Orangen- und einem Apfelhain sowie in MARISCAL et al. (2000) für eine Olivenplantage. Die freistehenden Einzelbäume haben stets geringere LAI-Werte im Kronenzentrum und am Kronenrand. Maximale Blattflächenindizes finden sich in der mittleren Distanz zwischen Kronenrand und Stammbasis, sogar weitestgehend unabhängig vom möglichen Formschnitt an den Bäumen durch den jeweiligen Plantagenbetreiber. Dagegen konnten MOTTUS et al. (2006) an jungen Erlen LAI-Werte von bis zu 5 im Kronenzentrum messen, die mit zunehmender Distanz von der Kronenmitte zum Kronenrand rapide abnehmen.

Die mit Hilfe der Niederschlagsaufnahmen abgeleitete LAI-Verteilung am Bucheneinzelbaum in der vorliegenden Studie ähnelt der von MOTTUS et al. (2006), lässt sich jedoch Mangels anderer Studien an älteren Bucheneinzelbäumen nicht direkt vergleichen. Zur eigenen Arbeit ähnliche Durchschnittswerte für den LAI der Buche in Reinbeständen finden sich in BARTELINK (1998) und HAGEMEIER (2002) bei 7 bis 9 anhand von Strahlungsmessungen. Aus Streufängen berechnen JOCHHEIM et al. (2007) einen LAI von 6,4 und im Mastjahr lediglich von 4,5. GROTE und REITER messen und simulieren 2004 vertikale LAI-Veränderungen. Kumuliert ergibt sich am Einzelbaum dabei ein LAI-Wert von 6.

Im Gegensatz zu der sehr wahrscheinlichen räumlichen Dynamik im LAI-Wert einzelner Buchen besteht wegen der nur marginalen Distanzunterschiede in der Astspeicherkapazität je Messplatz kaum ein Anlass dazu, auch von einem räumlich variablen WAI am Bucheneinzelbaum auszugehen. Lediglich im Kronenzentrum wurden erhöhte Astspeicherkapazitäten abgeleitet, die wohl einer größeren Astfläche zugeordnet werden können. Indizien hierfür liefern 2000 auch STADT und LIEFFERS. Voraussetzung für diese Schlussfolgerung sind selbstverständlich stabile Oberflächenspannungs- und -benetzungsverhältnisse an Astflächen unterschiedlich stark dimensionierter Äste. Da momentan immer noch eher prinzipiell am Nachweis artspezifischer Borkeneigenschaften für Wasserrückhalt und -ableitung geforscht wird (vgl. hierzu z.B. VOIGT, 1960; CROIZIER und BOERNER, 1986; NAVAR und BRYAN, 1990; STEINBUCK, 2002; PECK, 2004), wäre jede weitere Schlussfolgerung zur räumlichen Variabilität des WAI auf Basis undeutlicher Variabilitäten in der absoluten Astspeicherkapazität jedoch verfrüht und hochgradig spekulativ.

Für Fichte gelang die Ableitung räumlicher Variabilitäten des NAI bzw. des WAI anhand der Kronenspeicherkapazität nicht, da selbige stets ein Konglomerat aus unbekannten Nadel- und Astoberflächenverhältnissen bzw. deren Benetzungsverhalten bleibt. Die geschätzte allgemeine Kronenspeicherkapazität nimmt innerhalb der Fichtenkronen der Versuchsfläche *„Tharandt"* vom Kronenzentrum zum Kronenrand deutlich ab. Am Kronenrand werden Kronenspeicherkapazitäten von durchschnittlich 5, nicht selten aber auch nur von 2 L/m² eingenommen. Im Kronenzentrum wurden etwa 10, ab und zu aber auch 15 L/m² erreicht. Diese Veränderungen müssen sich auch in einem PAI widerspiegeln, der sich, so bleibt zu vermuten, aus räumlich variablen N- und WAI zusammensetzt.
WANG und JARVIS (1990) schlussfolgern aus Modellierungen des Strahlungs- und Wasserhaushaltes für Sitkafichte ebenfalls, dass der NAI am Einzelbaum nicht konstant sein kann. Für *Pinus radiata* liefern WHITEHEAD et al. (1990) gleichfalls Ansätze ungleichmäßiger Nadelverteilungen aufgrund der Anordnung junger, benadelter Triebe innerhalb der Baumkronen. In der Draufsicht ergeben sich danach zumindest ein nicht oder nur schwach benadelter Kronenkern und in mittlerer Distanz hohe NAI-Werte, die zum Kronenrand allmählich abnehmen. Hinweise auf einen kaum benadelten Kronenkern auch bei Fichte finden sich in den Kronenarchitekturmodellen von KOPPEL und OJA (1984), PFREUND (1988), DELEUZE et al. (1996) und dem von GROTE (2002). Folgt man diesen Ansätzen, so entstammen die besonders hohen Kronenspeicherkapazitäten im Kronenzentrum der hier vorgestellten Studie sehr wahrscheinlich zuvorderst aus dem Niederschlagsrückhalt an

dominanten und besonders dichten Astmaterial bzw. an dessen Oberflächen. Erst mit zunehmender Distanz zum Kronenzentrum ergibt sich vermutlich ein engeres – leider aber auch weiterhin unbekanntes – Zusammenspiel von NAI und WAI mit den entsprechenden Auswirkungen auf die räumliche Variabilität der Kronenspeicherkapazität in Fichtenkronen.

6.3.2.2 Durchfallender Niederschlag und Lücken im Kronendach

Ein unmittelbarer Zusammenhang muss auch zwischen dem PAI und der Wahrscheinlichkeit bestehen, dass Regentropfen ohne Kronenberührungen z.B. durch kleinste Kronendachlücken zum Waldboden gelangen können. Diese Wahrscheinlichkeit wurde im Rahmen der Arbeit als Parameter c bezeichnet und diente der Herleitung und Bilanzierung des durchfallenden Niederschlages. Der Parameter wurde für alle Überschirmungssituationen, für relative Distanzen bei Fichten- oder Buchenüberschirmung und in der belaubten und unbelaubten Messphase erfolgreich berechnet. Im Umfeld von Buchen und Fichten konnten räumliche Veränderungen des Parameters nachgewiesen werden. Mit zunehmender Entfernung vom Kronenzentrum nahm der Anteil des Freilandniederschlages, der durch Baumkronen durchfiel, stets höhere Werte an. Unter Buchenkronen waren dabei höhere Niederschlagsanteile zu erwarten als unter Fichtenkronen.

Diese Trends und Differenzen entsprechen im groben Überschlag dem Gegenteil dessen, was sich für die diversen Messplatzpositionen aus Sicht der Kronenspeicherkapazität auf Basis vermuteter Zusammenhänge zum PAI ergeben hat. Auch für das Auftreten und die Stärke durchfallender Niederschläge sind Oberflächenverhältnisse und räumliche Verteilungen der Ast- und Assimilatmassen innerhalb der Krone des einzelnen Baumes offensichtlich entscheidend.

Obwohl Flächenindexwerte nicht ohne weiteres gleichzusetzen sind mit kleinräumigen Angaben zur Lückenhäufigkeit und -größe, lassen sie doch Rückschlüsse darauf zu, wie wahrscheinlich das Auftreten vollkommen freier Räume innerhalb der Krone ist. Wie eine Bestätigung dessen wirkt die Grafik zur Differenz des Anteils durchfallender Niederschläge für Buchenmessplätze unterschiedlicher Distanzen zum Stammfuß aus belaubter und unbelaubter Messphase im Kapitel 3.2.3.3. Diese Differenz kann ursächlich zu großen Teilen dem Wegfall räumlich variabler Blattflächen zugeordnet werden. Im entstandenen Muster (im Kronenzentrum größte Differenzen, dagegen am Kronenrand kaum Differenzen) lassen sich

Ähnlichkeiten zur abgeleiteten und soeben diskutierten LAI-Verteilung innerhalb einzelner Buchenkronen finden.

Zur Schätzung durchfallender Niederschläge zweifellos besser geeignet wären aber Maßzahlen, die unmittelbar tatsächliche Lückenanteile in der Kronenschicht über dem Messplatz quantifizieren können. Messverfahren für solch einen Lückenkoeffizient (vgl. XIAO et al., 2000) prüfen PALETTO und TOSI (2009). Er könnte z.B. direkt aus hemisphärischen Fotografien ermittelt werden. ELEND hat dies 2000 mit Hilfe der Clearness versucht und im Anschluss die Lückenangaben seinen Niederschlagsmessreihen gegenüber gestellt. Er wiederholte dabei einen Versuch, der 1982 von OLSSON et al. veröffentlicht wurde. OLSSON et al. konnten damals Zusammenhänge zwischen beiden Größen nachweisen, ELEND musste sie dagegen ablehnen. Das Manko beider Abgleiche lag allerdings darin, dass nicht durchfallende Niederschläge, sondern ganze Unterkronenniederschlagssummen im Vergleich zur Clearness betrachtet wurden. Obwohl dieses Problem innerhalb der vorliegenden Arbeit abgestellt werden konnte, ergaben sich in einer eigenen Messreihe keine plausiblen Zusammenhänge zwischen der Clearness und dem Anteil des Freilandniederschlages, der zum durchfallenden Niederschlag wird.

Hemisphärische Fotos wurden dazu an allen Niederschlagsmessplätzen der Fläche *„Tharandt"* im belaubten und unbelaubten Kronenzustand mit analoger Technik an mehreren Tagen homogener Bewölkung aufgenommen. Hierzu wurde die Nikon F80s mit Datenrückwandmarkierung, Fernauslöser und Nikon-Weitwinkelobjektiv des Waldbaulehrstuhles in Tharandt genutzt. Kugelkopfstativ, Libelle und Kompass ermöglichten die notwendige präzise Horizontal- und Nordausrichtung der Kamera. Es wurden schwarz-weiß-Orthochromfilme der Marke AGFA ORTHO 25c ISO 25/15° verwendet. Synchronmessungen der Belichtung erfolgten durch eine zweite Person auf ausreichend großen Freiflächen mit einem Gossen Variosix F2-Belichtungsmesser mit Richtungsaufsatz. Zur Einstellung der Blende wurden Blendenzwischenstufen an der Kamera genutzt.

Bildanalysen erfolgten am gescannten Fotonegativ mit dem Bildanalysealgorithmus in Optimas 6.5 (WAGNER, 1994). Die Datenrückwandmarkierung erleichterte hierbei die genaue Bildmittelpunktangabe im gescannten Negativ. Besondere Sorgfalt wurde auf die Wahl eines geeigneten Öffnungswinkels zur Bestimmung der Clearness gelegt. Je nach Wahl des passenden Öffnungswinkels gehen in unterschiedlicher Bestandeshöhe unterschiedlich große Flächenbereiche in die Optimas 6.5-interne Abfrage der Clearness zum Anteil freien Himmels in dem gewählten Flächen- bzw. Bildbereich über dem Messplatz ein. Möglichst kleinflächige, messpunktorientierte Clearnessmessungen sprachen für die Wahl besonders kleiner

Öffnungswinkel (vgl. hierzu PALETTO und TOSI, 2009). Demgegenüber konnte in kleinsten Öffnungswinkeln keine genügende Präzision in Hinblick auf die korrekte Bildmittelpunktfindung am PC und die exakte horizontale Kameraausrichtung im Wald vorausgesetzt werden. Während gängige Clearnessbestimmungen daher meist auf 10°-Öffnungswinkeln basieren, wurde im eigenen Versuch ein Winkel von 2,5° zur Clearnessbestimmung benutzt und das Bildanalyseprogramm entsprechend modifiziert.

Insgesamt war im Rahmen der angelegten Messreihe auffällig, dass die Clearnesswerte ungenügend mit dem Anteil durchfallenden Niederschlages korrelierten, so bald es sich um Daten überschirmter Messplätze handelte. Dort sank die Clearness zumeist rasch gegen Null und unterschätzte damit Lückenanteile im Kronendach, die zur Generierung der ermittelten durchfallenden Niederschläge notwendig gewesen wären.
HORNSCHUCH und RIEK machen 2007 ähnliche Erfahrungen im Kiefernnaturwald. Weder berechnete Lückenindices noch der per Fish-eye-Methode ermittelte *„canopy openess"*-Prozentwert reichten damals aus, um das Muster der Niederschlagsumverteilung im Bestand hinreichend genau zu modellieren. Auch BRECHTEL (1962) stellt keinen guten Zusammenhang zwischen Unterkronenniederschlag und zunehmend lichteren Bestandespartien her. Im Gegensatz dazu gelangten OLSSON et al. 1982 zu guten Übereinstimmungen zwischen Unterkronenniederschlag und einem *„sky-obscuration factor"*, der von ihnen aus fish-eye Aufnahmen im 10°-Öffnungswinkel abgeleitet wurde.

Unabhängig davon ist die Clearnessbestimmung im gewählten kleinen Öffnungswinkel des Kronenbildes prinzipiell aber sehr wohl geeignet, um aufzuzeigen, dass sich Lücken innerhalb der expliziten Fichten- und Buchenbaumkrone vom Kronenzentrum zum Kronenrand zunehmend finden lassen. Da Wind, Kronenbewegungen und andere Ursachen für den nicht-lotrechten Fall des Unterkronenniederschlages jedoch nicht zur Gänze ausgeschlossen werden können, ist letztlich eine kleinsträumige Verwischung klarer Trends im durchfallenden oder abtropfenden Niederschlag und im lateralen Fluss nicht auszuschließen. Kleinste Lücken verursachten deshalb auch in dieser Messkampagne nicht ausschließlich durchfallende Niederschläge unterhalb des Ortes ihres Auftretens.
Die analoge Fish-eye-Technik bleibt daneben hinsichtlich der notwendigen Genauigkeit zur Quantifizierung kleinster Lückenanteile im Kronendach u.a. hinsichtlich der notwendigen Bildauflösung beschränkt durch das Kameraobjektiv, das Bildmaterial, Scanmöglichkeiten und -qualitäten des Fotonegatives und durch dessen Bearbeitung am PC selbst. Weitere

Probleme stellen sich bei der Einstellung der Belichtung und der manuellen Grenzwertfestlegung zur Grauwertinterpretation im Programm ein. Zur kritischen Auseinandersetzung mit der fish-eye Methode werden die folgenden Veröffentlichungen insbesondere empfohlen OLSSON et al. (1982), RICH (1990), WAGNER (1994), BLENNOW (1995), ELEND (2000), WAGNER (2001), JONCKHEERE et al. (2005), CESCATTI (2007), PALETTO und TOSI (2009).

6.3.2.3 Lateraler Fluss

Ein wesentliches Ergebnis des Kausalmodells zur Niederschlagsumverteilung auf Basis der praktizierten Regressionsanalysen findet sich hinsichtlich lateraler Wasserbewegungen innerhalb einzelner Baumkronen. Bisherige Versuche, Niederschlagsdynamiken im Wald durch Regressionen in Relation zur einwirkenden Freilandniederschlagsmenge zu erschließen, beschränkten sich sehr häufig darauf, in Flächendurchschnittswerten funktionale Zusammenhänge zwischen Freilandniederschlag und Bestandesniederschlag, Stammablauf oder Unterkronenniederschlag herzustellen (vgl. z.B. WEIHE, 1968 und 1979; BALAZS, 1983; CAPE et al., 1991; MATSUBAYASHI et al., 1995; MARTINEZ-MEZA und WHITFORD, 1996; KURAJI et al., 2001; PETERS, 2004). Besonders bei RUTTER et al. (1971), GASH (1979), GASH et al. (1995), KLAASEN et al. (1998) und HOFFMANN (1999) wird darüber hinaus deutlich, wie vielgestaltig im Anschluss daran die Ansätze sind, um aus den aufgestellten Punktwolken Kronenspeicherkapazitäten abzuleiten und die zur Sättigung notwendigen Freilandniederschlagsmengen zu berechnen. Seitliche Wassertransporte sind dabei im Durchschnittswert flächenrepräsentativer Messungen weitestgehend unbedeutend. Es ist davon auszugehen, dass sich im großflächigen Bestandesniederschlag markante Wasserentzüge und -zuflüsse bei guter Messflächenauswahl und hoher Stichprobenzahl ausgleichen. In der Flächenbilanz zur Niederschlagsumverteilung gehen in diesem Sinn erhebliche punktuelle Wassereinträge aus dem Stammablauf ebenso unter, wie ihr räumliches Gegenstück, nämlich punktuelle Wasserentzüge zur Generierung dieser Stammablaufmengen. Lineare Funktionen zwischen dem Bestandesniederschlag und dem Freilandniederschlag sollten daher nach Abschluss der niederschlagsabhängigen Dynamik zur Sättigung des Kronenspeichers eine Steigung nahe Eins einnehmen (vgl. bereits WEIHE, 1968 und 1979 oder BENECKE, 1984). Auf der Ebene einzelner Messpunkte innerhalb des beprobten Bestandes können sich dagegen deutlich abweichende Steigungen in den Punktwolken einstellen (z.B. bei KITTREDGE et al., 1941; NAVAR und BRYAN, 1990).

In der vorliegenden Arbeit wurden – zumindest für die Messphase in der Vegetationszeit – aus diesen Abweichungen erfolgreich Trends zu lateralen Wasserbewegungen abgeleitet und laterale Flüsse bilanziert, die im Überblick hinsichtlich unterschiedlicher Überschirmungssituationen und Distanzen innerhalb einzelner Buchen- und Fichtenkronen durch Gleichartigkeit und ähnlich hohe Beträge überraschten und letztlich überzeugten. Zudem ist durch die Regressionsanalyse stets ein funktionaler Zusammenhang zur einwirkenden Freilandniederschlagsmenge etabliert worden. Im Anschluss an die freilandniederschlags- und räumlichsensitive Speisung der Kronenspeicherkapazität ergeben sich in Buchenkronen Niederschlagswasserdefizite vorrangig im Kronenzentrum und im Gegensatz dazu bei Fichten nahezu ausschließlich an Kronenrändern. Auf Basis ermittelter Allometrien zwischen Brusthöhendurchmesser und Kronenradius ließen sich diese Wasserentzüge räumlich konkretisieren und für den einzelnen Baum individueller Dimension aufsummieren (vgl. Kapitel 5).

6.3.2.4 Lateraler Fluss für den Stammablauf bei Buche

Für Buche ergaben sich je nach Freilandniederschlagsmenge und Brusthöhendurchmesser, wobei der Brusthöhendurchmesser zur Schätzung des räumlichen Bezuges als Ersatz für den eigentlich wichtigen Kronenradius herangezogen wurde, Wasserentzüge von bis zu 800 Liter bei Freilandniederschlägen von 50 L/m² und Brusthöhendurchmessern von etwa 60 cm.

Eben diese Wassermengen des lateralen Flusses müssten aus dem Kronenraum des Bucheneinzelbaumes bereitgestellt werden, um die zeitgleich tatsächlich ermittelten Stammablaufmengen zu gewährleisten. Solche Stammablaufmessungen lagen für 10 Bäume unterschiedlicher Dimension und aus diversen einzelnen Niederschlagsereignissen vor. Sehr hohe Stammablaufmengen besonders starker Buchen bei besonders hohen Freilandniederschlägen konnten konstruktionsbedingt aber nicht ermittelt und folglich auch nicht mit dem Modell des lateralen Flusses verglichen werden. Im Rahmen der getätigten Messungen korrelieren die tatsächlichen Stammablaufwerte jedoch zufrieden stellend mit dem modellierten und bilanzierten Wasserentzug in Buchenkronen. Mit einem Korrelationskoeffizienten von 0,8 (R^2 = 0,64) ist das Kausalmodell zum lateralen Fluss in Buchenkronen darüber hinaus auch der Schätzfunktion der Stammablaufmenge ausschließlich anhand des Freilandniederschlages und des Brusthöhendurchmessers ebenbürtig (R^2 = 0,65), allerdings ohne dass letzteres Modell wirkliche Zusammenhänge zur Stammablaufgenerierung aufdecken könnte.

Das entwickelte Modell eines Stammablaufeinzugsgebietes im Zentrum der Krone jedes Bucheneinzelbaumes berücksichtigt räumliche Variabilitäten und teilt dem Stammabfluss freilandniederschlagssensitiv Wassermengen zu, während die anderen Bestandesniederschlagskomponenten am Messpunkt vom einwirkenden Freilandniederschlag ebenfalls bedient werden. Letzteres berücksichtigt auch das Modell von DE PLOEY (1982 und 1984), wobei sich dieses Modell aber stets auf die vollständige Kronenschirmfläche bezieht. Es wurde anhand der Daten aus der belaubten Messphase ebenfalls überprüft. Danach könnten die Stammablaufmengen im Mittel auch hervorgegangen sein aus Kronenschirmflächen der relevanten Bäume, die hinsichtlich des Stammablaufes einheitlich zu etwa 5 % flächenwirksam sind. Eine kleinräumige, kronenflächeninterne Variabilität der Flächenwirksamkeit wird im Modellansatz von DE PLOEY nicht unterstellt. Daneben wurde als drittes Modell zur Stammablaufgenerierung das Modell von HERWITZ (1986) zu *funnelling ratio* bzw. *contribution area* verfolgt. Für Buchen ergibt sich aus den Berechnungsanleitungen von HERWITZ (1986), LEVIA und HERWITZ (2000) und GOMEZ et al. (2002) ein Stammablaufmodell, in dem das innere Kronendrittel bei größeren Freilandniederschlägen stets ausschließlich zur Stammablauferzeugung flächenwirksam werden müsste.

Tatsächlich sind beide Modelle – also sowohl des Modell gleich bleibender Flächenwirksamkeit, als auch das Modell vollständiger Flächenwirksamkeit zugunsten des Stammablaufwassers – jedoch wenig plausibel. Einerseits beweisen die Niederschlagsaufzeichnungen der vorliegenden Studie, dass in allen Kronenpartien alle Niederschlagskomponenten zugleich entstehen können und damit Kronenräume nicht ausschließlich zugunsten lateraler Flüsse wirksam werden. Andererseits besteht schon allein wegen der mehrfach nachgewiesenen räumlichen Dynamik innerhalb der Einzelbaumkrone kein Anlass dazu, von konstanten räumlichen Wirksamkeiten zur Erzeugung des Stammablaufes in der Baumkrone auszugehen. Hier erscheint das entwickelte Kausalmodell wesentlich leistungsfähiger und realitätsnaher. Durch die integrierte Sensitivität lateraler Flüsse der Buche hinsichtlich des Freilandniederschlags und der relativen Distanz bzw. des Kronenradius oder wahlweise auch des Brusthöhendurchmessers erfüllt das Modell einige Grundvoraussetzungen, die sich aus früheren Arbeiten zur Stammablaufvariabilität ergeben haben. Hierzu zählt der relevante Einfluss der einwirkenden Regenmenge (vgl. z.B. VAN ELEWIJCK, 1989 a; NAVAR, 1993; FLEMMING, 1995; MARTINEZ-MEZA und WHITFORD, 1996; HANCHI und RAPP, 1997; ABOAL et al., 1999; STEINBUCK, 2002; LEVIA und FROST, 2003) ebenso, wie die schon häufiger vorgeschlagene Berücksichtigung einzelner Baummerkmale, zuvorderst des Brusthöhendurchmessers (KITTREDGE et al., 1941; HANCHI und RAPP, 1997; ABOAL et al., 1999), gefolgt von der Baumhöhe (KITTREDGE et al., 1941; WU et al., 1985; LOUSTAU et al., 1992 a), der Kronenprojektionsfläche (FORD und DEANS, 1978; NAVAR und BRYAN, 1990; MARTINEZ-MEZA und WHITFORD, 1996; ABOAL et al., 1999), der Aststellung (HUTCHINSON und ROBERTS, 1981; MITSCHERLICH, 1981; HERWITZ, 1987; STEINBUCK, 2002; PECK, 2004) u.v.a.m. NAVAR betont noch 1993, dass physikalischen Gesetzmäßigkeiten in den Diskussionen zur Relevanz spezifischer Baummerkmale für die Stammablaufmenge zu wenig Beachtung geschenkt wird.

Auch im Rahmen der eigenen Auswertungen konnten schließlich signifikante Einflüsse der Freilandniederschlagsmenge und mehrerer Baummerkmale bestätigt werden. Zunehmende Freilandniederschläge, Brusthöhendurchmesser und stammbürtige Astwinkel von etwa 34° zur senkrechten Stellung führten zu größten Stammablaufmengen. Während im Brusthöhendurchmesser und in der Astwinkelstellung spontan Synonyme zur flächigen Ausprägung eines entscheidenden Stammablaufeinzugsgebietes im Kronenzentrum vermutet werden können, gab besonders die Arbeit von ABOAL et al. (1999) Anlass dazu, zuvor Multikollinearitäten innerhalb einzelner aufgenommener Baummerkmale zu prüfen. Die statistische Prüfung auf Zusammenhänge zwischen dem Brusthöhendurchmesser, der soziologischen Stellung nach Kraft, der Kronenprojektionsfläche, dem Astwinkel und der Kronenmantelfläche ergab dabei den weniger überraschenden Befund, dass mit Ausnahme der Astwinkelstellung stammnaher Äste erster Ordnung alle übrigen Baummerkmale mit potenziellem Einfluss auf den Stammablauf miteinander korreliert sind. Es verbot sich damit, Effekte dieser Baummerkmale auf die vorliegenden Stammablaufmengen der Messkampagnen separat und kombiniert zu prüfen (BROSIUS, 2006).

Auf Basis dieser Erfahrung muss davon ausgegangen werden, dass sich in anderen Arbeiten, die sich dem Einfluss diverser Baummerkmale auf die Stammablaufgenerierung im Speziellen gewidmet haben, Ergebnisse finden lassen, die ebenfalls unter dem Problem korrelierter Variablen leiden. Gefördert wird diese Problematik unzweifelhaft auch durch die aufwendige Konstruktion zur Stammablaufmessung, die gelegentlich zur kritischen mehrmaligen Nutzung ein und derselben *„kostbaren“* Stichprobe geführt haben dürfte. Insbesondere solche Berichte, die die Beeinflussung der Stammablaufmenge durch mehrere Baummerkmale und deren Kombinationen behandeln (z.B. KITTREDGE et al., 1941; FORD und DEANS, 1978; LOUSTAU et al., 1992 a), sollten deshalb unbedingt kritisch hinterfragt werden.

Veränderliche Astwinkelstellungen und deren Relevanz zur Erzeugung von Stammablaufmengen finden sich im räumlichen und freilandniederschlagssensitiven Kausalmodell des lateralen Flusses für Buchenkronen nicht. Trotzdem ist keinesfalls auszuschließen, dass sich die unzweifelhaft vorhandene Variabilität dieses Baummerkmales innerhalb des Messdesigns der Versuchsfläche *„Tharandt"* in der nicht erklärbaren Reststreuung des Kausalmodells und in den Residuen des Vergleiches von tatsächlichen Stammablaufmengen und aufsummierten lateralen Wasserentzügen widerspiegelt. Schließlich bewies die Suche nach geeigneten Schätzfunktionen für den Stammablauf aus dem Pool der Merkmale der zehn beprobten Bäume, dass die zusätzliche Beachtung der Astwinkelstellung zu besseren Schätzungen der Stammablaufmenge beitragen kann. Kombiniert mit den Variablen Freilandniederschlag und Brusthöhendurchmesser, ergaben zirkulare Funktionen höhere Stammablaufmengen im Bereich extrem steiler Astwinkel (<10°) und bei etwa 35°. Geringere Stammablaufmengen resultierten aus Aststellungen von 10-20° und aus solchen von größer als 45°.

Dämpfend auf dieses vermeintlich klare Ergebnis wirkt mindestens der Umstand, dass die Bewertung der Astwinkelstellung an den Probebäumen lediglich das Resultat einer visuellen Schätzung mehrerer einzelner Starkäste erster Ordnung aus der jeweiligen Baumkrone ist. Über die Schwierigkeiten einer exakten Bestimmung des Astansatzwinkels durch Messverfahren berichten z.B. MARVIE-MOHDJER (1975), BOZZUTO und WILSON (1988) und MARTINEZ-MEZA und WHITFORD (1996). Für einige Baumarten existieren darüber hinaus Arbeiten, in denen belegt werden konnte, wie variabel Astwinkel innerhalb vertikaler und horizontaler Gradienten der einzelnen Baumkrone ausfallen können (BOZZUTO und WILSON, 1988 für Ahorn; DELEUZE et al., 1996 für Fichte; DE PLOEY, 1984 für Birke).
Vielfach wichtiger ist daneben aber der Hinweis von BATSCHELET (1981) zur notwendigen Datenlage für korrekte periodische Regressionen (siehe dort auf S. 164f). Im Rahmen der interessierenden Periode – also in unserem Fall mindestens in der Astwinkelspanne von 0 bis 90°, wenn nicht sogar bis 180° – sollten Beobachtungen für Funktionsparametrisierungen möglichst gleichverteilt und ausreichend dicht vorliegen. Seriöse Parametrisierungen schließen sich zumindest in solchen Fällen aus, in denen starke Klumpungen der Beobachtungen bzw. der Punktwolke vorliegen oder Unregelmäßigkeiten in der Punktwolke dazu führen, dass Hoch- und Tiefwerte der vermeintlichen periodischen Oszillation nicht gebührend wiedergegeben werden.

Die in der vorliegenden Arbeit benutzten Regressionen zur Astwinkelrelevanz für die Stammablaufgenerierung müssen daher mindestens mit einiger Vorsicht und genügend Skepsis bewertet werden. Einerseits umfasst die realisierte Astwinkelspanne im Versuch nur den Bereich von 5 bis 50° zur Stammbasis. Andererseits fehlen in der Punktwolke Aufnahmen aus dem Bereich von ca. 25-35°. Wodurch ungeklärt bleiben muss, ob im Datensatz inakzeptable Klumpungen von Beobachtungen vorliegen könnten. Es bleibt auch BATSCHELET's Frage offen, ob sich in dem nicht mit Messwerten belegten Periodenabschnitt eventuell Hoch- oder Tiefwerte finden lassen würden.

Insgesamt sind für diverse Baumarten zwar aufgrund artspezifischer Kronenarchitekturen und Borkeneigenschaften Artunterschiede in der Generierung des Stammabflusses bestätigt worden, artinterne Unterschiede durch veränderte Aststellungen lassen sich dagegen gleichermaßen finden (z.B. bei CAPE et al., 1991; STEINBUCK, 2002; PECK, 2004) oder auch verneinen (FORD und DEANS, 1978; VAN ELEWIJCK, 1989 a). Eher prinzipiell muss hinsichtlich der vollständigen Beurteilung der potenziell möglichen Astwinkelspannenweite die Anmerkung von LEVIA und FROST (2003) und VAN ELEWIJCK (1989 b) bestätigt werden, dass gerade die interessanten Extreme zwar mit Erfolg im künstlich angelegten Experiment, dagegen aber nur selten in der Natur, beprobt werden können. Trotz aller Einschränkungen und Bedenken bestechen die erreichten Funktionen durch Plausibilität mindestens hinsichtlich des Stammablaufmaximums bei etwa 35° Aststellung. Aus den experimentellen Arbeiten von HERWITZ (1987), VAN ELEWIJCK (1989 a) und NAVAR (1993) ist bekannt, dass die Astwinkelstellung einerseits das Wasserfließen am einzelnen Ast bestimmt, andererseits aber auch die tatsächlich eingetragene Regenmenge entsprechend der Horizontalprojektion der Astfläche modifiziert. Im dreidimensionalen Kronenraum wirken daneben noch Effekte des WAI wie etwa die Astanzahl auf die Stammablaufmenge ein (vgl. DE PLOEY, 1984; NAVAR und BRYAN, 1990; NAVAR, 1993).

Unbestritten ist insgesamt aber, dass der Winkel des Astes erster Ordnung besonderes Augenmerk bei der Stammablaufentstehung verdient. Schließlich entscheiden Oberfläche, Morphologie und Stellung des letzten leitenden Astes über den Abflusserfolg, selbst wenn Äste zweiter oder gar dritter Ordnung prinzipiell mehr Stammablauf zulassen würden (HUTCHINSON und ROBERTS, 1981; HERWITZ, 1986; XIAO et al., 2000). Dem perfekten Fließen eingetragener Wassermengen am einzelnen Ast stehen im Allgemeinen Abtropfvorgänge gegenüber, die auf Basis der Gravitation zunehmen, je stärker Aststellungen zur

Waagerechten tendieren (HERWITZ, 1987). Gleichlange Äste oder Astabschnitte verlieren hingegen mit zunehmend steilerer Aststellung an effektiver beregneter Astfläche und damit an tatsächlichem Niederschlagsinput. Die Kombination beider gegenläufiger Effekte sollte Stammablaufmengen ergeben, die im Bereich mittlerer Astwinkel Höchstwerte erreichen, während sich bei senkrechter und waagerechter Aststellung Nullwerte ergeben (NAVAR, 1993). DE PLOEY (1984) findet dementsprechend selbst in Versuchen an Horstgräsern Maxima bei 45°. In DE PLOEY (1982) und in VAN ELEWIJCK (1989 a) werden durch Experimente Maximalwerte im Bereich von 30-50° zur Senkrechten geschlussfolgert. MARTINEZ-MEZA und WHITFORD (1996) ermitteln höchste Stammablaufmengen an verschiedenen Buscharten z.T. bei 45°, aber auch bei 25 und 15°.

Für ein zweites Maximum im Bereich besonders steiler Aststellungen, wie es die zirkularen Regressionen der vorliegenden Arbeit implizieren, findet sich in der Literatur kein Beispiel. Obwohl das eigentliche Wasserfließen am Ast bei besonders steil stehenden Ästen optimal ausfallen dürfte, reduziert sich die Astfläche für den Niederschlagsinput gravierend. Nicht auszuschließen ist allerdings, dass sich hier auch Effekte verbergen, die ursächlich im Zusammenhang mit den Ästen nachfolgender Ordnung stehen. So könnten die steilen stammbürtigen Äste Niederschlagswasser lediglich weiter leiten. Das Stammwasser wird selbst aber eventuell bereits an vorgelagerten Ästen mit günstigeren Aststellungen generiert.

Saisonale Unterschiede des Stammablaufes hinsichtlich belaubter und unbelaubter Kronenzustände konnten im eigenen Versuchsumfang nicht nachgewiesen werden. Die schlechte Ausstattung mit Messergebnissen aus der unbelaubten Messphase behinderte die Vergleichbarkeit vorliegender Daten zur belaubten Messphase so stark, dass letztlich nur spärliche Vergleiche am jeweiligen Einzelbaum möglich waren. Die Ergebnisse konnten aber zumindest im Kontext veränderlicher Freilandniederschläge betrachtet werden. Der Meinung von LEVIA und FROST (2003), HERWITZ (1986) und LEONARD (1961), dass Stammablaufmengen im Winter höher ausfallen sollten, da Verdunstungsprozesse und Interzeption innerhalb der Krone wegen fehlender Laubmassen und geringerer Temperaturen eingeschränkt sind, muss anhand der eigenen Messergebnisse widersprochen werden. Wie bei MARTINEZ-MEZA und WHITFORD (1996) haben sich auch in der hier vorgestellten Studie keine höheren Stammablaufmengen in der unbelaubten Messphase eingestellt. Sie sind – wie bereits diskutiert – als Mehrbeträge des durchfallenden Niederschlages zum Waldboden gelangt.

Höhere aufsummierte Stammablaufmengen können sich jedoch in Anlehnung an die weitere Vermutung von LEVIA und FROST (2003) aufgrund häufigerer Starkregen im Winterhalbjahr durchaus ergeben. Insbesondere stärkere Freilandniederschlagsereignisse konnten aber leider nicht in den Vergleich einfließen, da es an entsprechenden Datensätzen bzw. messbaren Regenereignissen fehlte.

Gelegentlich wird zur freilandniederschlagsbedingten Dynamik der Stammablaufgenerierung diskutiert, ob sehr hohe Freilandniederschläge möglicherweise nicht mehr im vollen Umfang in äquivalenten Stammablaufmengen umgesetzt werden können, weil z.B. die bevorzugten Kanäle zur Ableitung des Stammwassers am Baumstamm durch zu hohe Wassermengen überlastet werden (STEINBUCK, 2002; LEVIA und FROST, 2003). Der lineare Zusammenhang zwischen Freilandniederschlag und Stammablauf müsste demnach im Bereich besonders hoher Niederschlagsmengen in einem Maximalwert möglicher Stammablaufmengen je Einzelbaum und je Regenereignis enden bzw. in einer Asymptote münden, die die maximale Kapazität zur Stammablaufgenerierung charakterisiert (vgl. HERWITZ ,1987; VAN ELEWIJCK, 1989 b).
KITTREDGE et al. (1941) und NAVAR (1993) konnten nach mehrjährigen Feldaufnahmen zum Stammablauf an unterschiedlichen Baumarten bis zur maximal aufgetretenen Freilandniederschlagsmenge von etwa 50 L/m² keine Anhaltspunkte dafür finden, dass der lineare Zusammenhang zwischen Freilandniederschlag und Stammablauf abrupt endet. Während bei FORD und DEANS (1978) bis zur Freilandreferenz von 100 L/m² zwar prinzipiell ein linearer Zusammenhang zwischen beiden Größen besteht, bleiben die Stammablaufmengen der beiden stärksten Niederschlagsereignisse deutlich unter dem Vorhersagewert der linearen Schätzung zurück. Im Gegensatz dazu ist der lineare Zusammenhang zwischen Stammablauf und Freilandniederschlag am mehrjährig untersuchten Einzelbaum bei KURAJI et al. (2001) trotz der immensen Beobachtungsspanne des Freilandniederschlags von 0 bis 400 L/m² stabil. Im Gültigkeitsbereich der eigenen Untersuchungen von 0 bis etwa 50 L/m² Freilandniederschlag besteht nach der Betrachtung der jeweiligen baumindividuellen Punktwolken zwischen Freilandniederschlag und Stammabfluss ebenfalls kein Anlass dazu, maximal mögliche Stammablaufmengen je Regenereignis anzunehmen. Lineare Trends beider Größen werden – zwar je Einzelbaum auf unterschiedlichem Niveau – stets beibehalten.
Nicht auszuschließen ist allerdings, dass vermeintliche Beobachtungen zur Begrenzung der Stammablaufgenerierung aus anderen Studien das Ergebnis mangelhafter Stammablaufkonstruktionen sein könnten. Besonders starke Regenereignisse erfordern an solchen Einzelbäumen, die aufgrund ihrer Baummerkmale besonders zur Stammablaufgenerierung neigen, entsprechend groß dimensionierte Auffangrinnen und Abflussrohre (hier Ø 8 bis 10 cm), um

den vollständigen Abfluss besonders hoher Stammabflussmengen tatsächlich gewährleisten zu können. Im hier vorgestellten Messprogramm wurden Stammablaufmengen in breiten Wasserrinnen gesammelt und über Wasserschläuche und z.T. sogar über Dachrinnenfallrohre zur jeweiligen Wassertonne abgeleitet. Es ist sehr wahrscheinlich, dass in anderen Arbeiten, in denen geringer dimensionierte Abflussvorrichtungen Verwendung gefunden haben, messbare Stammablaufmengen konstruktionsbedingt begrenzt wurden, weil der Durchfluss angefallener Wassermengen nicht unbegrenzt möglich war und rückgestautes Stammwasser auf anderem Weg und ohne Registrierung das Auffangsystem verlassen hat. So arbeiten beispielsweise KELLMAN und ROULET (1990) in Tropenwäldern und STEINBUCK (2002) sogar an Redwood und Douglasie mit dünnen Abflussrohren und -schläuchen (Ø 6 und 10 mm). NAVAR und BRYAN (1990) konstruieren selbst die Auffangrinnen aus recht dünnen aufgeschnittenen Wasserschläuchen (Ø 24 mm). Daneben ist es denkbar, dass Wassermengen aus vollständig gefüllten Auffangbehältern als vermeintlich wahre Stammablaufmenge interpretiert wurden, obwohl tatsächlich bereits weitere Stammablaufanteile per Überlauf verloren gegangen sind und nicht registriert wurden. Hier sind Kippwagen oder Durchflussmessvorrichtungen dem Prinzip des nachträglichen Messens zuvor aufgefangener Wassermengen überlegen. Sie sind jedoch teuerer und häufig durch die mechanische Zählautomatik anfälliger für Messfehler und totale Messausfälle. Dies gilt insbesondere, weil fallende Streu, Astabsprünge oder Samenaufschlag ins Auffang-, Ableit- und Zählsystem geraten können und selbiges verstopfen können.

6.3.2.5 Lateraler Fluss für Abtropfvorgänge am Außenrand von Fichtenkronen

Besteht unter Fichtenkronen die mittlere Tendenz, in Richtung Kronenrand zunehmende Niederschlagsmengen per lateralen Fluss aufgrund herabhängender Äste zu verlieren (BARKMAN, 1992), so stellt sich in Analogie zum selben Phänomen im inneren Bereich unter Buchenkronen die Frage nach dem Ort, an dem dieses entzogene Niederschlagswasser als zusätzlicher Input wieder wirksam wird. Im Gegensatz zur Dynamik in Buchenkronen, in denen der laterale Fluss zur Generierung des Stammablaufes notwendig ist und diesem plausibel zugeordnet werden konnte, sollten sich laterale Niederschlagstransporte an der Kronenperipherie von Fichten im Sinne eines vermehrten Abtropfens von Niederschlagswasser am Außenrand der Fichtenkrone wieder finden lassen.

Solche Abtropfstellen oder *„drip lines"* werden in der Literatur gelegentlich beschrieben (z.B. bei VOIGT, 1960; KELLMAN und ROULET, 1990; KLAASEN et al., 1998; GOMEZ et al., 2002). Sie finden sich in der erhofften Regelmäßigkeit im hier vorgestellten Versuch aber nicht im Kollektiv der fichtennahen Lückenmessplätze. Auch innerhalb eines zusätzlichen Versuchsaufbaus mit 20 Messplätzen am Außenrand von vier Fichtenkronen bei einem Freilandniederschlagsereignis von 11,9 L/m² am 21.08.2007 konnten lediglich dreimal Bestandesniederschläge nachgewiesen werden, die 1 bis 2 L/m² höher waren als die Freilandniederschlagsmenge. Diese wenigen Messplätze mit einem deutlichen Mehreintrag waren positioniert im direkten Umfeld des Kronenrandes (+/-20 cm). Dagegen sind aber auch diverse Messplätze dieser zusätzlichen Aufnahme mit geringeren Bestandesniederschlägen bedacht wurden.

Es scheint offensichtlich so zu sein, dass Abtropfstellen am Außenbereich von Fichtenkronen nur zufällig und selten nachgewiesen werden können, weil sie lokal sehr begrenzt, unregelmäßig und kleinsträumig auftreten. Allerdings ist nicht auszuschließen, dass im Rahmen eines explizit für diesen Nachweis konzipierten Messprogramms auch Modelle parametrisiert werden könnten, die zumindest die mittlere Neigung zum Niederschlagsmehreintrag am Außenrand von Fichtenkronen abbilden können. Das eigene Messprogramm war hierfür jedoch nicht konzipiert und beschränkte sich in diesem Sinne beispielsweise auf die Überschirmungssituation *„Lücke"*, ohne näher zu definieren und zu klassifizieren, in welcher räumlichen Nähe diese Lückenmessungen zum Kronenrand einzelner Bäume bestimmter Baumarten standen.

Auch bei GRETSCHEL (2011) stellen sich im Rahmen wiederholender Niederschlagsaufzeichnungen im Übergangsbereich zwischen Fichtenbestand und Bestandeslücke nur selten mittlere prozentuale Unterkronenniederschläge ein, die über dem Wert der Freilandreferenz liegen. Diese bleiben stets auf Messplätze im Kronenrandbereich einzelner Bäume beschränkt.

6.4 Konsequenzen und Ausblick

Die vorliegende Arbeit befasst sich ausdrücklich nicht mit der Vielfalt anderer Niederschlagsarten wie Nebel, Tau und Schnee. Sie schließt zudem sehr früh räumliche Besonderheiten aus, die sich beispielsweise aus Windeinflüssen ergeben können. Eine vollumfängliche

Betrachtung zur zeitlichen und räumlichen Verteilung des Niederschlages muss hingegen alle Niederschlagsarten und -situationen berücksichtigen.

Die Aufnahmen und Analysen dieser Arbeit sollten aber zuvorderst dazu dienen, den Umverteilungsprozess des fallenden, flüssigen Niederschlages im Wald hinsichtlich Raum, Zeit bzw. Saisonalität und Niederschlagsregime als hochgradig dynamisch zu begreifen. Verursacht wird diese Dynamik vor allem aufgrund deutlicher Unterschiede in der Baum- bzw. Kronenarchitektur der betrachteten Baumarten Buche und Fichte. Insbesondere zur korrekten Messung von Bestandesniederschlag ergeben sich daraus unmittelbare Konsequenzen mindestens hinsichtlich zeitlicher und räumlicher Gestaltungen im Stichprobendesign. Die Bedeutung der Freilandniederschlagsmenge im Niederschlagsumverteilungsprozess innerhalb der gesamten vorgestellten Arbeit sollte sich in zukünftigen Studien zudem einerseits in der stringenten Mitführung dieses Faktors bei der Quantifizierung des Bestandesniederschlages widerspiegeln, muss darüber hinaus aber auch dazu veranlassen, die niederschlagssensitive Auflösung diverser Modelle des Bestandesniederschlages sowie einzelner Module in komplexeren Wasserhaushalt- und Abflussmodellen zu hinterfragen. Hierzu haben bereits KITTREDGE et al. (1941) auf Basis unterschiedlicher Klassen ähnlicher Niederschlagsmengen Beispiele möglicher Umsetzungen in Prognosemodellen gegeben. Auch das Modell von GASH (1979) zeigt diesbezüglich Wege auf, die bisher jedoch leider nur selten gegangen wurden.

Neben den Mängeln, die Wasserhaushalts- und Niederschlags-Abflussmodelle aus Sicht der Niederschlagssensitivität aufweisen, besteht auch noch ein großer Bedarf zur genügenden Berücksichtigung räumlicher Variabilität in der Bestandesniederschlagsschätzung auf Basis räumlich expliziter Vegetationswerte. In den konzipierten Modellen sind Module implementiert, mit deren Hilfe der Niederschlagsinput um die Interzeptionswirkung jeweiliger Vegetation reduziert wird (vgl. z.B. ArcEGMO, AKWA-M, BROOK90, J2000g, WaSiM-ETH). Hierzu werden großflächig einheitliche Angaben zur Bestockung oder auch zum durchschnittlichen LAI-Wert der Waldfläche genutzt. Die vorliegende Arbeit hat gezeigt, wie variabel Bestandesniederschläge im Raum auf Basis von Bestockungsunterschieden ausfallen können. Bisherige Modelle werden dieser Vielfalt jedoch noch nicht gerecht (vgl. z.B. JOCHHEIM et al., 2007 zur Anwendung von BROOK90), obwohl heutige Rechenkapazitäten am PC, Datenbanksysteme, flächig vorhandene Luft- und Satellitenbilder, Routinen zur GIS-basierten Analyse dieser Bilder hinsichtlich der tatsächlichen Bestockung und der Fundus zur Interzeptionswirkung dieser Bestockungsvielfalt es erlauben würden, die Kausalkette zwischen Vegetation und Bestandesniederschlag auch räumlich deutlich besser aufzulösen und bisherige Wissenslücken z.B. zur Auswirkung von Baumartenmischungen hinsichtlich Mischungsform und -art zu schließen.

Stellt man darüber hinaus Fragen zur Konsequenz der aktiven Niederschlagsumverteilung durch Baumindividuen für ihre unmittelbare Umgebung, für die Wasserversorgung der Individuen selbst oder auch zur Infiltration des Bodenkörpers, so ist es zum einen dringend geboten, den Begriff des Effektivniederschlages in die Diskussion einfließen zu lassen (vgl. z.B. CHANG, 2003; PETERS, 2004; HINKELMANN, 2005 b). Dieser Begriff weist darauf hin, dass neben den zentralen Prozessen der Niederschlagsumverteilung und des -rückhalts im Kronendach auch Bodenvegetation, Streuauflage und Humusschicht limitierend und lenkend auf den Wasserinput in den Mineralboden einwirken (vgl. hierzu die Beispiele von BALAZS, 1983; VAN ELEWIJCK, 1989 b; CHANG, 2003; ALBERS et al., 2004; JOST et al., 2004; PETERS, 2004; ANDERS und MÜLLER, 2005). CHANG (2003) hält Niederschlagsinterzeptionen in der Bodenstreu von bis zu 11 L/m² für sehr wahrscheinlich und beziffert die Interzeptionsleistung der Kraut- und Strauchschicht mit bis zu 2 L/m², sowie weiteren 1-1,5 L/m² in Grasschichten. ALBERS et al. (2004) zeigen in litterbag-Versuchen, dass abgeworfenes Buchenlaub und Fichtennadeln das 2- bis 3fache des atro-Gewichtes an Feuchte binden können. Nach längerer Austrocknung können zwar gelegentlich auch hydrophobe Eigenschaften an wiederbenetzter Streu beobachtet werden (SCHUME et al., 2004; GREIFFENHAGEN, 2005), trotz stark ausgetrockneter Moderhumusauflage verneinen NORDMANN et al. (2009) aber Benetzungshemmungen im Rahmen ihres Beregnungsexperimentes im Buchenbestand. BALAZS (1983) ermittelt für mehrere Baumarten Europas einen Werterahmen der Bodenstreuinterzeption zwischen 20 und 25 % des monatlichen Niederschlagseintrages. Die jeweiligen Durchschnittswerte sind mit erheblichen Datenstreuungen versehen und lassen dadurch die Vermutung reifen, dass selbst der Interzeptionsprozess in Bodenvegetation, Streuauflage und im Humuskörper einen nichtlinearen Sättigungsverlauf aufweisen könnte, räumlich heterogen verläuft und vielleicht sogar absolute oder spezifische Speicherkapazitäten ermittelbar wären. Darüber hinaus haben sehr dichte Vegetationsschichten aus bestimmten Grasarten die Versickerung des Niederschlages in den Bodenkörper schon so stark behindert, dass laterale Oberflächenabflüsse entstanden sind (MARKART et al., 2000).

Andererseits ist die beschriebene Variabilität der Niederschlagsverteilung im Waldbestand lediglich Ausgangspunkt sich anschließender räumlich und zeitlich hochgradig variabler Infiltrationsprozesse im Bodenkörper. Allein zur unterirdischen Verteilung eingetragener

Stammablaufmengen sind bereits einige Studien veröffentlicht wurden, die Durchweichungen des Bodenkörpers durch Stammablaufwasser räumlich eng begrenzt im 6 bis 60 cm-Umfeld des ableitenden Stammes lokalisiert haben (VOIGT, 1960; HERWITZ, 1986; MATSUBAYASHI et al., 1995; TANAKA et al., 1996; STEINBUCK, 2002). GOMEZ et al. (2002) kalkulieren solche Infiltrationsflächen auf Basis des Verhältnisses von Stammablaufrate zu Bodeninfiltrationsrate. Die Autoren können auf diese Weise sogar ein distanzabhängiges Einzelbaummodell für die Stammablaufabgabe an den Bodenkörper konstruieren und durch Messreihen bestätigen. Abhängig von der Freilandniederschlagsmenge wird dabei die Infiltrationsrate bis zu 35 cm entfernt vom Stammmantel durch den Stammablauf beeinträchtigt. Diese Wirkung lässt mit zunehmender Distanz zum Stammmantel rasch nach.

NAVAR und BRYAN (1990) beobachten dagegen keine kreisrunden Infiltrationsflächen sondern halbkreisförmige und stützen damit die Berichte von GRABTREE und TRUDGILL (1985) zur Relevanz der jeweiligen Geländeausformung und die von GREIFFENHAGEN (2005) zur Variabilität der Bodeninfiltration aufgrund präferenzieller Fließbahnen in der Bodenmatrix. MARTINEZ-MEZA und WHITFORD (1996) können zeigen, dass Stammabfluss direkt an Wurzelkanälen in den Boden gelangt. Sie vermuten darin einen unmittelbaren Konkurrenzvorteil adaptierter Gehölzarten in ungünstigen Klimaten. Diese Vermutung stützt die Autorengruppe auf ähnlich lautende Angaben aus der Literatur. Der größte nachgewiesene Tiefeneintrag soll dabei 28 Meter betragen haben. Versuche mit dem Färbemittel Rhodamin-B in einer Wüste in New Mexico erbrachten Farbstoffhäufungen unmittelbar an Hauptwurzeln und im sie umgebenden Mineralboden selbst bei kleinen Sträuchern bis zu 40 cm Bodentiefe. DUROCHER (1990) verbinden räumlich explizite Niederschlagsmessungen mit Bodenfeuchtebestimmungen im Umkreis einzelner Bäume. Dabei zeigt sich, dass der Stammablauf zu einer wesentlichen Durchfeuchtung direkt unter dem Stamm beiträgt. Wenige Stunden später ist dieser Feuchtegradient zwischen stammnahen und stammfernen Bodenzonen jedoch bereits wieder homogenisiert.

Auch im Zwischenbereich einzelner Bäume ist die Infiltration des Waldbodens mit Niederschlagswasser offensichtlich sehr variabel und sicherlich auch deshalb noch heute ein begehrtes Forschungsobjekt (JUMA, 1993; RITSEMA et al., 1993; CHANG, 2003; SCHUME et al., 2003 und 2004; GREIFFENHAGEN, 2005; WESSOLEK et al., 2006; NORDMANN et al., 2009). Der homogenen Verteilung des Effektivniederschlages im Waldboden stehen beispielsweise laterale Wasserbewegungen und präferenzielle Wasserverlagerungen an Wurzelkanälen, alten Gängen des Edaphons, an instabilen Sickerfronten, an kapillarsperrenden Schichtungen, Bodenfugen oder an Quell- und Schwindwegen entgegen. Neben Gründigkeit, Skelettgehalt,

Lagerungsdichte und Bodenart entscheidet letztlich auch die Vorfeuchtesituation im Bodenkörper über Infiltration, Retentionsvermögen, Abflussverhalten und Grundwasserspeisung am Standort (NORDMANN et al., 2009). Im Mischbestand aus Buche und Fichte wurde trotzdem bereits eine klare Beziehung zwischen dem baumartspezifischen Vermögen zur Niederschlagsinterzeption und damit der Modifikation des Niederschlagsinputs und den räumlich und zeitlich variablen Bodenfeuchtewerten nachgewiesen (SCHUME et al., 2003; JOST et al., 2004).

Die Vielfalt räumlicher und zeitlicher Modifikationen eingetragener Niederschlagsmengen innerhalb der verschiedenen Schichten und Strukturen des Waldbestandes – angefangen beim Kronendach herrschender Bäume, über Strauch-, Kraut und Grasschicht, bis hin zum Humuskörper und dem Mineralbodenkörper – erschwert klare Schlussfolgerungen zur möglicherweise gezielten Wasserlenkung durch die untersuchten Baumarten z.B. zum eigenen Vorteil im Konkurrenzkampf um die Ressource Wasser. Erwachsen beispielsweise der im Kronendach dominierenden Buche selbst Vorteile daraus, dass sie zum Stammfuß erhebliche Stammablaufmengen befördert und trotzdem unabhängig davon unterhalb ihrer Kronenperipherie auf etwa 15 % mehr Niederschlagswasser zugreifen kann als unter dem inneren Kronenbereich? Oder profitiert davon sogar die Naturverjüngung dieses Einzelbaumes? Welche Konsequenzen ergeben sich womöglich daraus, dass der Unterkronenniederschlagsbetrag unter der Fichte im Vergleich zu dem unter Buchen besonders im inneren (bei mittleren Regenmengen) und im äußeren Kronenbereich (bei hohen Regenmengen) niedriger ist?

Dass Nachbarbäume vom höheren Bestandesniederschlag im Außenbereich der Kronen spezieller Baumarten von deren lateralen Zufluss profitieren könnten, wird nur sehr selten unterstellt (vgl. aber KITTREDGE et al., 1941; XIAO et al., 2000). BREDEMEIER et al. (2004) finden dagegen jedoch sogar Anzeichen dafür, dass Fichten den stammnahen Wurzelraum benachbarter Buchen besonders intensiv durchwurzeln, um deren Stammablaufwasser konsumieren zu können. Niederschlagslenkungen zum eigenen Vorteil gelten im Gegensatz dazu jedoch als vielfach wahrscheinlicher. Nicht selten wird den Baumarten dabei unterstellt, dass sie die Niederschlagsverteilung der eigenen Wurzelverteilung anpassen oder umgekehrt (z.B. VOIGT, 1960; FORD und DEANS, 1978; AUGUSTO et al., 2002; PECK, 2004). So fand z.B. MEINEN (2008) jeweils unmittelbar im stammnahen Bodenprofil von Buchen, Eschen, Linden und Hainbuchen maximale Feinwurzelmassen. Mit zunehmender Distanz zum Stamm nahm die Feinwurzelmasse rasch ab. Es bedarf noch weiterer Forschungen, um den möglichen kausalen Zusammenhang zwischen der Wurzeltracht beider hier untersuchter Baumarten und dem Niederschlagseintrag bzw. dessen artspezifischer und saisonaler Lenkung aufzuklären. SCHENK et al. (1999), POLOMSKI und KUHN (2001), BOLTE et al. (2003) sowie MEINEN (2008) haben die methodische Vielfalt möglicher Wurzeluntersuchungen umrissen und zugleich gezeigt, dass im Bezug zur Wasseraufnahme unterschiedlichste Parameter relevant sein könnten (z.B. Feinwurzeldichte, Wurzeloberflächen, Wurzelspitzenhäufigkeiten u.a.). Diese Vielfalt erschwert klare Schlussfolgerungen zusätzlich, obwohl bereits in einigen Arbeiten gezeigt werden konnte, dass sich der Wurzelhabitus beider Baumarten prinzipiell und die zur Wasseraufnahme relevanten Wurzelparameter speziell hinsichtlich der räumlichen Verteilung deutlich unterscheiden (ROTHE und BINKLEY, 2001; FEHRMANN, 2002; ANDERSEN et al., 2005; BOLTE und VILLANUEVA, 2006; NÄTHER und WÄLDER, 2007). Inwieweit sich hierbei Muster der unterschiedlichen räumlichen Verteilung von Bestandesniederschlägen wieder finden lassen, soll jedoch nicht Inhalt der vorliegenden Arbeit sein. Trotzdem betrachten DE PLOEY (1984), TANAKA et al. (1996), JONES et al. (1997), MARTINEZ-MEZA und WHITFORD (1996) und GOMEZ et al. (2002) den punktuell hohen Stammabflusseintrag von Bäumen und Büschen, die zu dessen Generierung in der Lage sind, als Konkurrenzvorteil im Kampf um die knappe Ressource Wasser. Die Infiltration des stammnahen Bodenkörpers wird zudem durch hohes Wurzelwachstum und durch deren Absterbedynamiken zusätzlich gefördert. Durch Wurzelwachstum wird das Bodengefüge gelockert und drainfähige Poren für die Versickerung in tiefere Bodenschichten geschaffen (NORDMANN et al., 2009).

Ähnlich vielgestaltig und komplex könnten sich die Interaktionen zwischen dem überschirmenden Kronendach und der darunter befindlichen Vegetation gestalten. Beginnend mit der Substratfeuchte im Keimbett, als häufig dominierende Einflussgröße für den Keimungserfolg (vgl. PUKKALA und KOLSTRÖM, 1992; KONISHI et al., 2006; HUTH, 2009), sind hier auch in späteren Pflanzenstadien nicht nur räumliche Muster des Niederschlagsinputs zu berücksichtigen, sondern darüber hinaus Niederschlagsintensität, -stärke, -häufigkeit und -saisonalität relevant (KITTREDGE et al., 1941; LOUSTAU et al., 1992 b). GOMEZ et al. (2002) illustriert das z.B. hervorragend am Beispiel von Olivenbäumen und deren Anbaukombinationen mit Weizen und Kartoffeln. Im Wald ist die im Oberboden wurzelnde und damit gegenüber Austrocknung recht anfällige Verjüngung je nach Standort im Altbestand nicht nur im Strahlungsgenuss limitiert. Sie erhält auch räumlich unterschiedliche Niederschlagsgaben und kann kleinräumig sehr unterschiedlich unter der Altbaumwurzelkonkurrenz leiden (VAN ELEWIJCK, 1989 a; WALKER et al., 1989; JOCHHEIM et al., 2007). Die hohe Interzeptionsleistung der Fichtenkrone kann dabei dazu führen, dass von einer Folge kleinerer Regenereignisse – mit Ausnahme des durchfallenden Niederschlages – nahezu kein Niederschlag den Waldboden erreicht und Austrocknungen des Oberbodens bis zum nächsten Starkregenereignis bestehen bleiben. Starkregen erzeugt dagegen ein Wasserüberangebot, das für Pflanzen evtl. nicht vollumfänglich nutzbar ist (BREDEMEIER et al., 2004). CZAJKOWSKI et al. (2005) befürchten, dass durch das Zusammenspiel von Wassermangel und -überangebot der notwendige Umbau nicht standortangepasster Fichtenbestände durch Buchenvoranbauten in ungünstigen Klimaregionen zum Scheitern verurteilt sein könnte. Gerade in diesem speziellen Waldbild wirken sich darüber hinaus auch Wurzelkonkurrenzen zwischen der flach wurzelnden Fichte und der vorangebauten Buche negativ auf die Wasserversorgung letzterer aus (OKLAND et al., 1999). PALM findet 2010 in einer Inventur zum Auflaufen von Buchennaturverjüngung im Fichtenaltholz fast 90 % aller jungen Buchenpflanzen am Waldboden unter Kronendachlücken. Folgt man der Annahme, dass Buchenverjüngung besonders gut angepasst ist an die Umweltbedingungen, die sie im Schirm eines aufgelichteten Buchenaltbestandes vorfindet, so lassen sich aus dem unmittelbaren Vergleich der distanz- und regenhöhenabhängigen Unterkronenniederschlagsprognosen unter Buchen und Fichten etwa 10 bis 35 % geringere Unterkronenniederschläge unter dem weniger gut geeigneten Kronendach der Fichten ableiten. Diese ungünstigeren Bedingungen können letztlich das Wuchsvermögen der Verjüngung limitieren (vgl. BRUNNER et al., 2004). Im umgekehrten Fall der Fichtenverjüngung im Buchenbestand reduziert vermutlich eher die geringe einfallende Strahlung Wuchskraft und Überlebenswahrscheinlichkeit der Fichte trotz potenziell besserer Wasserversorgung.

Räumliche Muster des Wassereintrages und der Bodenfeuchte im Waldbestand spiegeln sich häufig auch in höheren Raten mechanischen und mikrobiellen Streuabbaus wieder. Hierfür sind einerseits klare Korrelationen zwischen Bodenfeuchtesituation und Edaphonbesatz verantwortlich (vgl. HERLITZIUS, 1985; JUMA, 1993; HEIDENFELDER, 2002; ANDERSEN et al., 2005). Andererseits wirken Feuchte und vor allem Feuchtewechsel für Quell-, Schwind- und Verwindungsvorgänge in der Streu am Waldboden, durch die selbige auch mechanisch zerstört wird (KLOIDT, 1989; RASPE und FEGER, 1997). Gequollene Streu kann z.B. auch besser von Regenwürmern aufgenommen und zersetzt werden (ALBERS et al., 2004). Ein feuchtes Milieu fördert Pilze und Bakterien. Folgt man diesen Beobachtungen, so ist unter Ausschluss weiterer Wasserreduktionen und -umverteilung durch Bodenvegetation, Streu- und Humusschicht davon auszugehen, dass sich räumliche Differenzierungen des Bestandesniederschlages auch in räumlichen Mustern des Streuabbaus, der Humusform und -art sowie im Besatz mit Bodenorganismen wieder finden lassen. Hinzu treten allerdings weitere Einfluss nehmende Effekte, wie Streufall, -verfrachtung und -akkumulation oder Strahlungseintrag und daraus hervorgehende Bodentemperaturänderungen, die für gewöhnlich ebenfalls durch den einzelnen Baum räumlich verändert im Waldbestand auftreten (vgl. z.B. ROTHE und BINKLEY, 2001; WÄLDER et al., 2008).

Nicht vergessen werden darf, welche Konsequenzen sich aus der artspezifischen räumlichen Umverteilung des Niederschlages im Kronendach für die chemische Ausstattung von Stammabfluss und Unterkronenniederschlag ergeben. Neben den prinzipiellen räumlichen und zeitlichen Belastungscharakteristika des Freilandniederschlages (siehe z.B. bei BALAZS, 1991; DRAAIJERS und ERISMAN, 1995; BREDEMEIER et al., 1998; STAELENS et al., 2005; DOHLEN, 2006) und trockener atmosphärischer Einträge (NEARY und GIZYN, 1994; SEILER und MATZNER, 1995; RADEMACHER, 2001) beeinträchtigen Aggregatzustand und die Menge des Freilandniederschlages (LEVIA, 2000; LEVIA und HERWITZ, 2000; LEVIA und FROST, 2003), die Baumart (KOCH und MATZNER, 1993; AUGUSTO et al., 2002; DE SCHRIJVER et al., 2004), deren phänologische Phasen (DRAAIJERS und ERISMAN, 1995; SPANGENBERG und BREDEMEIER, 1999; ROTHE und BINKLEY, 2001; LEVIA und HERWITZ, 2002; STAELENS et al., 2007), ihre Baumarchitektur (NEARY und GIZYN, 1994; REIF und EBERL, 1994; SEILER und MATZNER, 1995; RHOADES, 1997; HEINZE et al., 2001; KURAJI et al., 2001), die Langlebigkeit, Form und der Aufbau ihrer Assimilatmasse (AUGUSTO et al., 2002; STAELENS et al., 2007) in der Baumkrone via Retention, Akkumulation, Aufnahme, Abgabe, Diffusion und Leaching räumliche und zeitliche Einträge spezifischer Elementmengen und -lösungen in Bodenvegetation, Humusschicht und Mineralboden. Wissenslücken hierzu gilt es, rasch zu füllen. Schließlich werden durch Elementfrachten im Bestandesniederschlag Trinkwasserqualität, Nährstofffreisetzung oder -bindung, Oberbodenpodsolierung u.a.m. auf unterschiedlichsten Skalen diversifiziert.

Forschungen im Obstbau und der Agroforestry versuchen darüber hinaus zu klären, wie sich zur Düngung oder auch zur Abwehr und Bekämpfung von Schädlingen oder Unkräutern auf Bäumen applizierte Feststoffe und Lösungen nach anschließenden Regenereignissen im Umkreis des behandelten Baumes verteilen und welche Gefahrenpotenziale und Wirkräume sich daraus ergeben (z.B. MARTINEZ-MEZA und WHITFORD, 1996; RHOADES, 1997; LEVIA und FROST, 2003; BASSETTE und BUSSIERE, 2005).

Wie mögliche Veränderungen des Niederschlagsregimes im Rahmen eines fortschreitenden Klimawandels auf das niederschlagsabhängige System der Umverteilung des Bestandesniederschlages im unmittelbaren Umfeld des Einzelbaumes einwirken könnten, lässt sich nur schwer abschätzen. Durch bereits beobachtete und in die Zukunft projizierte Veränderungen von Temperatur, Niederschlagsgeschehen und deren saisonal differenzierte Häufigkeiten (vgl. FEGER et al., 2004; IRRGANG und EISENHAUER, 2004; ASCHE und SCHULZ, 2006; HÄNTZSCHEL et al., 2006; IPCC, 2007) wird das Prinzip der Standortskonstanz zunehmend in Frage gestellt. Über die Auswirkungen eines Klimawandels auf den Sektor Forstwirtschaft sowie interagierende Sektoren und Systeme (z.B. Hochwasserschutz, Trinkwasserversorgung, Tourismus) wird angeregt diskutiert und informiert (BUNDESREGIERUNG, 2008; BOLTE et al., 2009; TMLNU, 2009; MLUV-MV, 2010). Mögliche Anpassungsmaßnahmen im Wald spannen derzeit den Bogen von neu zu überdenkender Baumartenwahl über die Erhaltung und Förderung potenziell hilfreicher Vielfalt in Genausstattung, Arteninventar und Struktur bis hin zu Umtriebszeit- oder Zielstärkenverringerungen, Vorwäldern und Zeitmischungen. Gelegentlich ergeben sich aus der Erhaltung und Förderung spezieller Waldfunktionalitäten heraus auch gegensätzliche waldbauliche Empfehlungen (z.B. zu Waldnaturschutz und Holzproduktion oder zu Hochwasserretention und Trinkwasserbereitstellung). Über Synergien und Konfliktpotenzial der Waldbewirtschaftung in Zeiten des Klimawandels zwischen Forstwirtschaft und Naturschutz berichten z.B. REIF et al. (2010). Eklatante Wissenslücken, Gegensätze und nicht zuletzt Unsicherheiten in der Klimaprojektion münden dabei zusätzlich stets in Appellen zu weiteren Forschungen.

Wenn Niederschlagsmengen in der Vegetationsperiode tatsächlich regional abnehmen (FEGER et al., 2004; HÄNTZSCHEL et al., 2006, FRISCHBIER und PROFFT, 2008), sich Niederschlagsereignisse auf weniger Tage im Jahr konzentrieren und an diesen Regentagen häufiger Starkregen fallen (BOLTE und IBISCH, 2007), dann sind niederschlagsabhängige Dynamiken der Niederschlagsumverteilung im Wald neu zu bewerten. Darüber hinaus ergeben sich aus möglichen weiteren Temperaturzunahmen und höheren Einstrahlungen generell Verknappungen der Niederschlagsressource auf und im Waldboden, für den Einzelbaum und für dessen beeinflussten Landschaftsbestandteil.

7 Zusammenfassung

Trifft herabfallender Regen auf Waldflächen, so wird dieser Niederschlag umverteilt. Hinterlegte Dynamiken, Ursachenbeziehungen und Prozesse dieser Umverteilung sind dabei jedoch längst noch nicht abschließend aufgeklärt. Da unterschiedlichste Folgeprozesse im Bestand und am Waldboden direkt oder indirekt vom initialen Niederschlagsinput beeinflusst werden, erhält die Beeinflussung des Niederschlages durch die Kronenschicht selbst den Charakter eines Schlüsselprozesses, der sorgfältig erschlossen werden sollte.

Niederschlagsanteile des herabfallenden Regens bleiben als Interzeption an der Oberfläche der jeweiligen Vegetation haften, andere gelangen als Stammabfluss, als abtropfender oder als durchfallender Niederschlag zum Waldboden. Wie sich der Freilandniederschlag auf Interzeption, Unterkronen- bzw. Bestandesniederschlag aufteilt, ist u.a. abhängig von der jeweiligen Freilandniederschlagsmenge, von der Waldstruktur, der speziellen Baum- bzw. Vegetationsart und von deren Architektur. Nicht zuletzt dadurch scheint die Niederschlagsumverteilung im Wald hochgradig niederschlagssensitiv und räumlich sehr variabel zu sein.

Einerseits unterbindet die begrenzte Zurückhaltung von Niederschlagswasser an Vegetationsoberflächen wie an Blättern, Ästen oder allgemein an der Krone bis zu einer maximal möglichen Speicherkapazität einfach modellierbare, lineare Zusammenhänge zwischen Freilandniederschlag und den einzelnen Niederschlagskomponenten im Wald. Andererseits lassen bisherige Beobachtungen und Messungen die Vermutung zu, dass der einzelne Baum im Bestand die räumliche Niederschlagsumverteilung ganz wesentlich prägt. So lassen sich auch besonders hohe Stammablaufmengen im Kronenzentrum und markante Abtropfstellen am Kronenrand einzelner Baumarten im Bestand nur erklären, wenn am jeweiligen Messplatz unter Baumkronen eine weitere Niederschlagskomponente zugelassen wird, mit der laterale Wasserbewegungen innerhalb der expliziten Einzelbaumkrone beschrieben und bilanziert werden (lateraler [Zu- oder Ab-]Fluss).

Ziel dieser Arbeit war es deshalb, die niederschlagsabhängige, kleinräumige Dynamik der Niederschlagsumverteilung im Wald am Beispiel der Baumarten Buche (*Fagus sylvatica L.*) und Fichte (*Picea abies (L.) Karst.*) zu analysieren. Hierzu sollten Kronenspeicherkapazität, durchfallender und abtropfender Niederschlag und lateraler Fluss aus dem gemeinsamen Datensatz zum Unterkronenniederschlag separiert werden und in Beziehung zur jeweiligen Kronenmorphologie einwirkender Bäume gestellt werden. Auswertungen zu stammablaufrelevanten Baummerkmalen und zur interzeptionswirksamen Blatt- bzw. Nadelmasse und -

morphologie sollten die Arbeit um wichtige Aspekte zur Stammablaufgenerierung am Einzelbaum und zur Wasserrückhaltung in einzelnen Baumkronen ergänzen.

Dafür wurde im Solling und im Tharandter Wald jeweils ein Bestand mit gleichwertiger Mischung beider Baumarten ausgewählt. Innerhalb beider Bestände fanden Streufallmessungen und wiederholende Niederschlagsaufnahmen unter Kronen, auf der Freifläche und am Baumstamm an mehr als einhundert Messplätzen statt. Stammverteilungen und Messplatzlagen wurden ermittelt. Dadurch konnten für Buchen und Fichten variabler Stärke Streuverteilungen invers modelliert werden und die Laub- bzw. Nadelmasse für den jeweiligen Einzelbaum geschätzt werden. Verhältniswerte zwischen Streumasse, Blatt- bzw. Nadelanzahl und deren Oberflächen wurden aus Unterstichproben hergeleitet. Niederschlagsaufzeichnungen wurden in Relation zur jeweiligen Freilandniederschlagsmenge, zur Art der Messplatzüberschirmung im Kronendach und zur Distanz des Messplatzes zum ihn dominierenden Baum varianz- und regressionsanalytisch untersucht. Die Parametrisierung ausgewählter Funktionen in messplatzindividuellen Datensätzen von Freiland- und Unterkronenniederschlag erlaubte dabei zusätzlich die Ableitung einzelner Weiser zum räumlich expliziten Anteil des durchfallenden und des abtropfenden Niederschlages, der Kronenspeicherkapazität sowie des lateralen Flusses. Stammablaufmengen wurden ausschließlich an Buchen ermittelt und mehreren potenziell erklärenden Variablen der Kronen- und Baumdimension gegenübergestellt.

Die Modelle zur Streuverteilung schlugen den jährlichen Abfall von ca. 20 kg Laubtrockenmasse bei Buchen mit Brusthöhendurchmessern von 45 cm vor, der sich im Wesentlichen auf etwa 20 m im Umkreis des jeweiligen Baumes beschränkt. Diese Laubtrockenmasse ergibt sich aus ca. 250.000 bis 340.000 Blättern, die etwa 510 m² Blattfläche erzeugen.
Fichtenbäume gleicher Dimension werfen im Jahr ca. 14 kg Nadeltrockenmasse hauptsächlich im Umkreis von 10 m um den Stammfuss ab. Da sich am Baum durchschnittlich fünf Nadeljahrgänge finden lassen, trägt jeder Einzelbaum etwa 60 kg reine Nadelmasse, die sich aus ca. 18,5 bis 20 Millionen Nadeln ergibt.

Bereits durch Varianzanalysen ließ sich stets nachweisen, dass die Verteilungen der Unterkronenniederschlagsmengen an expliziten Messplätzen im Mischbestand signifikant beeinflusst wurden von der Menge des Freilandniederschlages, der Überschirmung des Messplatzes durch Buche, Fichte, Mischungen beider Arten oder Lücken und durch die

Entfernung des Aufstellortes vom Stammfuss des expliziten Baumes in Relation zu seinem Kronenradius. Bei höchsten Freilandniederschlägen, unter Buchen und am Kronenrand wurden im reinen Baumartenvergleich höchste Unterkronenniederschläge erzielt. Höher fielen die Bestandesniederschläge jedoch in Bestandeslücken aus.

Darin verborgene Prozesse der Niederschlagsumverteilung wurden durch Regressionsprozeduren besser erschlossen. Auf dieser Basis ergab sich im Vergleich zur varianzanalytischen Betrachtung ein Kausalmodell mit den gleichen Eingangsgrößen bei ansonsten nahezu identischer Schätzgüte ($R^2 = 0{,}93$). Darüber hinaus wird allerdings nur im regressionsbasierten Modell für den Niederschlagsumverteilungsprozess in der Vegetationszeit deutlich, dass:

- die absoluten Kronenspeicherkapazitäten zwar bei Fichtenüberschirmung höher ausfallen, unter beiden Baumartenkronen jedoch vom Kronenzentrum in Richtung Kronenrand abnehmen, ohne am Rand Werte nahe Null einzunehmen, wie dies im Gegensatz dazu für Lückenmessplätze der Fall war.
- lateraler Abfluss von Niederschlagswasser in Buchenkronen stattfindet und dort im inneren Kronendrittel am größten ist. Wasserentzug findet auch in der äußeren Hälfte von Fichtenkronen statt. Er nimmt am Kronenrand höchste Werte ein.
- durchfallender Niederschlag unter beiden Baumarten auftritt. Höhere Werte ergeben sich meist unter Buchen. Unter beiden Kronenarten nimmt durchfallender Niederschlag kontinuierlich vom Zentrum zum Kronenrand zu. Werte im Bereich der Freilandreferenz werden aber nur in Lückenmessungen nachgewiesen.
- abtropfender Niederschlag im Gegensatz dazu stets stärker unter Fichtenkronen auftritt. Dort ist ein abnehmender Trend in Richtung Kronenrand nachweisbar, während unter Buchen keine signifikante Veränderung in Relation zur Messplatzposition stattfand.

Je nach Messplatzposition und Freilandniederschlagsmenge ergeben sich damit Unterschiede im Unterkronenniederschlag unter beiden Baumarten von bis zu etwa 35 % des Freilandniederschlages bzw. bis zu etwa 7,5 L/m² je Einzelereignis und zwar stets zugunsten der Buchenüberschirmung. Besonders in Stammnähe bei Freilandniederschlägen von 10-30 L/m² und am Kronenrand bei Freilandwerten von 50 L/m² gelangt wesentlich mehr Unterkronenniederschlag zum Waldboden, wenn der Messplatz von einer Buche überschirmt wird. Am Stammfuss von Buchen wird darüber hinaus zusätzliches Wasser durch den Stammabfluss eingetragen.

Außerhalb der Vegetationsperiode ergaben sich stets höhere Anteile durchfallenden Niederschlages und damit insgesamt auch höhere Unterkronenniederschläge. In Buchenkronen ist die absolute Kronenspeicherkapazität dann deutlich verringert. Sie kann im unbelaubten Kronenzustand ausschließlich an Astoberflächen entstehen. Die Differenz zur Kronenspeicherkapazität aus der Vegetationsperiode ergibt die absolute Blattspeicherkapazität. Sie betrug im Kronenzentrum im Durchschnitt 4 L/m² und nahm bis zum Kronenrand um etwa 2 L/m² ab. Bezogen auf unterschiedlich mächtige Einzelbäume folgt daraus eine summarische Blattspeicherkapazität von bis zu 300 Liter je Einzelbaum. Das Verhältnis zwischen summarischer Blattspeicherkapazität und der jeweiligen Blattfläche des Baumes ist linear und führt zu einer spezifischen Blattspeicherkapazität von etwa 0,3 Liter je Quadratmeter Blattfläche. Aus dieser Beziehung ließ sich mit Hilfe der Erkenntnisse zur räumlichen Verteilung der Blattspeicherkapazität um Bucheneinzelbäume ein räumliches LAI-Modell für Buchen entwickeln, nach dem der LAI im Kronenzentrum Werte im Bereich von mehr als 15 einnehmen kann und zum Kronenrand auf durchschnittlich etwa 5 absinkt.

Unterschiedliche Stammablaufmengen ließen sich im Vergleich unbelaubter und belaubter Messserien für Buchen dagegen nicht nachweisen. Relevant für die Stammablaufgenerierung und -quantität ist der eingetragene Freilandniederschlag, gefolgt vom Brusthöhendurchmesser und der weniger wichtigen Astwinkelstellung des wasserleitenden Astes erster Ordnung. Höchste Stammablaufneigungen ergaben sich bei höchsten Niederschlägen an besonders starken Bäumen mit Aststellungen von etwa 33° zur Senkrechten. Die Beziehung zwischen ansteigender Stammablaufmenge und größerem BHD ließ sich aufgrund signifikanter Korrelationen im beprobten Baumkollektiv auch ersetzen durch Beziehungen zur soziologischen Klasse nach Kraft, zur Kronenprojektionsfläche und zur -mantelfläche des jeweiligen Baumes.

Konnten Distanzwirkungen mit Hilfe der relativen Distanz zum Stammfuß einzelner Bäume nachgewiesen werden, so bestand durch Brusthöhendurchmesser-Kronenradien-Allometrien im Anschluss die Möglichkeit, relative Distanzwirkungen durch allgemeine, absolute Wirkungen des Einzelbaumes zu ersetzen und Gesamtwirkungen des einzelnen Baumes rechnerisch zu erschließen. Durch solche räumlichen Konkretisierungen des relativen Distanztrendes im lateralen Wasserentzug im inneren Kronenbereich von Bucheneinzelbäumen ließen sich für diverse Freilandniederschläge ausbleibende Wassermengen aufsummieren, die mit denen korreliert sind, die für den tatsächlich gemessenen Stammablauf an ebenso starken Bäumen notwendig gewesen wären. Die formulierten Hypothesen und Konzepte zur Berechnung lateraler Flüsse aus wiederholenden Niederschlagsaufnahmen werden deshalb innerhalb der vorliegenden Arbeit nicht abgelehnt. Im Gegensatz zum kausalen Zusammenhang zwischen lateralem Wasserverlust und notwendigem lateralem Wasserzufluss für den Stammabfluss bei Buche konnte ein synonymer Zusammenhang bei Fichte zwischen lateralem Wasserverlust in Richtung Kronenrand und etwaigen Mehreinträgen außerhalb der Baumkrone nicht bewiesen werden. Offensichtlich sind Abtropfstellen im Außenbereich von Fichtenkronen lokal sehr begrenzt und unregelmäßig.

Für Buchenkronen konnte auf Basis der räumlich expliziten Interzeptionswerte ein erstes, einfaches Einzelbaum-LAI-Modell entwickelt werden, dass den wenigen existierenden ähnlichen Modellen z.T. aus Studien der Agroforestry für andere Baumarten widerspricht. Denn bisher sind nur selten maximale Blattflächenwerte im Zentrum des einzelnen Baumes belegt wurden.

Ein unmittelbarer Zusammenhang zwischen den räumlichen Dynamiken der durchfallenden Niederschlagsanteile und der Kronendachlückenhäufigkeit – ermittelt durch hemisphärische Fotos – konnte nicht hergestellt werden. Die Eignung der Fish-eye-Methode für kleinsträumige Kronenanalysen wurde deshalb diskutiert.

Im Ausblick der vorliegenden Arbeit wird insbesondere die nachgewiesene Sensitivität des Bestandes- und Unterkronenniederschlages hinsichtlich Niederschlagsmenge, Bestockung, Belaubungszustand und zum räumlich konkreten Messplatz betont. Konsequenzen sollten sich hieraus gerade für die bisher recht pauschale Anwendung mittlerer Niederschlagsaufteilungen in einzelne Niederschlagskomponenten z.B. im Rahmen von Niederschlags-Abfluss-Modellierungen oder in Wasserhaushaltsmodellen ergeben und mindestens in der Beachtung unterschiedlicher Regenintensitäten und -häufigkeiten münden.

Wird der einzelne Baum als Ökosystemingenieur seiner Umwelt diskutiert, so behindern weitere niederschlagsrelevante Prozesse und Phänomene wie Humusinterzeption oder präferenzieller Wasserfluss die unmittelbare Ableitung von Erkenntnissen aus der baumartindividuellen Gestaltung der Niederschlagsumverteilung z.B. für die eigennützige Ressourcenlenkung zum intensiv durchwurzelten Waldbodenbereich oder zur Verjüngungseignung und -vermeidung im Umkreis des Baumindividuums. Hier soll die Arbeit dazu Anlass geben, auch für die Niederschlagsverteilung im Wald endlich die stark vereinfachende und pauschalierende Ebene der Bestandesfläche zu verlassen und den einzelnen Messplatz wieder ins Zentrum des Interesses zu rücken.

8 Summary

"Study on the single-tree related small-scale variability and quantity-dependent dynamics of net forest precipitation using the example of two mixed beech-spruce stands"

Forests modify and redistribute the precipitation falling on their canopy. The dynamics, cause-effect relationships and processes underlying this redistribution are still not fully understood. Numerous processes in forest stands and at the forest floor are directly or indirectly affected by the initial precipitation input, making the influence of the forest canopy on precipitation patterns a key to forest ecology that needs to be studied in more detail.

A portion of the gross precipitation is captured at the surface of the vegetation – as so-called interception – while the rest reaches the forest floor via stemflow, drip or direct throughfall. The partitioning of gross precipitation into interception, throughfall and net forest precipitation mostly depends on the amount of gross precipitation, the forest structure, the tree species or vegetation type, and the vegetation architecture. Consequently, the redistribution of precipitation in forests appears to be highly sensitive to precipitation patterns and spatially highly variable.

On the one hand, the definition of easily modeled linear relationships between gross precipitation and the individual precipitation components in forests is prevented by the limited interception of precipitation on vegetation surfaces such as leaves, branches or generally in the tree crown up to a maximum potential storage capacity. On the other hand, presently available observations and measurements lead to the assumption that individual trees can considerably influence the spatial redistribution of precipitation within entire forest stands. Extremely high amounts of stemflow in the centre of the crown and distinct drip points along the crown edge of certain tree species can only be explained by admitting an additional precipitation component at these measurement locations that describes and captures the lateral movement of water within the individual tree crown (lateral in- or outflow).

The aim of this study was therefore to analyse these precipitation-dependent, small-scale dynamics of precipitation redistribution in forests using the example of European beech (*Fagus sylvatica L.)* and Norway spruce (*Picea abies (L.) Karst.*). Crown storage capacity, direct throughfall, drip and lateral flow were to be separated using a common throughfall dataset and related to the respective crown morphology of adjacent influential trees. These analyses were complemented by important aspects of the generation of stemflow of individual

trees and the water retention in individual tree crowns based on the investigation of tree characteristics relevant to stemflow (e.g., branch architecture) and interception (e.g., biomass and morphology of leaves or needles).
One forest stand each was selected for study in the Solling and the Tharandter Wald in Germany; both stands with equal mixture of beech and spruce. Within the two stands, periodic measurements of litterfall and precipitation were conducted in more than 100 plots below the tree canopy, in open areas and near tree stems. The precise location of trees (stem distribution map) and plots was determined. Litterfall was thus inversely modelled and estimates of individual-tree biomass of leaves or needles were derived for beech and spruce trees of varying diameter. Ratios between total litterfall and the number and surface area of leaves or needles were determined by subsampling of litterfall. Measured precipitation was examined in relation to the respective gross precipitation, the type of canopy above a plot and the distance of a plot to its dominant sheltering canopy tree using variance and regression analysis. The parameterisation of selected functions based on individual-plot datasets of gross and throughfall precipitation further allowed for the derivation of individual indicators for the spatially explicit proportion of direct throughfall and drip, the crown storage capacity as well as the lateral flow. The amount of stem flow was measured exclusively for beech trees and analysed using several potentially explanatory variables of crown and tree dimension.

Litter distribution models suggested an annual litterfall of approx. 20 kg of leaf dry matter for beech trees with a diameter at breast height (DBH) of 45 cm, mainly distributed within a radius of ca. 20 m from the respective tree. This amount of leaf dry matter corresponds to roughly 250,000 to 340,000 leaves with a leaf area of approx. 510 m^2.
Spruce trees of similar dimension shed around 14 kg of needle dry matter per year, mainly within a radius of 10 m from the stem. As spruce trees feature on average five needle generations, an individual spruce has about 60 kg of dry needle matter composed of approx. 18.5 to 20 million needles.

Analyses of variance clearly showed that the distribution of throughfall amounts at individual plots in the mixed stands was significantly influenced by the amount of gross precipitation, the plot's canopy cover by beech, spruce, a mixture of both species or gaps and the distance of a plot to the stem base of the dominant sheltering tree in relation to its crown radius. The highest amounts of throughfall were measured when gross precipitation was high, under beech canopy and at the edge of tree crowns. However, net forest precipitation was highest in gaps.

The hidden processes of precipitation redistribution were investigated using methods of regression analysis. Compared to analysis of variance, these methods resulted in a causal model with identical input parameters and an almost identical regression coefficient (R^2 = 0.93). However, for the precipitation redistribution during the vegetation period the regression-based model additionally showed that:

- Although the absolute crown storage capacity is higher under spruce cover, it decreases under both tree species from the crown centre to the crown edge, but not to values near zero as observed in gaps.
- Lateral flow of precipitation occurs in beech crowns and is largest in the inner third of the crown. Water outflow also occurs in the outer half of spruce crowns with maximum values at the crown edge.
- Direct throughfall precipitation was observed under both species, with mostly higher values under beech cover. Direct throughfall continuously increases from the crown centre to the crown edge for both species, but values similar to gross precipitation were only observed in gaps.
- In contrast, drip precipitation was always higher under spruce crowns with a decreasing trend towards the crown edge, while no significant change in relation to plot location was observed for beech.

Depending on plot location and gross precipitation, differences in throughfall between spruce and beech amount to up to 35 % of gross precipitation and up to 7.5 L/m² per precipitation event, always in favour of the beech canopy. Throughfall under beech canopy is particularly higher near stems when gross precipitation is 10-30 L/m² and at the crown edge when gross precipitation is around 50 L/m². At the stem base of beech trees additional water reaches the forest floor via stemflow.

The proportion of throughfall and consequently net forest precipitation were always higher outside of the vegetation period, when beech crowns feature a considerably reduced crown storage capacity. When defoliated, water can only be stored in crowns on branch surfaces. The difference between crown storage capacity during and outside of the vegetation period corresponds to the absolute leaf storage capacity. On average, it amounted to 4 L/m² in the crown centre and decreased towards the crown edge to approx. 2 L/m². Based on individual tree dimensions, total leaf storage capacity may thus amount to up to 300 L per tree. Total leaf storage capacity is linearly related to the respective leaf area, corresponding to a specific leaf storage capacity of approx. 0.3 L per square meter of leaf area. Based on this relationship and the insights into the spatial distribution of leaf storage capacity in the vicinity of individual beech trees, a spatial LAI model was developed for beech according to which the LAI in the centre of the crown may exceed 15, decreasing to an average of 5 at the crown edge.

No differences in stemflow between foliated and defoliated beeches were detected. The generation and amount of stemflow depend mostly on gross precipitation, followed by DBH and, less importantly, the branch angle of the first-order water-conducting branch. Maximum amounts of stemflow occurred on particularly large trees with branch angles of approx. 33° to the plumb-line when gross precipitation was high. Due to significant correlations, the relationship between increasing stemflow and larger DBH could also be replaced by relationships between increasing stemflow and the social status according to Kraft, the crown projection area and the crown surface area of the respective tree.

In cases where distance-related impacts were identified using the relative distance to the stem base of individual trees, the allometry between DBH and crown radius allowed for the replacement of relative distance-related impacts with general absolute individual-tree influences and for the calculation of the overall impact of an individual tree. By means of this spatial specification of the relative distance-related dynamics of the lateral water flow in the inner crown of individual beech trees, 'missing' (differential) amounts of water were calculated and summed up for various levels of gross precipitation. These differential amounts are correlated with the actual stemflow values measured for similarly sized trees. The formulated hypotheses and concepts for the calculation of lateral water fluxes based on repeated measurements of precipitation are therefore not rejected in this study. In contrast to the causal relationship between observed lateral water flow and the lateral water inflow required to generate the stemflow of beech trees, a similar relationship between lateral water outflow towards the crown edge of spruce trees and potentially higher water input outside the spruce crown was not verified. The drip points along the edge of spruce crowns are obviously locally limited and irregularly spaced.

Based on the spatially explicit interception values, a preliminary simple individual-tree LAI model was developed for beech crowns, which contradicts the few existing similar models previously developed in the scope of agroforestry studies and for other tree species. To date, maximal LAI values in the crown centre have rarely been shown.

A direct relationship between the spatial dynamics of throughfall precipitation components and the occurrence of crown gaps – determined using hemispheric photography – was not found. The suitability of the fish eye method for micro-scale crown analyses was therefore discussed.

Summarizing the present study, emphasis is placed on the verified sensitivity of net forest and throughfall precipitation with respect to precipitation amount, stand type, foliage status and spatially explicit plot location. Consequences ought to be drawn for the commonly practiced blanket partitioning of precipitation into individual components, e.g., during precipitation-runoff-modelling or in water-balance models, resulting at least in the consideration of different intensities and frequencies of precipitation events.

When discussing the role of individual trees as ecosystem engineers for their environment, other relevant processes and phenomena such as humus interception or preferential flow constrain the direct derivation of conclusions from the tree species-specific precipitation redistribution for purposes of resource management, e.g., directing water to intensively rooted forest floor areas and favouring or discouraging regeneration establishment in the vicinity of individual trees. This study stresses the importance of leaving the highly simplified and generalising level of the forest stand during analysis of precipitation distribution in forest and to once again shift the focus to individual measurement plots.

9 Literaturverzeichnis

Aboal, J.R.; Morales, D.; Hernandez, M.; Jimenez, M.S. (1999): The measurement and modelling of the variation of stemflow in a laurel forest in Tenerife, Canary Islands. Journal of Hydrology 221, 161-175.

Ad-hoc-Arbeitsgruppe „Initiative Hochwasser“ der DFG-Senatskommission für Hochwasserforschung und des Wissenschaftlichen Beirates des Nationalkomitees für das IHPOHP unter Beteiligung der Fachgemeinschaft „Hydrologische Wissenschaften“ in der ATVDVWK (2003): Empfehlung Forschungsschwerpunkte zum Thema „Nachhaltiger Hochwasserschutz“ als Ergebnis einer interdisziplinären Gesamtbetrachtung, 7 S.

Akaike, H. (1973): Information theory and an extension of the maximum likelihood principle. In: B. N. Petrov (Hrsg.) u.A.: Proceeding of the Second International Symposium on Information Theory Budapest: Akademia Kiado. 267-281.

Albers, D.; Migge, S.; Schaefer, M.; Scheu, S. (2004): Decomposition of beech leaves (Fagus sylvatica) and spruce needles (Picea abies) in pure and mixed stands of beech and spruce. Soil Biology and Biochemistry 36, 155-164.

Altenkirch, W.; Majunke, C.; Ohnesorge, B. (2002): Waldschutz auf ökologischer Grundlage. Eugen Ulmer GmbH & Co, Stuttgart, 434 S.

Ammer, C.; Wagner, S. (2002): Problems and options in modelling fine-root biomass of single mature Norway spruce trees at given points from stand data. Canadian Journal of Forest Research 32, 581-590.

Ammer, C.; Wagner, S. (2005): An approach for modelling the mean fine-root biomass of Norway spruce stands. Trees 19, 145-153.

Anders, S.; Müller, J. (2005): Die Ressource Wasser im zweischichtigen Nadel-Laub-Mischbestand. In: Fritz, P. (Hrsg.): Ökologischer Waldumbau in Deutschland. Fragen, Antworten, Perspektiven. UFZ-Umweltforschungszentrum Leipzig-Halle GmbH, München, Oekom Verlag, 351 S., 152-183.

Andersen, C.P.; Nikolov, I.; Nikolova, P.; Matyssek, R.; Häberle, K.H. (2005): Estimating "autotrophic" belowground respiration in spruce and beech forests: decreases following girdling. European Journal of Forest Research 124, 155-163.

Anonymus (2007): Erste Bilanz nach dem Orkan "Kyrill". AFZ/Der Wald (3), 152-153.

Anzola-Jürgenson, G.A. (2002): Linking structural and process-oriented models of plant growth. Dissertation an der Georg-August-Universität Göttingen, Fakultät für Forstwirtschaft und Waldökologie, 166 S.

Aradottir, A.S.; Robertson, A.; Moore, E. (1995): Circular statistical analysis of birch colonization and the directional growth response of birch and black cottonwood in south Iceland. Canadian Journal of Forest Research IUFRO XX World Congress paper, Tampere, Finnland, 1-8.

Asche, N.; Schulz, R. (2006): Waldstandorte, Klimawandel und Baumartenwahl. Eine Fallstudie für die Eifel in Nordrhein-Westfalen. Vortrag zur Forstwissenschaftlichen Tagung 2006 in Tharandt gehalten am 21. September 2006.

Augusto, L.; Ranger, J.; Binkley, D.; Rothe, A. (2002): Impact of several common tree species of European temperate forests on soil fertility. Annales of Forest Sience 59, 233-253.

Aussenac, G. (2000): Interactions between forest stands and microclimate: Exophysiological aspects and consequneces for silviculture. Annales of Forest Sience 57, 287-301.

Balazs, A. (1983): Ein kausalanalytischer Beitrag zur Quantifizierung des Bestandes- und Nettoniederschlages von Waldbeständen. Beiträge zur Hydrologie, Dissertation, Technische Universität Berlin, Fachbereich Landschaftsentwicklung, Kirchzarten, Verlag Beiträge zur Hydrologie Ilse Nippes, 180 S.

Balazs, A. (1991): Niederschlagsdeposition in Waldgebieten des Landes Hessen. Ergebnisse von den Mess-Stationen der "Waldökosystemstudie Hessen". Hessische Forstliche Versuchsanstalt, Forschungsberichte Band 11, Hann.Münden, Selbstverlag, 168 S.

Barkman, J.J. (1992): Canopies and microclimate of tree species mixtures. In: Cannell, M.G.R.; Molcolm, D.C.; Robertson, P.A.: Special publication of the british ecological society No.11, Oxford, Blackwell Scientific Publications, 181-188.

Bartelink, H.H. (1998): Simulation for growth and competition in mixed stands of Douglas-fir and beech. Thesis Landbouwuniversiteit Wageningen, 219 S.

Bassette, C.; Bussiere, F. (2005): 3-D modelling of the banana architecture for simulation of rainfall interception parameters. Agricultural and Forest Meteorology 129, 95-100.

Batschelet, E. (1981): Circular Statistics in Biology. Academic Press, London, 371 S.

Benecke, P. (ohne Jahr): Stoffhaushalt von Waldökosystemen – Wasserhaushalt. Vorlesungsskript, Institut für Bodenkunde und Waldernährung der Universität Göttingen, 181 S.

Benecke, P. (1984): Der Wasserumsatz eines Buchen- und eines Fichtenwaldökosystems im Hochsolling. Schriftenreihe der Forstlichen Fakultät der Universität Göttingen und der

Niedersächsischen Versuchsanstalt, Band 77, Frankfurt a.M., J.D. Sauerländer`s Verlag, 158 S.

Biber, P. (1996): Konstruktion eines einzelbaumorientierten Wachstumssimulators für Fichten-Buchen-Mischbestände im Solling. Berichte des Forschungszentrums Waldökosysteme, Reihe A, Band 142, Universität Göttingen, Selbstverlag des Forschungszentrums Waldökosysteme, 252 S.

Blennow, K. (1995): Sky View Factors from high resolution scanned fisheye lens photographic negatives. Journal of Atmospheric and Oceanic Technology 12 (6), 1357-1362.

Bolte, A.; Eisenhauer, D-R.; Ehrhart, H-P.; Gross, J.; Hanewinkel, M.; Kölling, C.; Profft, I.; Rohde, M.; Röhe, P.; Amereller, K. (2009): Klimawandel und Forstwirtschaft – Übereinstimmungen und Unterschiede bei der Einschätzung der Anpassungsnotwendigkeiten und Anpassungsstrategien der Bundesländer. Landbauforschung-vTI Agriculture and Forestry Research 59 (4), 269-278.

Bolte, A.; Hertel, D.; Ammer, C.; Schmid, I.; Nörr, R.; Kuhr, M.; Redde, N. (2003): Leitfaden Freilandmethoden zur Untersuchung von Baumwurzeln. Forstarchiv 74, 240-262.

Bolte, A.; Ibisch, P.L. (2007): Neun Thesen zu Klimawandel, Waldbau und Waldnaturschutz. AFZ/Der Wald (11), 572-576.

Bolte A.; Villanueva, I. (2006): Interspecific competition impacts on the morphology and distribution of fine roots in European beech (Fagus sylvatica L.) and Norway spruce (Picea abies (L.) Karst.). European Journal of Forest Research 125, 15-26.

Bortz, J. (2005): Statistik für Human- und Sozialwissenschaftler. 6. Auflage, Springer Medizin Verlag, Heidelberg, 882 S.

Bozzuto, L.M.; Wilson, B.F. (1988): Branch angle in red maple trees. Canadian Journal of Forest Research 18 (5), 643-646.

Bradshaw, F.J. (1992): Quantifying edge effect and patch size for multiple-use silviculture - a discussion paper. Forest Ecology and Management 48, 249-264.

Brechtel, H.M. (1962): Methodische Beiträge zur Ökologie der Überschirmung und Auflichtung einschichtiger Waldbestände. (dargelegt an Problembearbeitungen in Kiefernaltbeständen der Forstbezirke Isenburg und Schwetzingen). Schriftenreihe der Landesforstverwaltung Baden-Württemberg, Band 14, Baden-Württembergische Forstliche Versuchs- und Forschungsanstalt - Sektion Ökologie, Freiburg (i. Breisgau), Heidelberger Gutenberg-Druckerei GmbH, 94 S.

Bredemeier, M. (2006): Soil moisture heterogeneity in a mixed forest stand at tree-group scale. Sino-German-Symposium "The role of forest and forest management in the water cycle" 27.-30.11.2006 Dresden, Vortrag.

Bredemeier, M.; Blanck, K.; Dohrenbusch, A.; Lamersdorf, N.; Meyer, A.C.; Murach, D.; Parth, A.; Xu, Y.J. (1998): The Solling roof project - site charcteristics, experiments and results. Forest Ecology and Management 101, 281-293.

Bredemeier, M.; Blanck, K.; Klinge, R.; Lamersdorf, N.; Wiedey, G. (1999): Aufbau und Zielsetzung der Dach-Experimente im Solling. AFZ/Der Wald (2), 52-54.

Bredemeier, M.; Cheussom, L.; Beese, F.O. (2004): Water balance of a mixed forest in central germany - small-scale variability in dependence on pattern of local canopy cover. Forstliche Schriftenreihe der Universität für Bodenkultur Wien, Österreichische Gesellschaft für Waldökoforschung und experimentelle Baumforschung, Band 18, Wien, 143-156.

Brosius, F. (2004): SPSS 12. mitp-Verlag, Bonn. 1034 S.

Brosius, F. (2006): SPSS 14. mitp-Verlag, Heidelberg, 1024 S.

Brown, A.H.F. (1992): Functioning of mixed-species stands at Gisburn, N.W. England. In: Cannell, M.G.R.; Malcolm, D.C.; Robertson, P.A.: Special Publication of the Britsh Ecological Society No. 11, Oxford, Blackwell Scientific Publications, 125-150.

Brunner, A.; Rajkai, K.; Gacsi, Z.; Hagyo, A. (2004): Regenerator – a forest regeneration model. NAT-MAN Working Report 46, 74 S.

Bücking, W. (1987): Streuanlieferung und Rückführung einiger Makroelemente mit der Streu in Buchen- und Fichtenwald-Ökosystemen des Schönbuchs. Mitteilungen des Vereins für Forstliche Standortskunde und Forstpflanzenzüchtung, Nr. 33, 62-68.

Bühl, A.; Zöfel, P. (1996): Professionelle Datenanalyse mit SPSS für Windows. Bonn, Paris u.a., Addison-Wesley GmbH, 587 S.

Bundesregierung (2008): Deutsche Anpassungsstrategie an den Klimawandel. Berlin, 78 S.

Bussiere, F.; Solmon, F.; Fouere, A. (2002): Implementation and evaluation of DROP, a model for the simulation of rainfall distribution below plants described in 3D. Agronomie 22, 93-103.

Cancino, J., Saborowski, J. (2005): Comparison of randomized branch sampling with and without replacement at the first stage. Silva Fennica 39(2), 201–216.

Canham, C.D.; Finzi, A.C.; Pacala, S.W.; Burbank, D.H. (1994): Causes and consequences of resource heterogeneity in forests: interspecific variation in light transmission by canopy trees. Canadian Journal of Forest Research 24, 337-349.

Canham, C.D.; Uriate, M. (2006): Analysis of neighbourhood dynamics of forest ecosystems using likelihood methods and modeling. Ecological Applications 16 (1), 62-73.

Cape, J.N.; Brown, A.H.F.; Robertson, S.M.C.; Howson, G.; Paterson, I.S. (1991): Interspecies comparisons of throughfall and stemflow at three sites in northern Britain. Forest Ecology and Management 46, 165-177.

Cescatti, A. (2007): Indirect estimates of canopy gap fraction based on the linear conversion of hemispherical photographs. Methodology and comparison with standard thresholding techniques. Agricultural and Forest Meteorology 143, 1-12.

Chamberlain, R. (1953): In: United States Department of Commerce Weather Bureau. Meteorology and Atomic Energy, 93.

Chang, M. (2003): Forest Hydrology. An introduction to water and forests. Washington, D.C., CRC Press, 373 S.

Clasen, C.; Frischbier, N.; Zehner, T. (2008): Ursachenanalyse zum Schadausmaß des Sturmes „Kyrill“ in Thüringen. AFZ/Der Wald (14), 746-748.

Cohen, S.; Fuchs, M. (1987): The distribution of leaf area, radiation, photosynthesis and transpiration in a shamouti orange hedgerow orchard. Agricultural and Forest Meteorology 40, 123-144.

Cohen, S.; Mosoni, P.; Meron, M. (1995): Canopy clumpiness and radiation penetration in a young hedgerow apple orchard. Agricultural and Forest Meteorology 76, 185-200.

Crockford, R.H.; Richardson, D.P. (2000): Partitioning of rainfall into throughfall, stemflow and interception: effect of forest type, ground cover and climate. Hydrological Processes 14, 2903-2920.

Crozier, C.R.; Boerner, R.E.J. (1986): Stemflow induced soil nutrient heterogeneity in a mixed mesophytic forest. Bartonia 52, 1-8.

Czajkowski, T.; Kühling, M.; Bolte, A. (2005): Einfluss der Sommertrockenheit im Jahre 2003 auf das Wachstum von Naturverjüngungen der Buche (Fagus sylvatica L.) im nordöstlichen Mitteleuropa. Allgemeine Forst- und Jagdzeitung 176 (8), 133-143.

Degen, B.; Gregorius, H-R.; Scholz, F. (1996): ECO-GENE, a model for simulation studies on the spatial and temporal dynamics of genetic structures of tree populations. Silvae Genetica 45 (5-6), 323-329.

Deleuze, C.; Hervé, J.-C.; Colin, F.; Ribeyrolles, L. (1996): Modelling crown shape of Picea abies: spacing effects. Canadian Journal of Forest Research 26 (11), 1957-1966.

De Schrijver, A.; Nachtergale, L.; Staelens, J.; Luyssaert, S.; De Keersmaeker, L. (2004): Comparison of throughfall and soil solution chemistry between a high-density Corsican pine and a naturally regenerated silver birch stand. Environmental Pollution 131, 93-105.

De Ploey, J. (1982): A stemflow equation for grasses and similar vegetation. Catena 9, 139-152.

De Ploey, J. (1984): Stemflow and colluvation: Modeling and implications. Pedologie 34 (2), 135-146.

Dijk, A.I.J.M.; Bruijnzeel, L.A. (2001): Modelling rainfall interceprion by vegetation of variable density using an adapted analytical model. Part 1. Model description. Journal of Hydrology 247, 230-238.

DIN 4049-1 (1992): DIN 4049-1 Hydrologie Teil 1: Grundbegriffe. Normenausschuß Wasserwesen (NAW) im DIN Deutsches Institut für Normung e.V., 12 S.

DIN 4049-3 (1994): DIN 4049-3 Hydrologie Teil 3: Begriffe zur quantitativen Hydrologie. Normenausschuß Wasserwesen (NAW) im DIN Deutsches Institut für Normung e.V., 80 S.

Dohlen, M. (2006): Deposition in Stadtwäldern Bochums. AFZ/Der Wald (14), 760-761.

Draaijers, G.P.J.; Erisman, J.W. (1995): A canopy budget model to assess atmospheric deposition from throughfall measurements. Water, Air and Soil Pollution 85, 2253-2258.

Durocher, M.G. (1990): Monitoring spatial variability of forest interception. Hydrological Processes 4, 215-229.

Elend, C. (2000): Untersuchungen zum Einsatz von hemisphärischen Fotos zur Ermittlung von Bestandesstrukturparametern und deren Einfluss auf die Interception von Waldbeständen. Diplomarbeit der Fachhochschule Hildesheim, Holzminden, Göttingen. Fachbereich Forstwirtschaft und Umweltmanagement in Göttingen, 54 S.

Ellenberg, H., Mayer, R., Schauermann, L. (1986): Ökosystemforschung – Ergebnisse des Sollingprojekts 1966 – 1986. Eugen Ulmer, Stuttgart, 507 S.

Enquist, B.J. und Niklas, K.J. (2001): Invariant scaling relations across tree-dominated communities. Nature 410, 655-660.

Ettl, R.; Göttlein, A. (2007): Waldhackschnitzelproduktion in Fichtenreinbeständen. AFZ/Der Wald (14), 756-78.

Facelli, J.M.; Pickett, S.T.A. (1991): Plant litter: its dynamics and effects on plant community structure. Botanical Review 57, 1-32.

Feger, K.H.; Fürst, C.; Schurr, C. (2004): Wald und Wasser - Traditionelle und neue Bedeutungsfelder - Herausforderungen für Wissenschaft und Praxis. Forst und Holz 10 (59), 501-503.

Fehrmann, L. (2002): Untersuchung der Wurzelstruktur großer Waldbäume an Fichte (Picea abies (L.) Karst.) und Buche (Fagus sylvatica). Masterarbeit an der Georg-August-Universität Göttingen, Fakultät für Forstwissenschaften, 69 S.

Ferrari, J.B; Sugita, S. (1996): A spatially explicit model of leaf litter fall in hemlock-hardwood forests. Canadian Journal of Forest Research 26, 1905-1913.

Finzi, A.C.; van Breemen, N.; Canham, C.D. (1998 a): Canopy tree-soil interactions within temperate forests: species effects on soil carbon and nitrogen. Ecological Applications 8 (2), 440 - 446.

Finzi, A. C.; Canham, C.D.; v.Breemen, N. (1998 b): Canopy tree - Soil interactions within temperate forests: Species effects on pH and cations. Ecological Applications 8 (2), 447-454.

Flemming, G. (1967): Die drei klimatischen Grundfunktionen der Kronenschicht des Waldes. Archiv für Forstwesen 16 (6/9), 573-577.

Flemming, G. (1995): Wald-Wetter-Klima: Einführung in die Forstmeteorologie. 3. überarb. Auflage, Berlin, Dt. Landwirtschaftsverlag, 136 S.

Fölster, H.; Degenhardt, M.; Flor, T.; Lux, M. (1991): Untersuchungen zur Tiefendurchwurzelung und Durchwurzelungsintensität auf Braunerde-Pseudogleyen im Vorderen Hunsrück in Abhängigkeit von Baumart und Bestandesstrukturparametern. In: Untersuchungen zum Zusammenhang zwischen Sturm- und Immissionsschäden im Vorderen Hunsrück "SIMS". Mitteilungen aus der Forstlichen Versuchsanstalt Rheinland-Pfalz 19/91, Ministerium für Landwirtschaft, Weinbau und Forsten Rheinland-Pfalz, 91-105.

Ford, E.D.; Deans, J.D. (1978): The effects of canopy structure on stemflow, throughfall and interception loss in a young sitka spruce plantation. Journal of Applied Ecology 15, 905-917.

Ford, E.D.; Diggle, P.J. (1981): Competition for light in a plant monoculture modelled as a spatial stochastic process. Annales of Botany 48, 481-500.

Forstbezirk Bärenfels (2007): Pressemitteilung vom 24.01.2007.

Frech, A.; Leuschner, C.; Hagemeier, M.; Hölscher, D. (2003): Nachbarschaftsbezogene Analyse der Kronenraumbesetzung von Esche, Hainbuche und Winterlinde in einem artenreichen Laubmischwald (Nationalpark Hainich, Thüringen). Forstwissenschaftliches Centralblatt 122, 22-35.

Friedrich, A.; Katzsch, T. (2007): Orkan "Kyrill" über Deutschland. DWD, Offenbach.

Frischbier, N.; Profft, I. (2008): Praxisorientierte Regionalisierung forstlich relevanter Klimawerte und -szenarien für Thüringen. Forst und Holz 63 (10), 24-29.

Frischbier, N., Wagner, S., Bredemeier, M. (2007): Beispiele komplexer Inversmodellierung zur Quantifizierung des Einzelbaumeffektes im Bestand. Workshop "Individuenbasierte Modelle in der Ökologie" der Gesellschaft für Ökologie, Young Modellers Group 12.-14.03.2007 Kohren-Sahlis/Leipzig, Vortrag.

Frischbier, N.; Zeibig, A. (2008): Methoden und Ergebnisse einzelbaumorientierter Forschung. Vortrag und Tagungsband zur Jahrestagung der Sektion Waldbau, Deutscher Verband Forstlicher Forschungsanstalten 10. u. 11.09.2007, Gotha, 12-25.

Fujinuma, R.; Bockheim, J.; Balster, N. (2005): Base-cation cycling by individual tree species in old-growth forests of Upper Michigan, USA. Biogeochemistry 74, 357-376.

Gash, J. (1979): An analytical model of rainfall interception over large areas. Journal of Climate 6, 1002-1008.

Gash, J.; Lloyd, C.; Lachaud, G. (1995): Estimating sparse forest rainfall interception with an analytical model. Journal of Hydrology 170, 79-86.

Geiger, R. (1961): Das Klima der bodennahen Luftschicht. Ein Lehrbuch der Mikroklimatologie. 4.Auflage, Band 78, Braunschweig, Friedr.Vieweg & Sohn, 646 S.

Geiser, C. (2003): Einfaktorielle Varianzanalyse mit Messwiederholung mit SPSS. SPSS – Tutorium zur Methodenlehre 3, Wintersemester 2003/2004, Institut für Psychologie, Universität Magdeburg, 16 S.

Godin, C. (2000): Representing and encoding plant architecture: A review. Annual Forestry Science 57, 413-438.

Goldberg, V. (2002): Standardklima. In: Bernhover, C. (Hrsg.): Tharandter Klimaprotokolle, Exkursions- und Praktikumsführer Tharandter Wald. Band 6, Tharandt, Eigenverlag der TUD, 49-61.

Gomez, J.A.; Vanderlinden, K.; Giraldez, J.V.; Fereres, E. (2002): Rainfall concentration under olive trees. Agricultural Water Management 55, 53-70.

Grabtree, A.F.; Trudgill, S.T. (1985): Hillslope hydrochemistry and stream response on a wooded, permeable bedrock: the role of stemflow. Journal of Hydrology 80, 161-178.

Greene, D.F.; Canham, C.D.; Coates, K.D.; Lepage, P.T. (2004): An evaluation of alternative dispersal functions for trees. Journal of Ecology 92, 758-766.

Greiffenhagen, A. (2005): Einfluss der Humusauflage auf das Benetzungsverhalten und den Wasserhaushalt von Kiefernstandorten. Bodenökologie und Bodengenese Heft 37, Papyrus-Druck GmbH, Berlin, 132 S.

Gretschel, A. (2011): Lückenforschung: Unterkronen-Niederschlag und Bodenwassergehalt auf einer Lücke im Tharandter Wald. Diplomarbeit, Technische Universität Dresden, Institut für Waldbau und Forstschutz, 63 S.

Grimm, V.; Railsback, S. (2005): Individual-based modelling and ecology. Princeton Series in Theoretical and Computational Biology, Princeton University Press, 427 S.

Grote, R. (2002): Foliage and branch biomass estimation of coniferous and deciduous tree species. Silva Fennica 36 (4), 779-788.

Grote, R.; Reiter, I.M. (2004): Competition-dependent modeling of foliage biomass in forest stands. Trees 18, 596-607.

Guericke, M. (2001): Untersuchungen zur Wuchsdynamik von Mischbeständen aus Buche und Europ. Lärche (Larix decidua, Mill.) als Grundlage für ein abstandsabhängiges Einzelbaumwachstumsmodell: Versuchsflächenanalyse, Modellparametrisierung und waldbauliche Konsequenzen für die Behandlung von Buchen-Lärchen-Mischbeständen im Südniedersächsischen Bergland. Dissertation der Universität Göttingen, CUVILLIER Verlag, 219 S.

Hagemeier, M. (2002): Funktionale Kronenarchitektur mitteleuropäischer Baumarten am Beispiel von Hängebirke, Waldkiefer, Traubeneiche, Hainbuche, Winterlinde und Rotbuche. Dissertationes Botanicae, Band 361, Universität Göttingen, Berlin/Stuttgart, J. Cramer, 154 S.

Hamilton, E; Rowe, P. (1949): Rainfall Interception by Chaparral in California. State of California, Department of Natural Resources, Division of Forestry, Sacramento, 43 S.

Hanchi, A.; Rapp, M. (1997): Stemflow determination in forest stands. Forest Ecology and Management 97, 231-235.

Häntzschel, J.; Franke, J.; Gemballa, R.; Bernhofer, C. (2006): Forstliche Klimagliederung Sachsens im Klimawandel. AFZ/Der Wald (15), 830-832.

Hargrove, W.W.; Pickering, J. (1992): Pseudoreplication: A sine qua non for regional ecology. Landscape Ecology 6 (4), 251-258.

Heidenfelder, A. (2002): Einfluss von Klima und Bewirtschaftung auf am N-Umsatz beteiligte mikrobielle Prozesse in Waldböden. Dissertation an der Forstwissenschaftlichen Fakultät der Universität Freiburg, 183 S.

Heinze, M.; Tomczyk, S.; Nice, A. (2001): Vergleich von Rot-Buche (Fagus sylvatica L.) in sogenannten Grünen Augen mit benachbarten standortsgleichen Fichtenbeständen (Picea abies [L.] KARST.) des Thüringer Vogtlandes bezüglich Eigenschaften und Durchwurzelung des Bodens sowie Baumwachstum. Forstwissenschaftliches Centralblatt 120, 139-153.

Herlitzius, H. (1985): Streuabbau als Indikator biotischer und abiotischer Faktoren. Mitteilungen der Deutschen Bodenkundlichen Gesellschaft 43 (2), 569-574.

Herwitz, S.R. (1986): Infiltration-excess caused by stemflow in a cyclone-prone tropical rainforest. Earth surface processes and landforms 11, 401-412.

Herwitz, S.R. (1987): Raindrop impact and water flow on the vegetative surfaces of trees and the effects on stemflow and throughfall generation. Earth surface processes and landforms 12, 425-432.

Hillebrand, K. (1998): Vogelbeere (Sorbus ucuparia L.) im Westfälischen Bergland - Wachstum, Ökologie, Waldbau. Schriftenreihe der Landesanstalt für Ökologie, Bodenordnung und Forsten / Landesamt für Agrarordnung, Nordrhein-Westfalen, Band 15, Kleve, B.o.s.s Druck und Medien, 183 S.

Hinkelmann, R. (2005 a): Hydrologie und Wasserwirtschaft. Hydrologische Grundlagen. Manuskript zur Vorlesung, Technische Universität Berlin, Fachgebiet Wasserwirtschaft und Hydroinformatik, Berlin, 98 S.

Hinkelmann, R. (2005 b): Hydrologie und Wasserwirtschaft - Hydrologische Modellierung. Manuskript zur Vorlesung, Technische Universität Berlin, Fachgebiet Wasserwirtschaft und Hydroinformatik, Berlin, 118 S.

Hirabuki, Y. (1991): Heterogeneous dispersal of tree litterfall corresponding with patchy canopy structure in a temperate mixed forest. Vegetatio 94, 69-79.

Hofmann, G.; Jenssen, M. (1997): Laubmassen und ihre Entwicklung in mitteleuropäischen Rotbuchenwäldern. Beiträge für Forstwirtschaft und Landschaftsökologie 31 (3), 97-103.

Hoffmann, D. (1999): Schätzung des Interzeptionsverlusts in Waldbeständen aus Freiflächenniederschlag bei Flüssigniederschlägen. In: Stoffhaushalt von Waldökosystemen. Forschungsberichte Freiburger Forstlicher Forschung Heft 7, 93-100.

Hojjati, S.M.; Hagen-Thorn, A.; Lammersdorf, N.P. (2009): Canopy composition as a measure to identify patterns of nutrient input in a mixed European beech and Norway spruce forest in central Europe. European Journal of Forest Research 128, 13-25.

Hornschuch, F.; Riek, W. (2007): Einfluss der Bestandesstruktur auf Bodenvegetation, Durchwurzelung und Eigenschaften des Mineralbodens. Archiv für Forstwesen und Landschaftsökologie (4) 41, 152-161.

Hurlbert, S.H. (1984): Pseudoreplication and the design of ecological field experiments. Ecological Monographs 54 (2), 187-211.

Hurlbert, S.H. (2004): On misinterpretations of pseudoreplication and related matters: a reply to Oksanen. Oikos 104 (3), 591-597.

Hutchinson, I.; Roberts, M.C. (1981): Vertical variation in stemflow generation. Journal of Applied Ecology 18, 521-527.

Huth, F. (2009): Untersuchungen zur Verjüngungsökologie der Sand-Birke (Betula pendula Roth). Dissertation an der Technischen Universität Dresden, 383 S.

Irrgang, S.; Eisenhauer, D-R. (2004): Struktur und Wasserhaushalt in Waldökosystemen - Konsequenzen für den präventiven Hochwasserschutz. Forst und Holz 59 (10), 467-475.

IPCC (2007): Climate Change 2007: The physical science basis. Contribution of working group I to the fourth assessment report of the Intergovernmental Panel on Climate Change. [Solomon, S.; Quin, D.; Manning, M.; Chen, Z.; Marquis, M.; Averyt, K.B.; Tignor, M.; Miller, H.L. (Hrsg.)]. Cambridge University Press, Cambridge u. New York, 996 S.

Iyengar, S. (1991): Much ado about meta-analysis. Change 4, 33-40.

James, A.D.-B. (2002): Pseudoreplication and Ecology. Columbia University, Präsentation.

Jochheim, H.; Einert, P.; Ende, H.P.; Kallweit, R.; Lüttschwager, D.; Schindler, U. (2007): Wasser- und Stoffhaushalt eines Buchen-Altbestandes im Nordostdeutschen Tiefland - Ergebnisse einer 4jährigen Messperiode. Archiv für Forstwesen und Landschaftsökologie 41 (1), 1-14.

Johnson, R.C. (1990): The interception, throughfall and stemflow in a forest in Highland Scotland and the comparision with other upland forests in the U.K. Journal of Hydrology 118, 281-287.

Jonckheere, I.; Nackaerts, K.; Muys, B.; Coppin, P. (2005): Assessment of automatic gap fraction estimation of forests from digital hemispherical photography. Agricultural and Forest Meteorology 132, 96-114.

Jones, C.G.; Lawton, J.H.; Shachak, M. (1994): Organisms as ecosystem engineers. Oikos 69, 373-386.

Jones, C.G.; Lawton, J.H.; Shachak, M. (1997): Positive and negative effects of organisms as physical ecosystem engineers. Ecology 78 (7), 1946-1957.

Jost, G.; Schume, H.; Hager, H. (2004): Factors controlling soil water-recharge in a mixed European beech (Fagus sylvatica L.) – Norway spruce (Picea abies (L.) Karst.) stand. European Journal of Forest Research 123, 93-104.

Juma, N.G. (1993): Interrelationships between soil structure/texture, soil biota/soil organic matter and crop production. Geoderma 57, 3-30.

Kellman, M.; Roulet, N. (1990): Stemflow and throughfall in a tropical dry forest. Earth Surface Processes and Landforms 15, 55-61.

Kellomäki, S.; Hänninen, H.; Kolström, T.; Kotissari, A.; Pukkala, T. (1987): A tentative model for describing the effects of some regenerative processes on the properties of natural seedling stands. Silva Fennica 21 (1), 1-10.

Kinerson, R.; Fritschen, L. (1971): Modeling a coniferous forest canopy. Agricultural Meteorology 8, 439-445.

Kittredge, J.; Loughead, H.J.; Mazurak, A. (1941): Interception and stemflow in a Pine plantation. Journal of Forestry 39, 505-522.

Klaassen, W.; Bosveld, F.; de Water, E. (1998): Water storage and evaporation as constituents of rainfall interception. Journal of Hydrology 212/213, 36-50.

Kloidt, M. (1989): Untersuchungen zum Abbau der Buchenblattstreu durch Pilze - unter besonderer Berücksichtigung der Ascomyceten. Dissertationes Botanicae der Universität Göttingen, Band 130, Universität Göttingen, Berlin/Stuttgart, J. Cramer – Verlag, 172 S.

Koch, A.S.; Matzner, E. (1993): Heterogeneity of soil and soil solution chemistry under Norway spruce (Picea abies Karst.) and European beech (Fagus silvatica L.) as influenced by distance from stem basis. Plant and Soil 151, 227-237.

Konishi, S.; Tani, M.; Kosugi, Y.; Takanashi, S.; Sahat, M.M.; Nik, A.R.; Niiyama, K.; Okuda, T. (2006): Characteristics of spatial distribution of throughfall in a lowland tropical rainforest, Peninsular Malaysia. Forest Ecology and Management 224, 19-25.

Koppel, A.; Oja, T. (1984): Regime of diffuse solar radiation in an individual Norway spruce (Picea abies (L.) KARST.) crown. Photosynthetica 18, 529-535.

Kreutzer, K.; Deschu, E.; Hösl, G. (1986): Vergleichende Untersuchungen über den Einfluß von Fichte (Picea abies [L.] Karst.) und Buche (Fagus sylvatica L.) auf die Sickerwasserqualität. Forstwissenschaftliches Centralblatt 105, 364-371.

Krissl, W.; Müller, F. (1990): Zweckmäßige Dauermischungsformen und Mischungsregulierung. Österreichische Forstzeitung 3, 29-32.

Kuha, J. (2004): AIC and BIC: Comparisons of Assumptions and Performance. Sociological Methods and Research 33, 188-229

Kull, O.; Broadmeadow, M.; Kruijt, B.; Meir, P. (1999): Light distribution and foliage structure in an oak canopy. Trees 14, 55-64.

Kuraji, K.; Tanaka, Y.; Tanaka, N.; Karakama, I. (2001): Generation of stemflow volume and chemistry in a mature Japanese cypress forest. Hydrological Processes 15, 1967-1978.

Kurth, W. (1999): Die Simulation der Baumarchitektur mit Wachstumsgrammatiken: stochastische, sensitive L-Systeme als formale Basis für dynamische, morphologische Modelle der Verzweigungsstruktur von Gehölzen. Habilitationsschrift der Universität Göttingen, Wissenschaftlicher Verlag Berlin, 327 S.

Küßner, R. (1999): Ein auf Strahlungsmessungen basierendes Verfahren zur Bestimmung des Blattflächenindexes und zur Charakterisierung der Überschirmung in Fichtenbeständen. Methodische Untersuchungen und Anwendung in der waldbaulichen Praxis. Forstwissenschaftliche Beiträge Tharandt, Heft 5, Stuttgart, Eugen Ulmer GmbH & Co, 192 S.

Lamersdorf, N.; Bredemeier, M.; Borken, W.; Xu, Y.-J. (1999): Das Entsauerungs- und Austrocknungsexperiment im Solling. AFZ/Der Wald (2), 55-57.

Leblanc, S.G.; Bicheron, P.; Chen, J.M.; Leroy, M.; Cihlar, J. (1999): Investigation of Directional Reflectance in Boreal Forests with an Improved Four-Scale Model and Airborne POLDER Data. IEEE Transactions on geoscience and remote sensing 37 (3), 1396-1414.

Leonard, R. (1961): Interception of precipitation by northern hardwoods. U.S.D.A. Northeastern Experimental Forest Station Paper 159.

Levia, D.F. (2000): Winter Stemflow Leachate Dynamics from Deciduous Canopy Trees in Relation to Precipitation Event Characteristics. Tagungsband 57th Eastern Snow Conference, Syracuse, New York, USA

Levia, D.F.Jr.; Frost, E.E. (2003): A review and evaluation of stemflow literature in the hydrologic and biogeochemical cycles of forested and agricultural ecosystems. Journal of Hydrology 275, 1-29.

Levia, D.F.; Herwitz, S.R. (2000): Physical properties of water in relation to stemflow leachate dynamics: implications for nutrient cycling. Canadian Journal of Forest Research 30, 662-666.

Levia, D.F.; Herwitz, R.S. (2002): Winter chemical leaching from deciduous tree branches as a function of branch inclination angle in Central Massachusetts. Hydrological Processes 16, 2867-2879.

Loustau, D.; Berbigier, P.; Granier, A.; Moussa, F. El Hadj (1992 a): Interception loss, throughfall and stemflow in a maritime pine stand. I. Variability of throughfall and stemflow benath the pine canopy. Journal of Hydrology 138, 449-467.

Loustau, D.; Berbigier, P.; Granier, A. (1992 b): Interception lost, throughfall and stemflow in a maritime pine stand. II. An application of Gash´s analytical modell of interception. Journal of Hydrology 138, 469-485.

Lücke, K.; Schmidt, W. (1997): Vegetation und Standortsverhältnisse in Buchen-Fichten-Mischbeständen des Sollings. Forstarchiv 68, 135-143.

Mariscal, M.J.; Orgaz, F.; Villalobos, F.J. (2000): Modelling and measurement of radiation interception by olive canopies. Agricultural and Forest Meteorology 100, 183-197.

Markart, G. (2000): Der Wasserhaushalt von Hochlagenaufforstungen - Dargestellt am Beispiel der Aufforstung von Haggen bei St. Sigmund im Sellrain. Schriftenreihe der Forstlichen Bundesversuchsanstalt Wien, FBVA-Berichte Nr. 117, Wien, 126 S.

Markart, G.; Kohl, B.; Pramstraller, A.; Gallmetzerr, W. (2000): Wirkungen von Begrünungen auf das Abflussverhalten in Wildbacheinzugsgebieten bei Starkregen. Interpraevent Band 2, 53-64.

Martinez-Meza, E.; Whitford, W.G. (1996): Stemflow, throughfall and channelization of stemflow by roots in three Chihuahuan desert shrubs. Journal of Arid Environments 32, 271-287.

Marvie-Mohdjer, M.R. (1975): Über Qualitätsmerkmale der Buche: Untersuchungen über die Abhängigkeit verschiedener morphologischer Merkmale der Buche (Fagus sylvatica L.) vom Standort. Dissertation an der ETH Zürich, 105 S.

Matsubayashi, u.; Velasquez, G.T.; Sasuga, H.; Sumi, T.; Takagi, F. (1995): On the physical and chemical properties of throughfall and stemflow. Journal of Hydroscience and Hydraulic Engineering 13 (2), 69-81.

Matsuda, M.; Baumgartner, A. (1975): Ökosystematische Simulation des Nutzeffektes der Sonnenenergie für Wälder. Forstwissenschaftliches Centralblatt 94, 89-104.

Mayer, H.; Holst, T.; Schindler, D. (2002): Mikroklima in Buchenbeständen - Teil 1: Photosynthetisch aktive Strahlung. Forstwissenschaftliches Centralblatt 121, 301-321.

McGregor, P.K. (2000): Playback experiments: design and analysis. Acta Ethologica 3, 2-8.

Meinen, C. (2008): Fine root dynamics in broad-leaved deciduous forest stands differing in tree species diversity. Dissertation an der Georg-August-Universität Göttingen, 109 S.

Meiwes, K. J., König, N., Khanna, P. K., Prenzel, J. (1984): Chemische Untersuchungsverfahren für Mineralboden, Auflagehumus und Wurzeln zur Charakterisierung und Bewertung der Versauerung in Waldböden. Berichte des Forschungszentrums Waldökosysteme/Waldsterben der Universität Göttingen. Band 7, 142 S.

Mettin, C. (1985): Betriebswirtschaftliche und ökologische Zusammenhänge zwischen Standortskraft und Leistung in Fichtenreinbeständen und Fichten/Buchen-Mischbeständen. Allgemeine Forstzeitung 30/31/32, 803-810.

Mettin, C. (1986): Inwieweit ist Laubstreu eine ökologische und ökonomische Hilfe in Nadelbeständen? Allgemeine Forstzeitung 37, 918-922.

Mitscherlich, G. (1970): Wald, Wachstum und Umwelt. Eine Einführung in die ökologischen Grundlagen des Waldwachstums. Band 1: Form und Wachstum von Baum und Bestand, Frankfurt a.M., J.D. Sauerländer's Verlag, 142 S.

Mitscherlich, G. (1981): Wald, Wachstum und Umwelt. Eine Einführung in die ökologischen Grundlagen des Waldwachstums. Band 2: Waldklima und Wasserhaushalt, 2.Auflage, Frankfurt a.M., J.D. Sauerländer's Verlag, 402 S.

MLUV-MV (2010): Maßnahmenkonzept zur Anpassung der Wälder Mecklenburg-Vorpommerns an den Klimawandel. Ministerium für Landwirtschaft, Umwelt und Verbraucherschutz Mecklenburg-Vorpommern, Schwerin, 23 S.

Morrison, D.A.; Morris, E.C. (2000) Pseudoreplication in experimental designs for the manipulation of seed germination treatments. Australian Ecology 25, 292-296.

Moschrefi, N.; Bredemeier, M.; Stickan, W.; Beese, F. (1993 a): Auswirkungen von Kalkungen auf die Wasserspannung des Bodens in Abhängigkeit von der Stammentfernung bei Buche. Forst und Holz 48 (2). 30-33.

Moschrefi, N.; Bredemeier, M.; Stickan, W.; Beese, F. (1993 b): Auswirkungen von Ammonium-Düngung auf die Wasserspannung des Bodens in Abhängigkeit von der Stammentfernung bei Buche. Forst und Holz 48 (3), 66-69.

Mottus, M.; Sulev, M.; Lang, M. (2006): Estimation of crown volume for a geometric radiation model from detailed measurements of tree structure. Ecological Modelling 198, 506-514.

Mou, P.; Fahey, T. J. (1993): Regrow: a computer model simulating the early successional process of a disturbed northern hardwood ecosystem. Journal of Applied Ecology 30, 676-688.

Mou, P.; Mitchell, R.J.; Jones, R.H. (1993): Ecological field theory model: a mechanistic approach to simulate plant-plant interactions in southeastern forest ecosystems. Canadian Journal of Forest Research 23, 2180-2193.

Müller-Dombois, D.; Ellenberg, H. (1974): Aims and methods of vegetation ecology. New York und London, Blackburn Press, 547 S.

Muukkonen, P. (2007): Generalized allometric volume and biomass equations for some tree species in Europe. European Journal of Forest Research 126, 157-166.

Nagel, J.; Albert, M.; Schmidt, M. (2002): Das waldbauliche Prognose- und Entscheidungsmodell BWINPro 6.1. Neuparametrisierung und Modellerweiterungen. Forst und Holz 57, 486-493.

Näther, W.; Wälder, K. (2003): Experimental design and statistical inference for Cluster Point Process – with applications to the fruit dispersion of anemochorous forest trees. Biometrical Journal 45 (8), 1006-1022.

Näther, W.; Wälder, K. (2007): Applying fuzzy measures for considering interaction effects in root dispersal models. Fuzzy Sets and Systems 158, 572-582.

Navar, J. (1993): The causes of stemflow variation in three semi-arid growing species of northeastern Mexico. Journal of Hydrology 145, 175-190.

Navar, J.; Bryan, R. (1990): Interception loss and rainfall redistribution by three semi-arid growing shrubs in Northeastern Mexico. Journal of Hydrology 150, 51-63.

Neary, A.J.; Gizyn, W.I. (1994): Throughfall and stemflow chemistry under decidious and coniferous forest canopies in south-central Ontario. Canadian Journal of Forest Research 24, 1089-1100.

Nielsen, C.Ch.N.; Mackenthun, G. (1991): Die horizontale Variation der Feinwurzelintensität in Waldböden in Abhängigkeit von der Bestockungsdichte. Allgemeine Forst- und Jagdzeitung 162 (5/6), 112-118.

Niklas, K.J. (1994): Plant Allometry: The Scaling of Form and Process. University of Chicago Press, 412 S.

Nordmann, B.; Göttlein, A.; Binder, F. (2009): Einfluss verschiedener Baumarten auf das Abflussgeschehen – Ergebnisse eines Beregnungsversuchs im Frankenwald. Forst und Holz 64 (6), 32-41.

Ogle, K.; Wolpert, R.L.; Reynolds, J.F. (2004): Reconstructing plant root area and water uptake profiles. Ecology 107 (85), 1967-1978.

Okland, R.H.; Rydgren, K.; Okland, T. (1999): Single-tree influence on understorey vegetation in a Norwegian boreal spruce forest. Oikos 87, 488-498.

Oksanen, L. (2001): Logic of experiments in ecology: is pseudoreplication a pseudoissue? Oikos 94, 27-38.

Olsson, L.; Carlsson, K.; Grip, H.; Perttu, K. (1982): Evaluation of forest-canopy photographs with diode-array scanner OSIRIS. Canadian Journal of Forest Research 12 (4), 822-828.

Otto, H.-J. (1989): Langfristige, ökologische Waldbauplanung für die Niedersächsischen Landesforsten. Band 1, Mitteilungen aus der Niedersächsischen Landesforstverwaltung, Aus dem Walde, H. 42, 442 S.

Otto, H.-J. (1991): Langfristige, ökologische Waldbauplanung für die Niedersächsischen Landesforsten. Band 2, Mitteilungen aus der Niedersächsischen Landesforstverwaltung, Aus dem Walde, H. 43, 527 S.

Pacala, S.W.; Canham, C.D.; Saponara, J.; Silander, J.A.; Richard, S.; Kobe, R.K.; Ribbens, E. (1996): Forest models defined by field measurements: Estimation, error analysis and dynamics. Ecological Modelling 66 (1), 1-43.

Paletto, A.; Tosi, V. (2009): Forest canopy cover and canopy closure: comparison of assessment techniques. European Journal of Forest Research 128, 265-272.

Palm, T. (2010): Räumliche Verteilung und kleinstandörtliche Präferenz von Rotbuchen-Verjüngungen in Fichtenbeständen im Tharandter Wald. Diplomarbeit an der Technischen Universität Dresden, Fakultät für Forst-, Geo- und Hydrowissenschaften, 97 S.

Pastor, J.; Aber, J.D.; Melillo, J.M. (1983/1984): Biomass prediction using generalized allometric regressions for some notheast tree species. Forest Ecology and Management 7, 265-274.

Peck, A.K. (2004): Hydrometeorologische und mikroklimatische Kennzeichen von Buchenwäldern. Berichte des Meteorologischen Institutes der Universität Freiburg, Dissertation Nr.10, Freiburg, 187 S.

Peters, D.L. (2004): GEOG370 Hydrology. 6.0 Interception. Skript der University of Victoria, Canada, Department of Geography, Victoria, online; www.office.geog.uvic.ca, 75-82.

Pfreund, J. (1988): Modellierung der räumlichen Verteilung von Strahlung, Photosynthesekapazität und Produktion in einem Fichtenbestand und ihrer Beziehungen zur Bestandesstruktur. Berichte des Forschungszentrums Waldökosysteme / Waldsterben der Universität Göttingen, Reihe A, Band 39, 163 S.

Pietzarka, U. (2005): Zur ökologischen Strategie der Eibe (Taxus baccata L.) – Wachstums- und Verjüngungsdynamik. Forstwissenschaftliche Beiträge Tharandt. Heft 25. Stuttgart: Eugen Ulmer GmbH & Co. 195 S.

Polomski, J.; Kuhn, N. (2001): Wurzelhabitus und Standfestigkeit der Waldbäume. Forstwissenschaftliches Centralblatt 120, 303-317.

Prescott, C.E. (2002): The influence of the forest canopy on nutrient cycling. Tree Physiology 22, 1193-1200.

Pretzsch, H. (2001): Modellierung des Waldwachstums. Berlin, Wien, Blackwell Wissenschaftsverlag, 341 S.

Pukkala, T.; Becker, P.; Kuuluvainen, T.; Oker-Blom, P. (1991): Predicting spatial distribution of direct radiation below forest canopies. Agricultural and Forest Meteorology 55, 295-307.

Pukkala, T.; Kolström, T. (1992): A stochastic spatial regeneration model for Pinus sylvestris. Scandinavian Journal of Forest Research 7, 377-385.

Puri, S.; Bangarawa, K.S. (1992): Effects of trees on the yield of irrigated wheat crop in semi-arid regions. Agroforestry Systems 20, 229-241.

Rademacher, P. (2001): Atmospheric Heavy Metals and Forest Ecosystems. Convention on Long-Range Transboundary Air Pollution, International Co-operative Programm on Assessment and Monitoring of Air Pollution Effects on Forests, BFH, Hamburg.

Rademacher, C.; Neuert, C.; Grundmann, V.; Wissel, C.; Grimm, V. (2001): Was charkterisiert Buchenurwälder? Untersuchungen der Altersstruktur des Kronendachs und der räumlichen Verteilung der Baumriesen in einem Modellwald mit Hilfe des Simulationsmodells BEFORE. Forstwissenschaftliches Centralblatt 120, 288-302.

Raspe, S.; Feger, K-H. (1997): Wechselwirkungen zwischen mikrobieller Aktivität und Nährstofffreisetzung während der Streuzersetzung in Waldböden mit unterschiedlichem Wasserhaushalt. Mitteilungen der Deutschen Bodenkundlichen Gesellschaft 85 (2), 583-586.

Reif, B.; Eberl, C. (1994): Merkmale von Humusformen in bewirtschafteten Buchen-, Fichten- und Mischbeständen beider Baumarten in der montanen Stufe des Harzes. Mitteilungen der Deutschen Bodenkundlichen Gesellschaft 74, 61-64.

Reif, A.; Brucker, U.; Kratzer, R.; Schmiedinger, A.; Bauhus, J. (2010): Waldbewirtschaftung in Zeiten des Klimawandels. Naturschutz und Landschaftsplanung 42 (9), 261-266.

Reinhardt, F.; Makeschin, F. (2001): Historische Waldumbauversuche mit Rotbuche in Form der "Grünen Augen" im Thüringer Forstamt Hummelshain: Entstehungsgeschichte und aktuelle Bedeutung. Forstwissenschaftliches Centralblatt 120, 318-330.

Rhoades, C.C. (1997): Single-tree influence on soil properties in agroforestry: lessons from natural forest and savanna ecosystems. Agroforestry Systems 35, 71-94.

Rhoads, A.G.; Hamburg, S.P.; Fahey, T.J.; Siccama, T.G.; Kobe, R. (2004): Comparing direct and indirect methods of assessing canopy structure in a northern hardwood forest. Canadian Journal of Forest Research 34, 584-591.

Ribbens, E.; Silander, J.A.; Pacala, S.W. (1994): Seedling recruitment in forests: calibrating models to predict patterns of tree seedling dispersion. Ecology 75 (6), 1794-1806.

Rich, P.M. (1990): Charcterizing plant canopies with hemispherical photographs. Remote Sensing Reviews 5, 13-29.

Ritsema, C.J.; Dekker, L.W.; Hendrickx; J.M.H.; Hamminga, W. (1993): Preferential flow mechanism in a water repellent sandy soil. Water Resource Research 29, 2183-2193.

Röhle, H. (1983): Untersuchungen zur Ermittlung der Genauigkeit bei der Ablotung von Kronenradien und der Berechnung von Kronengrundflächen. Dt. Verband Forstl. Forschungsanstalten, Sektion Ertragskunde, 2/1-2/25.

Roloff, A.; Grundmann, B.; Korn, S. (2010): Trockenstresstoleranz bei Stadtbäumen. AFZ/Der Wald (4), 22-24.

Ross, J. (1981): The radiation regime and the architecture of plants stands. Junk Publishers, The Hague.

Rothe, A. (1997): Einfluß des Baumartenanteils auf Durchwurzelung, Wasserhaushalt, Stoffhaushalt und Zuwachsleistung eines Fichten-Buchen-Mischbestandes am Standort Höglwald. Forstliche Forschungsberichte München 163, 174 S.

Rothe, A.; Kreutzer, K. (1998): Wechselwirkungen zwischen Fichte und Buche im Mischbestand. AFZ/Der Wald (15), 784-787.

Rothe, A.; Binkley, D. (2001): Nutritional interactions in mixed species forests: a synthesis. Canadian Journal of Forest Research 31, 1855-1870.

Rouvinen, S.; Kuuluvainen, T. (1997): Structure and asymetry of tree crowns in relation to local competition in a natural mature Scots pine forest. Canadian Journal of Forest Research 27, 890-902.

Rudnicki, M.; Silins, U.; Lieffers, V. J. (2001): Measure of simultaneous tree sways and estimation of crown interactions among a group of trees. Trees 15, 83-90.

Rutter, A.; Kershaw, K.; Robins, P.; Morton, A. (1971): A predictive model of rainfall interception in forests. I. Derivation of the model from observations in a plantation of Corsican pine. Agricultural Meteorology 9, 367-384.

Sachs, L. (1999): Angewandte Statistik – Anwendung statistischer Methoden. 9.Auflage (1991). Berlin, Heidelberg: Springer Verlag. 884 S.

Saetre, P.; Baath, E. (2000): Spatial variation and patterns of soil microbial community structure in a mixed spruce-birch stand. Soil Biology and Biochemistry 32, 909-917.

Schenk, H.J.; Callaway, R.M.; Mahall, B.E. (1999): Spatial root segregation: Are plants territorial? Advances in Biological Research 28, 145-180.

Schume, H.; Jost, G.; Katzensteiner, K. (2003): Spatio-temporal analysis of the soil water content in a mixed Norway spruce (Picea abies (L.) Karst.) – European beech (Fagus sylvatica L.) stand. Geoderma 112, 273-287.

Schume, H.; Jost, G.; Hager, H. (2004): Soil water depletion and recharge patterns in mixed and pure forest stands of European beech and Norway spruce. Journal of Hydrology 289 (1-4), 258-274.

Schütt, P.; Schuck, H.J.; Stimm, B. (1992): Lexikon der Forstbotanik. Morphologie, Pathologie, Ökologie und Systematik wichtiger Baum- und Straucharten. Ecomed. Landsberg, 579 S.

Schwarz, G. (1978): Estimating the Dimension of a Model. Annals of Statistics. 6 (2). 461-464.

Schwarze, R. (2006): Auswirkungen des Borkenkäferbefalls auf Wasser- und Stoffhaushalt eines bewaldeten Einzugsgebietes - Ergebnisse einer Untersuchung im Nationalpark Bayerischer Wald. Vortrag zum Symposium zur Analyse und Modellierung der Niederschlags-Abfluss-Prozesse, SYNAP 2006, Dresden, S. 36

Seiler, J.; Matzner, E. (1995): Spatial variability of throughfall chemistry and selected soil properties as influenced by stem distance in a mature Norway spruce (Picea abies, Karst.) stand. Plant and Soil 176, 139-147.

Shinozaki, K.; Yoda, K.; Hozumi, K.; Kira, T. (1964 a): A quantitative analysis of plant form – The Pipe Model Theory I. Basic analyses. Japanese Journal of Ecology 14 (3), 97-104.

Shinozaki, K.; Yoda, K.; Hozumi, K.; Kira, T. (1964 b): A quantitative analysis of plant form – The Pipe Model Theory II. Further evidence of the theory and its application in forest ecology. Japanese Journal of Ecology 14 (4), 133-139.

Shuguang, L. (1997): A new model for the predicting of rainfall interception in forest canopies. Ecological Modelling 99, 151-159.

Sinoquet, H.; Rivet, P. (1997): Measurement and visualization of the architecture of an adult tree based on a three-dimensional digitising device. Trees 11, 265-270.

Smolander, S.; Stenberg, P. (2003): A method to account for shoot scale clumping in coniferous canopy reflectance models. Remote Sensing of Environment 88, 363-373.

Spangenberg, A.; Bredemeier, M. (1999): Application of spectral analysis to meteorological and soil solution chemistry data. Chemosphere 10 (39), 1651-1665.

Spellmann, H. (1993): Vom strukturarmen zum strukturreichen Wald, waldbauliche Planungs- und Handlungsaspekte für die Niedersächsische Landesforstverwaltung. Forst und Holz 50 (2), 35-44.

Stadt, K.J.; Lieffers, V.J. (2000): MIXLIGHT: a flexible PAR transmission model for mixed-species forest stands. Agricultural and Forest Meteorology 102, 235-252.

Stadt, K.J.; Lieffers, V.J.; Hall, R.J.; Messier, C. (2005): Spatially explicit modeling of PAR transmission and growth of Picea glauca and Abies balsamea in the boreal forests of Alberta and Quebec. Canadian Journal of Forest Research 35, 1-12.

Staelens, J.; Nachtergale, L.; Luyssart, S. (2004): Predicting the spatial distribution of leaf litterfall in a mixed deciduous forest. Forest Science 50 (6), 836-846.

Staelens, J.; De Schrijver, A.; Van Avermaet, P.; Genouw, G.; Verhoest, N. (2005): A comparison of bulk and wet-only deposition at two adjacent sites in Melle (Belgium). Atmospheric Environment 39, 7-15.

Staelens, J.; De Schrijver, A.; Verheyen, K. (2007): Seasonal variation in throughfall and stemflow chemistry beneath a European beech (Fagus sylvatica) tree in relation to canopy phenology. Canadian Journal of Forest Research 37, 1359-1372.

Steinbuck, E. (2002): The influence of tree morphology on stemflow in a redwood region second-growth forest. Masterarbeit an der California State University, Chico, Geosciences, Hydrology, Hydrogeology Option, Chico, 64 S.

Stoyan, D.; Wagner, S. (2001): Estimating the fruit dispersion of anemochorous forest trees. Ecolological Modelling 145, 35-47.

Tanaka, T.; Taniguchi, M.; Tsujimura, M. (1996): Significance of stemflow in groundwater recharge. 2: A cylindrical infiltration model for evaluating the stemflow contribution to groundwater recharge. Hydrological Processes 10, 81-88.

Ter-Mikaelian, M.T.; Wagner, R.G.; Shropshire, C.; Bell, F.W.; Swanton, C.J. (1997): Using a mechanistic model to evaluate sampling designs for light transmission through forest plant canopies. Canadian Journal of Forest Research 27, 117-126.

TMLNU, 2009: Anpassung an die Folgen des Klimawandels - Wald und Forstwirtschaft. In: Thüringer Ministerium für Landwirtschaft, Naturschutz und Umwelt: Gemeinsam Klimabewusst handeln. Thüringer Klima- und Anpassungsprogramm. Druckhaus Gera, 38-40.

Tischer, A. (2009): Untersuchungen zu Wirkungen eingemischter Sand-Birken (Betula pendula ROTH) in Wäldern der Gemeinen Fichte (Picea abies (L.) Karst.) auf Oberbodenstruktur, Oberbodenfeuchte und Bodenvegetation. Masterarbeit an der Technischen Universität Dresden, Institut für Waldbau und Forstschutz, 129 S.

Van Elewijck, L. (1989 a): Influence of leaf and branch slope on stemflow amount. Catena 16, 525-533.

Van Elewijck, L. (1989 b): Stemflow on maize: A stemflow equation and the influence of rainfall intensity on stemflow amount. Soil Technology 2, 41-48.

Van Noordwijk, M.; Lawson, G.; Soumare, A.; Groot, J.J.R.; Hairiah, K. (1996): Root Distribution of Trees and Crops: Competition and/or Complementarity. In: Ong, C.K.; Huxley, P.: Tree-Crop Interactions, Wallingford, CAB International, 319-364.

Voigt, G.K. (1960): Distribution of rainfall under forest stands. Forest Science 6 (1), 2-10.

Von Wilpert, K. (2006): Wasserdienstleistungen des Waldes - Steuerungsmöglichkeiten der Waldbewirtschaftung. Vortrag zur Forstwissenschaftlichen Tagung 2006 in Tharandt gehalten am 22. September 2006.

Voß, W. (2004): Taschenbuch der Statistik. 2. verbesserte Auflage, Fachbuchverlag Leipzig, 756 S.

Wada, N.; Ribbens, E. (1997): Japanese Maple (Acer Palmatum VAR.MATSUMURAE, Aceraceae) Recruitment Patterns: Seed, Seedlings and Saplings in relation to conspecific adult neighbors. American Journal of Botany 84 (9), 1294-1300.

Wagner, S. (1994): Strahlungsschätzung in Wäldern durch hemisphärische Fotos – Methode und Anwendung. Berichte des Forschungszentrums Waldökosysteme der Universität Göttingen. Reihe A, Band 123. 166 S.

Wagner, S. (1999): Ökologische Untersuchungen zur Initialphase der Naturverjüngung in Eschen-Buchen-Mischbeständen. Schriftenreihe der Forstlichen Fakultät der Universität Göttingen und der Niedersächsischen Forstlichen Versuchsanstalt Göttingen, Sauerländers Verlag Frankfurt/Main, Band 129, 262 S.

Wagner, S. (2001): Relative radiance measurements and zenith angle dependent segmentation in hemispherical photography. Agricultural and Forest Meteorology 107, 103-115.

Wagner, S. (2008): Von der Einzelbaumforschung zu Strukturempfehlungen für Mischbestände. Vortrag und Tagungsband zur Jahrestagung der Sektion Waldbau, Deutscher Verband Forstlicher Forschungsanstalten 10. u. 11.09.2007, Gotha, 78-85.

Wagner, S.; Hagemeier, M. (2006): Method of segmentation affects leaf inclination angle estimation in hemispherical photography. Agricultural and Forest Meteorology 139, 12-24.

Wagner, S.; Lundqvist, L. (2005): Regeneration techniques and the seedling environment from a European perspective. In: Stanfurt, J.A.; Madsen, P.: Restoration of Boreal and Temperate Forests. Integrative studies in Water Management and Land Development 3, CRC Press, Boca Raton London, NY, Washington DC, 153-171.

Wagner, S.; Wälder, K.; Ribbens, E.; Zeibig, A. (2004 a): Directionality in fruit dispersal models for anemochorous forest trees. Ecological Modelling 179, 487-498.

Wagner, S.; Küßner, R.; Ammer, C.; Dohrenbusch, A. (2004 b): Hinweise zur Erfassung von Strahlung und Kronenraumstruktur in Waldbeständen im Rahmen waldbaulicher Untersuchungen. Forstarchiv 75, 110-121.

Wälder, K. (2005): Modellierung von Baumeffekten mit Methoden der räumlichen Statistik. Vortrag anläßlich des gemeinsamen Workshop der Arbeitsgruppen Ökologie und Umwelt, Räumliche Statistik und Bayes-Methodik, Hannover.

Wälder, K.; Frischbier, N.; Bredemeier, M.; Näther, W.; Wagner, S. (2008): Analysis of OF-layer humus mass variation in a mixed stand of European beech and Norway spruce: An application of structural equation modelling. Ecological modelling 213 (3-4), 319-330.

Wälder, K.; Näther, W.; Wagner, S. (2009): Improving inverse model fitting in trees – Anisotropy, multiplicative effects and Bayes estimation. Ecological Modelling 220, 1044-1053.

Walker, J.; Sharpe, P.J.H.; Penridge, L.K., Wu, H. (1989): Ecological Field Theory: the concept and field tests. Vegetatio 83, 81-95.

Wang, Y.P.; Jarvis, P.G. (1990): Description and validation of an array model - MAESTRO. Agricultural and Forest Meteorology 51, 257-280.

Watson, D. (1947): Comparative physiological studies on the growth of field crops. Annals of Botany 11, 41-76.

Weihe, J. (1968): Zurückhaltung von Regenniederschlägen durch Buchen und Fichten. Messungen an der Kerspetalsperre bei Lüdenscheid. AFZ/Der Wald (23), 86-90.

Weihe, J. (1979): Der Regenniederschlag im Wald. In: Günther, K.-H. (Hrsg.): Wald und Wasser. Hamburg, Verlag Paul Parey, 10-23.

Wellenstein, G. (1990): Waldbewohnende Ameisen, ihre Bedeutung, ihre Biologie, ihre Hege und ihr Schutz. 2.Auflage, Deutsche Ameisenschutzwarte, 47 S.

Wessolek, G.; Stoffregen, H.; Täumer, K. (2006): Fließwegstabilität auf einem hydrophoben Sandstandort. Vortrag zum Symposium zur Analyse und Modellierung der Niederschlags-Abfluss-Prozesse. SYNAP 2006, Dresden, 42.

West, G.B.; Brown, J.H.; Enquist, B.J. (1999): A general model for the structure and allometry of plant vascular systems. Nature 400, 664-667.

Whitehead, D.; Grace, J.C.; Godfrey, M. (1990): Architectural distribution of foliage in individual Pinus radiata D. on crowns and the effect of clumping on radiation interception. Tree Physiology 7, 135-155.

Widlowski, J.-L.; Verstraete, M.; Pinty, B.; Gobron, N. (2003): Allometric Relationships of Selected European Tree Species. Parametrizations of tree architecture for the purpose of 3-D canopy reflectance models used in the interpretation of remote sensing data. European Commission Joint Research Centre, Ispra, Italien, 22 S.

Wilke, B.; Bogenrieder, A.; Wilmanns. O. (1993): Differenzierte Streuverteilung im Walde, ihre Ursachen und Folgen. Phytocoenologia 23, 129-155.

Wollmerstädt, J.; Sharma, S.C.; Marsch, M. (1992): Anteile verschiedener Dendromassekomponenten bei Fichte (Picea abies) und Teilmodelle zur Modifizierung von Windgeschwindigkeit und Strahlung durch Fichtenreinbestände. Forstwissenschaftliches Centralblatt 111, 390-402.

Wright, J.P.; Jones, C.G.; Flecker, A.S. (2002): An ecosystem engineer, the beaver, increases species richness at the landscape scale. Oecologia 132, 96-101.

Wu, H-I.; Sharpe, P.J.H.; Walker, J.; Pentrige, L.K. (1985): Ecological field theory: a spatial analysis of resouce interference among plants. Ecological Modelling 29, 215-243.

Xiao, Q; McPherson, E.G.; Ustin, S.L.; Grismer, M.E.; Simpson, J.R. (2000): Winter rainfall interception by two mature open-grown trees in Davis, California. Hydrological Processes 14, 763-784.

Yadav, J.P.; Sharma, K.K.; Khanna, P. (1993): Effects of Acacia nilotica on mustard crop. Agroforestry Systems 21, 91-98.

Yastrebov, A.B. (1996): Strength of tree phytogenetic fields in Lichen-Green Moss Pine Forests. Russian Journal of Ecology 27 (1), 1-7.

Zeibig, A.; Wälder, K. (2002): Untersuchungen zum Einzelbaumeinfluß auf die Walddynamik in Mischbeständen – Räumliche Variation der Fruchtausbreitung der Hänge-Birke (Betula pendula Roth.). Verhandlungen der Gesellschaft für Ökologie, Band 32, 156.

Zianis, D.; Mencuccini, M. (2003): Aboveground biomass relationship for beech (Fagus moesiaca Cz.) trees in Vermio Mountain, Northern Greece, and generalised equations for Fagus spp. Annals of Forest Science 60, 439-448.

Zianis, D.; Mencuccini, M. (2004): On simplifying allometric analyses of forest biomass. Forest Ecology and Management 187, 311-332.

Zinke, P.J. (1962): The pattern of influence of individual forest trees on soil properties. Ecology 43 (1), 130-133.

Zurmanski, J. (1972): Windbelastung von Bauwerken und Konstruktionen. Köln, 187 S.

Abkürzungen

...zum Niederschlag:

BN .... Bestandesniederschlag
C.A. .... Contributing area
F .... lateraler Fluss
F.A. .... Funnelling ratio
I .... Interzeption
K .... absolute Speicherkapazität
KD .... Kronendurchlass
N .... Freilandniederschlag
Nd .... durchfallender Niederschlag
NUK .... Unterkronenniederschlag
Nt .... abtropfender Niederschlag
sK .... spezifische Speicherkapazität
ST .... Stammabfluss

...weitere Mess- und Bezugsgrößen:

A .... Fläche
AMS .... Mantelfläche der Schattenkrone
AW .... Astwinkel
BHD .... Brusthöhendurchmesser
Bon. .... Bonität
Dist .... Distanz
G .... Grundfläche
H .... Höhe
HKAns .... Höhe Kronenansatz
HKMax .... Höhe maximaler Kronenausbreitung
Hr .... Himmelsrichtung
Kr .... Kronenradius
KrMittel .... mittlerer Kronenradius
KS .... Kronenschirmfläche

l .... Lückenkoeffizient im Kronendach
LAI .... Blattflächenindex
NAI .... Nadelflächenindex
PAI .... Pflanzenflächenindex
relDist .... relative Distanz
sLA .... spezifische Blattfläche
sLM .... spezifische Blattmasse
sLMA .... spezifische Blattmassenfläche
sNAp .... spezifische Nadelfläche (projiziert)
sNAt .... spezifische Nadelfläche (allseitig)
sNM .... spezifische Nadelmasse
Tflä. .... Teilfläche
TM .... Trockenmasse
WAI .... Holzflächenindex

...Einheiten:

a .... Jahr
g .... Gramm
ha .... Hektar
kg .... Kilogramm
L .... Liter
m .... Meter
m^2 .... Quadratmeter
mg .... Milligramm
mm .... entspricht L/m^2
t .... Tonnen

...zur Statistik:

AIC .... Akaike´s Strafterm
BIC .... Bayes´scher Strafterm
BFT .... Brown-Forsythe-Test
Eta^2 .... partieller Anteil der Gesamtvarianz eines Faktors
GHT .... Games-Howell-Test
K .... Korrelationskoeffizient

KWT ... Kruskal-Wallis-Test
KST ... Kolmogorov-Smirnov-Test
LT ... Levene-Test
Max ... Maximum
Med ... Median
Min ... Minimum
MWU ... Mann-Whithney-U-Test
n ... Stichprobenumfang
R^2 ... Bestimmtheitsmaß
s ... Standardabweichung
Sig ... Signifikanz
SWT ... Shapiro-Wilk-Test
UST ... Unterstichprobe
V ... Varianz
V% ... Variationskoeffizient
$\overline{X}$ ... Mittelwert

...zur Modellierung:

β ... Allometrieparameter Beta
DistMax ... Distanz des Maximalwertes
DistMed ... Distanz des Medianes
Dist$\overline{x}$ ... Distanz des Mittelwertes
m ... Gesamtanzahl der Punkte im Cluster
λ ... Intensitätsfunktion des Poisson-Cluster-Punkt-Prozesses
pDist ... Wahrscheinlichkeits-Dichte-Funktion
...ref ... ...eines Referenzbaumes

...und allgemein:

Abb. ... Abbildung
bzw. ... beziehungsweise
ca. ... circa
i.e.S. ... im engeren Sinn
i.S.v. ... im Sinne von

i.w.S.	im weiteren Sinn
Tab.	Tabelle
u.	und
u.a.	und andere
u.a.m.	und andere mehr
u.v.a.m.	und viele andere mehr
v.a.	vor allem
vgl.	vergleiche
vs.	versus
z.T.	zum Teil

Tabellenverzeichnis

Abbildungsverzeichnis

10 Anlagen

Anlage 2-1: Winkel- und Distanzklassenbelegung der Niederschlagsmessplätze auf der Versuchsfläche „*Tharandt*“.

	Buche								Fichte							
	Winkelklassen								Winkelklassen							
	<= 90,00		91,00 - 180,00		181,00 - 270,00		271,00+		<= 90,00		91,00 - 180,00		181,00 - 270,00		271,00+	
	relDist-Kradzehnt		relDist-Kradzehnt		relDist-Kradzehnt		relDist-Kradzehnt		relDist-Kradzehnt		relDist-Kradzehnt		relDist-Kradzehnt		relDist-Kradzehnt	
	Anzahl	%	Anzahl	%	Anzahl	%	Anzahl	%	Anzahl	%	Anzahl	%	Anzahl	%	Anzahl	%
<= ,10	2	8,3%			1	5,6%	2	12,5%	1	6,3%	3	11,1%	2	10,5%		
,11 - ,20	1	4,2%	4	22,2%	3	16,7%	2	12,5%	3	18,8%	3	11,1%	2	10,5%		
,21 - ,30	2	8,3%	3	16,7%	3	16,7%	1	6,3%	2	12,5%	2	7,4%	1	5,3%	4	30,8%
,31 - ,40	2	8,3%			1	5,6%	3	18,8%	2	12,5%	4	14,8%			1	7,7%
,41 - ,50	1	4,2%	3	16,7%	3	16,7%	1	6,3%	1	6,3%	3	11,1%	1	5,3%	1	7,7%
,51 - ,60	4	16,7%	1	5,6%	2	11,1%	1	6,3%	1	6,3%	3	11,1%	2	10,5%	3	23,1%
,61 - ,70	2	8,3%	4	22,2%	1	5,6%	1	6,3%	1	6,3%	1	3,7%	4	21,1%		
,71 - ,80	4	16,7%	1	5,6%	2	11,1%	2	12,5%	1	6,3%	3	11,1%	1	5,3%	2	15,4%
,81 - ,90	4	16,7%	1	5,6%	2	11,1%	1	6,3%	1	6,3%	2	7,4%	4	21,1%		
,91 - 1,00	2	8,3%	1	5,6%			2	12,5%	3	18,8%	3	11,1%	2	10,5%	2	15,4%
Gesamt	**24**	**100,0%**	**18**	**100,0%**	**18**	**100,0%**	**16**	**100,0%**	**16**	**100,0%**	**27**	**100,0%**	**19**	**100,0%**	**13**	**100,0%**

Anlage 3-1: Ergebnisse der Varianzanalysen für den prozentualen Unterkronenniederschlag der Versuchsfläche *„Solling"* in der belaubten Messphase. Basis: Einzelaufnahmen, Zwischensubjekteffekte: Überschirmung und Kronendrittel.

Aufnahme	Quelle	Quadratsumme vom Typ III	df	Mittel der Quadrate	F	Signifikanz
2,00	Korrigiertes Modell	6676,984(a)	5	1335,397	6,844	,000
	Konstanter Term	89615,370	1	89615,370	459,296	,000
	Schirmsituation	3281,322	1	3281,322	16,817	,000
	Kronendrittel	2637,118	2	1318,559	6,758	,002
	Schirmsituation * Kronendrittel	888,399	2	444,199	2,277	,108
	Fehler	20291,940	104	195,115		
	Gesamt	136071,429	110			
	Korrigierte Gesamtvariation	26968,924	109			
3,00	Korrigiertes Modell	47883,032(b)	5	9576,606	21,744	,000
	Konstanter Term	221115,747	1	221115,747	502,048	,000
	Schirmsituation	37088,685	1	37088,685	84,211	,000
	Kronendrittel	9272,753	2	4636,376	10,527	,000
	Schirmsituation * Kronendrittel	1936,625	2	968,312	2,199	,116
	Fehler	45804,468	104	440,428		
	Gesamt	396875,000	110			
	Korrigierte Gesamtvariation	93687,500	109			
4,00	Korrigiertes Modell	35233,286(c)	5	7046,657	48,447	,000
	Konstanter Term	175666,559	1	175666,559	1207,749	,000
	Schirmsituation	22093,734	1	22093,734	151,900	,000
	Kronendrittel	13783,254	2	6891,627	47,382	,000
	Schirmsituation * Kronendrittel	940,220	2	470,110	3,232	,043
	Fehler	15126,751	104	145,450		
	Gesamt	286272,980	110			
	Korrigierte Gesamtvariation	50360,037	109			
5,00	Korrigiertes Modell	21663,530(d)	5	4332,706	23,078	,000
	Konstanter Term	181511,564	1	181511,564	966,797	,000
	Schirmsituation	15205,098	1	15205,098	80,988	,000
	Kronendrittel	5558,405	2	2779,202	14,803	,000
	Schirmsituation * Kronendrittel	2197,280	2	1098,640	5,852	,004
	Fehler	19525,507	104	187,745		
	Gesamt	276100,653	110			
	Korrigierte Gesamtvariation	41189,037	109			
6,00	Korrigiertes Modell	27704,211(e)	5	5540,842	25,002	,000
	Konstanter Term	120227,750	1	120227,750	542,501	,000
	Schirmsituation	17226,163	1	17226,163	77,729	,000

	Kronendrittel	10571,920	2	5285,960	23,852	,000
	Schirmsituation * Kronendrittel	1138,529	2	569,265	2,569	,081
	Fehler	23048,230	104	221,618		
	Gesamt	213904,959	110			
	Korrigierte Gesamtvariation	50752,442	109			
7,00	Korrigiertes Modell	4981,136(f)	5	996,227	7,427	,000
	Konstanter Term	352108,467	1	352108,467	2624,972	,000
	Schirmsituation	335,203	1	335,203	2,499	,117
	Kronendrittel	3455,851	2	1727,926	12,882	,000
	Schirmsituation * Kronendrittel	1685,965	2	842,982	6,284	,003
	Fehler	13950,350	104	134,138		
	Gesamt	396140,975	110			
	Korrigierte Gesamtvariation	18931,486	109			
8,00	Korrigiertes Modell	3777,277(g)	5	755,455	4,280	,001
	Konstanter Term	580693,868	1	580693,868	3290,060	,000
	Schirmsituation	242,345	1	242,345	1,373	,244
	Kronendrittel	3068,036	2	1534,018	8,691	,000
	Schirmsituation * Kronendrittel	1071,119	2	535,560	3,034	,052
	Fehler	18355,943	104	176,499		
	Gesamt	650790,989	110			
	Korrigierte Gesamtvariation	22133,220	109			
10,00	Korrigiertes Modell	11665,411(h)	5	2333,082	10,442	,000
	Konstanter Term	527860,676	1	527860,676	2362,525	,000
	Schirmsituation	65,025	1	65,025	,291	,591
	Kronendrittel	10272,756	2	5136,378	22,989	,000
	Schirmsituation * Kronendrittel	1867,183	2	933,592	4,178	,018
	Fehler	23236,793	104	223,431		
	Gesamt	615854,907	110			
	Korrigierte Gesamtvariation	34902,204	109			
11,00	Korrigiertes Modell	37935,840(i)	5	7587,168	27,710	,000
	Konstanter Term	293801,831	1	293801,831	1073,027	,000
	Schirmsituation	31827,148	1	31827,148	116,240	,000
	Kronendrittel	6016,594	2	3008,297	10,987	,000
	Schirmsituation * Kronendrittel	1272,974	2	636,487	2,325	,103
	Fehler	28475,877	104	273,807		
	Gesamt	455244,444	110			
	Korrigierte Gesamtvariation	66411,717	109			
12,00	Korrigiertes Modell	9110,612(j)	5	1822,122	4,311	,001
	Konstanter Term	348462,878	1	348462,878	824,387	,000

	Schirmsituation	5902,922	1	5902,922	13,965	,000
	Kronendrittel	1348,171	2	674,085	1,595	,208
	Schirmsituation * Kronendrittel	1314,059	2	657,030	1,554	,216
	Fehler	43960,095	104	422,693		
	Gesamt	463194,444	110			
	Korrigierte Gesamtvariation	53070,707	109			
13,00	Korrigiertes Modell	4419,824(k)	5	883,965	5,557	,000
	Konstanter Term	555458,770	1	555458,770	3491,622	,000
	Schirmsituation	866,134	1	866,134	5,445	,022
	Kronendrittel	3143,836	2	1571,918	9,881	,000
	Schirmsituation * Kronendrittel	139,822	2	69,911	,439	,646
	Fehler	16544,664	104	159,083		
	Gesamt	616805,556	110			
	Korrigierte Gesamtvariation	20964,489	109			
14,00	Korrigiertes Modell	26920,378(l)	5	5384,076	37,705	,000
	Konstanter Term	370240,292	1	370240,292	2592,804	,000
	Schirmsituation	13735,015	1	13735,015	96,187	,000
	Kronendrittel	12155,276	2	6077,638	42,562	,000
	Schirmsituation * Kronendrittel	3773,843	2	1886,922	13,214	,000
	Fehler	14850,717	104	142,795		
	Gesamt	496682,420	110			
	Korrigierte Gesamtvariation	41771,095	109			
15,00	Korrigiertes Modell	25502,382(m)	5	5100,476	27,060	,000
	Konstanter Term	265350,496	1	265350,496	1407,773	,000
	Schirmsituation	19768,231	1	19768,231	104,877	,000
	Kronendrittel	5686,369	2	2843,184	15,084	,000
	Schirmsituation * Kronendrittel	849,386	2	424,693	2,253	,110
	Fehler	19602,919	104	188,490		
	Gesamt	385436,794	110			
	Korrigierte Gesamtvariation	45105,301	109			

a R-Quadrat = ,248 (korrigiertes R-Quadrat = ,211) b R-Quadrat = ,511 (korrigiertes R-Quadrat = ,488)
c R-Quadrat = ,700 (korrigiertes R-Quadrat = ,685) d R-Quadrat = ,526 (korrigiertes R-Quadrat = ,503)
e R-Quadrat = ,546 (korrigiertes R-Quadrat = ,524) f R-Quadrat = ,263 (korrigiertes R-Quadrat = ,228)
g R-Quadrat = ,171 (korrigiertes R-Quadrat = ,131) h R-Quadrat = ,334 (korrigiertes R-Quadrat = ,302)
i R-Quadrat = ,571 (korrigiertes R-Quadrat = ,551) j R-Quadrat = ,172 (korrigiertes R-Quadrat = ,132)
k R-Quadrat = ,211 (korrigiertes R-Quadrat = ,173) l R-Quadrat = ,644 (korrigiertes R-Quadrat = ,627)
m R-Quadrat = ,565 (korrigiertes R-Quadrat = ,545)

Anlage 3-2: **Teststatistik zu ausgewählten Unterkronenniederschlagsdatensätzen der belaubten Messphase der Versuchsfläche *„Tharandt“* zur Beschreibung und Prüfung auf Unterschiede in den Überschirmungssituationen.**

N = 1,5L/m²				NV-Test´s		Varianz-homogen.	MW-Gleichh.	Post-Hoc-Test´s								MW (nonparam.)	
	n	MW	Med	KST	SWT	LT	BFT	Tukey-HSD				GHT				KWT	MWU
		[L/m²]						BU	FI	gemischt	Lücke	BU	FI	gemischt	Lücke		
Buche	**76**	0,426	0,400	0,002	0,002	0,130	0,000			x				x		0,000	0,020
Fichte	**75**	0,334	0,200	0,000	0,000					x				x			
gemischt	**9**	0,297	0,300	0,200	0,545						x				x		
Lücke	**15**	1,040	1,000	0,190	0,047												

N = 2,3L/m²				NV-Test´s		V.homogen.	MW-Gleichh.	Post-Hoc-Test´s								MW (nonparam.)	
	n	MW	Med	KST	SWT	LT	BFT	Tukey-HSD				GHT				KWT	MWU
		[L/m²]						BU	FI	gemischt	Lücke	BU	FI	gemischt	Lücke		
Buche	**76**	0,982	1,000	0,004	0,163	0,559	0,000		x	x			x	x		0,000	0,000
Fichte	**75**	0,677	0,600	0,000	0,000					x				x			
gemischt	**9**	0,722	0,600	0,200	0,422						x				x		
Lücke	**15**	1,987	2,000	0,200	0,211												

N = 5,0L/m²				NV-Test´s		V.homogen.	MW-Gleichh.	Post-Hoc-Test´s								MW (nonparam.)	
	n	MW	Med	KST	SWT	LT	BFT	Tukey-HSD				GHT				KWT	MWU
		[L/m²]						BU	FI	gemischt	Lücke	BU	FI	gemischt	Lücke		

Buche	**76**	1,205	1,200	0,035	0,012	0,031	0,000		x	x			x	x	x	0,000	0,000
Fichte	**75**	0,717	0,600	0,000	0,000					x				x			
gemischt	**9**	0,644	0,800	0,200	0,588						x				x		
Lücke	**15**	3,867	3,800	0,200	0,316												

N = 7,45L/m²				**NV-Test´s**		**V.homogen.**	**MW-Gleichh.**	**Post-Hoc-Test´s**								**MW (nonparam.)**	
	n	**MW**	**Med**	**KST**	**SWT**	**LT**	**BFT**	**Tukey-HSD**				**GHT**				**KWT**	**MWU**
		[L/m²]						BU	FI	gemischt	Lücke	BU	FI	gemischt	Lücke		
Buche	**76**	4,938	5,000	0,072	0,039	0,119	0,000		x	x			x	x	x	0,000	0,000
Fichte	**75**	3,820	3,800	0,200	0,761					x				x			
gemischt	**9**	4,022	4,000	0,200	0,486						x				x		
Lücke	**15**	6,633	6,500	0,200	0,111												

N = 10,6L/m²				**NV-Test´s**		**V.homogen.**	**MW-Gleichh.**	**Post-Hoc-Test´s**								**MW (nonparam.)**	
	n	**MW**	**Med**	**KST**	**SWT**	**LT**	**BFT**	**Tukey-HSD**				**GHT**				**KWT**	**MWU**
		[L/m²]						BU	FI	gemischt	Lücke	BU	FI	gemischt	Lücke		
Buche	**76**	7,734	7,000	0,000	0,000	0,464	0,000		x				x			0,000	0,002
Fichte	**75**	6,048	6,000	0,200	0,381					x				x			
gemischt	**9**	5,839	6,250	0,106	0,148										x		
Lücke	**15**	8,543	9,000	0,009	0,055												

N = 15,3L/m²				**NV-Test´s**		**V.homogen.**	**MW-**	**Post-Hoc-Test´s**								**MW (nonparam.)**	

							Gleichh.										
	n	MW	Med	KST	SWT	LT	BFT	Tukey-HSD				GHT				KWT	MWU
		[L/m²]						BU	FI	gemischt	Lücke	BU	FI	gemischt	Lücke		
Buche	**76**	11,183	11,000	0,000	0,000	0,670	0,001			x				x		0,000	0,054
Fichte	**75**	10,593	10,000	0,000	0,002					x				x			
gemischt	**9**	11,611	11,500	0,200	0,042												
Lücke	**15**	13,517	13,000	0,038	0,022												

N = 17,4L/m²				NV-Test´s		V.homogen.	MW-Gleichh.	Post-Hoc-Test´s								MW (nonparam.)	
	n	MW	Med	KST	SWT	LT	BFT	Tukey-HSD				GHT				KWT	MWU
		[L/m²]						BU	FI	gemischt	Lücke	BU	FI	gemischt	Lücke		
Buche	**76**	9,079	9,000	0,200	0,713	0,388	0,000		x	x			x	x		0,000	0,001
Fichte	**75**	7,573	7,500	0,001	0,003					x				x			
gemischt	**9**	7,389	7,500	0,200	0,776						x				x		
Lücke	**15**	14,067	14,500	0,200	0,376												

N = 23,5L/m²				NV-Test´s		V.homogen.	MW-Gleichh.	Post-Hoc-Test´s								MW (nonparam.)	
	n	MW	Med	KST	SWT	LT	BFT	Tukey-HSD				GHT				KWT	MWU
		[L/m²]						BU	FI	gemischt	Lücke	BU	FI	gemischt	Lücke		
Buche	**76**	14,993	15,000	0,003	0,435	0,099	0,000		x	x			x	x	x	0,000	0,000
Fichte	**60**	12,483	12,000	0,016	0,125					x				x			

	n	MW	Med	KST	SWT	LT	BFT	BU	FI	gemischt	Lücke	BU	FI	gemischt	Lücke	KWT	MWU
gemischt	**9**	11,889	12,000	0,200	0,216						x				x		
Lücke	**15**	20,200	20,000	0,200	0,174												

N = 49,0 L/m²				**NV-Test´s**		**V.homogen.**	**MW-Gleichh.**	**Post-Hoc-Test´s**								**MW (nonparam.)**	
	n	**MW**	**Med**	**KST**	**SWT**	**LT**	**BFT**	**Tukey-HSD**				**GHT**				**KWT**	**MWU**
		[L/m²]						BU	FI	gemischt	Lücke	BU	FI	gemischt	Lücke		
Buche	**67**	39,231	41,000	0,014	0,042	0,029	0,072							x		0,124	0,223
Fichte	**62**	40,710	42,500	0,019	0,002												
gemischt	**9**	39,056	38,000	0,200	0,133												
Lücke	**12**	44,167	45,000	0,200	0,050												

x… **signifikant (0,05 Signifikanzniveau)**

Anlage 3-3: Mittelwerte und Standardabweichungen der Parameterschätzer nach den Gleichungen 2-10ff für den belaubten Messzeitraum.

Überschirmung	rel. Distanzklasse	n	1/a		b_{lin}		K		c		d		e	
			$\overline{X}$	s	$\overline{X}$	s	$\overline{X}$	s	$\overline{X}$	s	$\overline{X}$	s	$\overline{X}$	s
			[L/m²]				[L/m²]							
Buche	**≤ 0,1**	5	10,45	4,07	,749	,1879	5,967	2,8685	,354	,1447	,389	,1151	,251	,1879
	0,11 – 0,20	10	8,07	5,51	,742	,1741	4,393	3,0337	,4301	,1237	,311	,1398	,258	,1741
	0,21 – 0,30	9	3,77	1,07	,635	,1032	2,333	,83101	,445	,1025	,189	,0374	,365	,1032
	0,31 – 0,40	6	10,53	5,89	,904	,1264	4,887	2,5152	,440	,1581	,461	,1938	,094	,1264
	0,41 – 0,50	8	10,47	5,14	,887	,2239	4,650	1,9871	,426	,1329	,421	,1933	,113	,2239
	0,51 – 0,60	8	6,80	3,73	,842	,2067	3,134	1,1701	,502	,0957	,320	,1386	,158	,2067
	0,61 – 0,70	8	5,31	2,41	,831	,1912	2,548	1,1527	,546	,1335	,264	,1209	,169	,1912
	0,71 – 0,80	9	6,38	2,11	,942	,0955	2,851	1,2400	,557	,0948	,368	,0540	,058	,0955
	0,81 – 0,90	8	4,00	1,44	,885	,1304	1,853	,70705	,599	,1253	,279	,1181	,115	,1304
	≥0,91	5	5,27	1,22	,832	,1397	2,630	,83850	,576	,1649	,255	,0768	,168	,1397
Fichte	**≤ 0,1**	6	23,84	13,33	,960	,3009	9,414	5,0712	,214	,1229	,654	,2320	,040	,3009
	0,11 – 0,20	7	20,52	10,85	1,079	,2617	6,328	1,3185	,247	,0512	,691	,2000	-,079	,2617
	0,21 – 0,30	8	20,72	11,08	1,102	,1457	6,538	1,4988	,300	,0929	,688	,0994	-,102	,1457
	0,31 – 0,40	8	14,73	4,22	,920	,1703	6,792	1,8086	,326	,1148	,570	,1745	,081	,1703
	0,41 – 0,50	6	13,30	9,79	,956	,2239	5,271	3,2259	,432	,1496	,466	,2207	,044	,2239
	0,51 – 0,60	9	11,70	4,65	,920	,1248	5,318	2,0125	,350	,0785	,562	,1142	,081	,1248
	0,61 – 0,70	6	11,65	5,74	,873	,1422	5,961	3,3944	,377	,1524	,485	,0967	,127	,1422
	0,71 – 0,80	7	11,59	5,58	,867	,1424	5,458	1,9642	,394	,0489	,451	,0932	,133	,1424
	0,81 – 0,90	6	9,31	3,76	,961	,0727	4,048	1,6087	,501	,1383	,449	,1374	,039	,0727
	≥0,91	11	7,68	3,20	,791	,1855	3,907	1,4549	,439	,0828	,332	,1674	,209	,1855
Lücke		15	1,71	2,07	,896	,0848	,778	,93207	,814	,1393	,089	,0912	,104	,0848
gemischt		9	12,38	7,98	,882	,1811	5,440	2,9408	,357	,1007	,488	,2092	,118	,1811

Anlage 3-4: **Teststatistik zu den Unterkronenniederschlagsdatensätzen der unbelaubten Messphase der Versuchsfläche „*Tharandt*" zur Beschreibung und Prüfung auf Unterschiede in den Überschirmungssituationen.**

N = 0,05L/m²				NV-Test´s		Varianz-homogen.	MW-Gleichh.	Post-Hoc-Test´s								MW (nonparam.)	
	n	MW	Med	KST	SWT	LT	BFT	Tukey-HSD				GHT				KWT	MWU
		[L/m²]						BU	FI	Lücke	gemischt	BU	FI	Lücke	gemischt		
Buche	**76**	0,000	0,000			0,000				x						0,000	1,000
Fichte	**62**	0,000	0,000							x							
Lücke	**15**	0,013	0,000	0,000	0,000						x						
gemischt	**8**	0,000	0,000														

N = 0,94L/m²				NV-Test´s		V.homogen.	MW-Gleichh.	Post-Hoc-Test´s								MW (nonparam.)	
	n	MW	Med	KST	SWT	LT	BFT	Tukey-HSD				GHT				KWT	MWU
		[L/m²]						BU	FI	Lücke	gemischt	BU	FI	Lücke	gemischt		
Buche	**76**	0,507	0,600	0,000	0,000	0,097	0,000		x	x	x		x	x		0,000	0,000
Fichte	**75**	0,282	0,200	0,000	0,000					x				x			
Lücke	**15**	0,840	0,800	0,200	0,509						x				x		
gemischt	**9**	0,278	0,150	0,157	0,025												

N = 2,52L/m²				NV-Test´s		V.homogen.	MW-Gleichh.	Post-Hoc-Test´s								MW (nonparam.)	
	n	MW	Med	KST	SWT	LT	BFT	Tukey-HSD				GHT				KWT	MWU
		[L/m²]						BU	FI	Lücke	gemischt	BU	FI	Lücke	gemischt		

Buche	**76**	1,658	1,800	0,001	0,004	0,527	0,000		x	x	x		x	x	x	0,000	0,000
Fichte	**75**	0,885	0,800	0,200	0,038					x				x			
Lücke	**15**	2,193	2,200	0,200	0,250						x				x		
gemischt	**9**	1,089	1,000	0,200	0,560												

N = 5,25L/m²				**NV-Test´s**		**V.homogen.**	**MW-Gleichh.**	**Post-Hoc-Test´s**								**MW (nonparam.)**	
	n	**MW**	**Med**	**KST**	**SWT**	**LT**	**BFT**	**Tukey-HSD**				**GHT**				**KWT**	**MWU**
		[L/m²]						BU	FI	Lücke	gemischt	BU	FI	Lücke	gemischt		
Buche	**76**	3,655	3,800	0,011	0,095	0,797	0,000		x	x	x		x	x	x	0,000	0,000
Fichte	**62**	3,021	3,100	0,000	0,002					x				x			
Lücke	**15**	4,273	4,400	0,200	0,785						x				x		
gemischt	**8**	2,513	2,650	0,200	0,905												

N = 6,25L/m²				**NV-Test´s**		**V.homogen.**	**MW-Gleichh.**	**Post-Hoc-Test´s**								**MW (nonparam.)**	
	n	**MW**	**Med**	**KST**	**SWT**	**LT**	**BFT**	**Tukey-HSD**				**GHT**				**KWT**	**MWU**
		[L/m²]						BU	FI	Lücke	gemischt	BU	FI	Lücke	gemischt		
Buche	**76**	3,841	4,000	0,003	0,006	0,807	0,000		x	x	x		x	x		0,000	0,000
Fichte	**75**	2,688	2,500	0,002	0,007					x				x			
Lücke	**15**	4,980	5,000	0,200	0,236						x				x		
gemischt	**9**	2,856	3,000	0,200	0,214												

N = 6,5L/m²				**NV-Test´s**		**V.homogen.**	**MW-**	**Post-Hoc-Test´s**	**MW (nonparam.)**

							Gleichh.										
	n	MW	Med	KST	SWT	LT	BFT	Tukey-HSD				GHT				KWT	MWU
		[L/m²]						BU	FI	Lücke	gemischt	BU	FI	Lücke	gemischt		
Buche	**75**	4,637	5,000	0,000	0,001	0,050	0,000							x		0,001	0,011
Fichte	**62**	4,073	4,000	0,032	0,097					x				x			
Lücke	**15**	5,417	5,500	0,200	0,652						x				x		
gemischt	**8**	3,656	3,375	0,200	0,283												

N = 7,0L/m²				**NV-Test´s**		**V.homogen.**	**MW-Gleichh.**	**Post-Hoc-Test´s**								**MW (nonparam.)**	
	n	MW	Med	KST	SWT	LT	BFT	Tukey-HSD				GHT				KWT	MWU
		[L/m²]						BU	FI	Lücke	gemischt	BU	FI	Lücke	gemischt		
Buche	**76**	4,352	4,400	0,001	0,015	0,296	0,000		x	x			x	x		0,000	0,000
Fichte	**75**	3,557	3,200	0,001	0,082					x				x			
Lücke	**15**	5,683	5,500	0,200	0,299						x				x		
gemischt	**9**	3,356	3,800	0,185	0,150												

x… signifikant (0,05 Signifikanzniveau)

Anlage 3-5: Zentrale Maße zur Verteilung der absoluten Ast- und Blattspeicherkapazitäten an Buchenmessplätzen.

rel. Distanzklasse	n	K_{Ast}			K_{Blatt}		
		$\overline{X}$	Med	s	$\overline{X}$	Med	s
			[L/m²]			[L/m²]	
≤ 0,1	4	0,963	0,950	0,747	4,521	3,175	2,885
0,11 – 0,20	9	0,384	0,253	0,271	3,976	3,437	3,022
0,21 – 0,30	9	0,311	0,266	0,159	2,023	1,677	0,814
0,31 – 0,40	6	0,566	0,494	0,395	4,321	4,484	2,308
0,41 – 0,50	8	0,603	0,379	0,675	4,047	3,540	1,878
0,51 – 0,60	8	0,498	0,497	0,183	2,636	2,450	1,171
0,61 – 0,70	8	0,350	0,142	0,438	2,198	1,720	1,086
0,71 – 0,80	9	0,368	0,225	0,410	2,483	2,582	1,334
0,81 – 0,90	8	0,409	0,259	0,362	1,444	1,531	0,809
≥0,91	5	0,211	0,174	0,091	2,419	2,416	0,816

Erklärung

Hiermit versichere ich, dass ich die vorliegende Arbeit ohne unzulässige Hilfe Dritter und ohne Benutzung anderer als der angegebenen Hilfsmittel angefertigt habe; die aus fremden Quellen direkt oder indirekt übernommenen Gedanken sind als diese kenntlich gemacht worden. Bei der Auswahl und Auswertung des Materials sowie bei der Herstellung des Manuskripts habe ich Unterstützungsleistungen von folgenden Personen erhalten: *-keine-*

Weitere Personen waren an der geistigen Herstellung der vorliegenden Arbeit nicht beteiligt. Insbesondere habe ich nicht die Hilfe eines oder mehrerer Promotionsberater(s) in Anspruch genommen. Dritte haben von mir weder unmittelbar noch mittelbar geldwerte Leistungen für Arbeiten erhalten, die im Zusammenhang mit dem Inhalt der vorgelegten Dissertation stehen.

Die Arbeit wurde bisher weder im Inland noch im Ausland in gleicher oder ähnlicher Form einer anderen Prüfungsbehörde zum Zwecke der Promotion vorgelegt.

Ich bestätige, dass ich die Promotionsordnung der Fakultät Forst-, Geo- und Hydrowissenschaften der TU-Dresden anerkenne.

....

Ort, Datum Unterschrift